# C 语言程序设计
# 立体化教程

黑马程序员　编著

中国铁道出版社有限公司
CHINA RAILWAY PUBLISHING HOUSE CO., LTD.

## 内 容 简 介

本书对C语言知识体系进行了系统规划，对每个知识点进行了深入分析，并精心设计了相关案例。全书共分12章，第1章讲解了C语言整体概况、C语言开发环境与C程序编译过程；第2~3章讲解了C语言基础知识，包括关键字、标识符、常量、变量、数据类型、类型转换、数据溢出、C语言编码风格、C语言常用运算符及表达式等；第4~11章讲解了C语言的核心知识，包括结构化程序设计、内存与指针、数组、函数、字符串、结构体、预处理、文件操作等；第12章讲解了一个综合项目——俄罗斯方块，让读者对前面所学知识融会贯通，并了解实际项目开发流程。

本书附有配套视频、源代码、题库、教学课件等资源，为帮助初学者更好地学习本书中的内容，还提供了在线答疑，希望得到更多读者的关注。

本书适合作为高等院校计算机相关专业C语言程序设计课程教材，也可作为C语言技术基础培训教材，以及广大计算机编程爱好者的参考用书。

**图书在版编目（CIP）数据**

C语言程序设计立体化教程 / 黑马程序员编著. —北京：中国铁道出版社有限公司，2020.1（2025.1重印）
ISBN 978-7-113-26282-2

Ⅰ. ①C… Ⅱ. ①黑… Ⅲ. ①C语言－程序设计－教材
Ⅳ. ①TP312.8

中国版本图书馆CIP数据核字（2019）第238647号

书　　名：C语言程序设计立体化教程
作　　者：黑马程序员

策　　划：周海燕　　　　编辑部电话：（010）63549508
责任编辑：周海燕　刘丽丽　彭立辉
封面设计：穆　丽
责任校对：张玉华
责任印制：赵星辰

出版发行：中国铁道出版社有限公司（100054，北京市西城区右安门西街8号）
网　　址：https://www.tdpress.com/51eds
印　　刷：三河市宏盛印务有限公司
版　　次：2020年1月第1版　2025年1月第9次印刷
开　　本：787 mm×1 092 mm 1/16　印张：21　字数：490千
书　　号：ISBN 978-7-113-26282-2
定　　价：56.00元

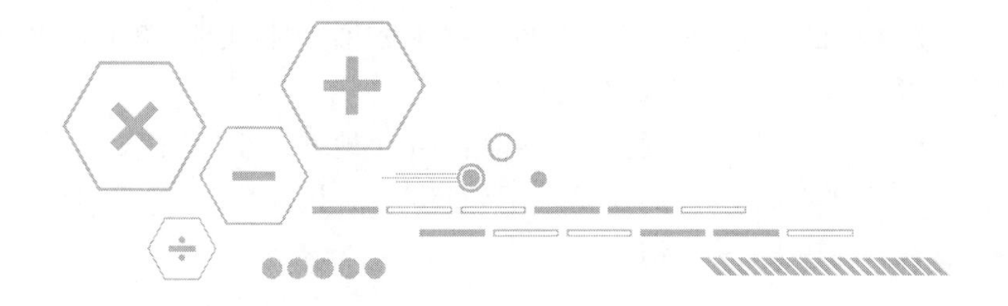

# 前　言

作为一门广泛流行的编程语言，C语言因其简洁、高效、灵活、可移植性高等特点一直被广泛应用于多个开发领域。在所有编程语言中，C语言是最接近底层的高级语言，可以直接操作系统硬件，其执行速度仅次于汇编语言；C语言既适合开发系统程序，又适合开发应用程序，且易于入门，因此，很多学校将C语言作为计算机编程课程的入门语言。

**为什么要学习本书**

作为一种技术的入门教程，最重要也最难的一件事情就是要将一些非常复杂、难以理解的思想和问题简单化，让初学者能够轻松理解并快速掌握。作为C语言的入门教材，本书对C语言知识体系进行了系统罗列与规划，对每个知识点都进行了深入分析，并精心设计了相关案例。真正做到了由浅入深、由易到难。

相比于市面上的同类教材，本书具有以下亮点：

（1）C语言知识体系涵盖内容更广泛，对每个知识点的讲解更加丰富翔实。例如，对于数组越界知识点，大多教材只讲解数组不能越界，但本书更深入一步，从数组内存角度分析数组不能越界的原理，不仅让读者学习知识，更让其理解每个知识点后面深层次的系统知识。

（2）案例丰富。本书为每个知识点都配备了案例，这样既可提高学生的动手能力，又巩固了所学知识。

（3）选择Visual Studio 2019作为开发工具，让读者接触新的开发环境，时刻紧跟技术前沿。

（4）从内容上来说，本书附有教学大纲、教学设计、教学PPT、微课视频、实验案例、题库等内容，其目的是最大限度地满足教师教学需要和学生学习需要。

**如何使用本书**

本书共分12章，下面分别对每个章节进行简要介绍，具体如下：

◎ 第1章讲解了C语言的起源、标准、应用领域、特点、Visual Studio 2019开发环境的搭建及C程序编译过程。通过本章的学习，读者可掌握Visual Studio 2019的安装与使用、理解C程序的编译原理。

◎ 第2~3章讲解了C语言的基础知识，包括关键字、标识符、常量、变量、修饰变量的关键字、数据类型、数据类型转换、数据溢出、格式化输入/输出函数、C程序编码风格、C语言常用的运算符及表达式等。只有掌握这些基础知识，才能更好地学习后面的核心内容。

◎ 第4~11章讲解了C语言中最核心的内容，主要包括指针、数组、函数、字符串、结构体、预处理、文件等。读者需要花大量的精力理解所讲解的内容。只有熟练掌握这些知识，才算真正地学好C语言。

◎ 第12章讲解了俄罗斯方块项目，主要包括项目分析、项目设计、项目实现、项目心得等。通过本章的学习，初学者可以了解C语言项目的开发流程。

如果读者在理解知识点的过程中遇到困难，建议不要纠结于某个地方，可以先往后学习，前面的知识亦可豁然开朗。如果读者在动手练习的过程中遇到问题，建议多思考，理清思路，认真分析问题发生的原因，并在问题解决后多总结。

**本书配套服务**

为了提升您的学习或教学体验，我们精心为本书配备了丰富的数字化资源和服务，包括在线答疑、教学大纲、教学设计、教学PPT、测试题、源代码等。通过这些配套资源和服务，我们希望让您的学习或教学变得更加高效。请扫描下方二维码获取本书配套资源和服务。

配套资源和服务说明

**致谢**

本书的编写和整理工作由江苏传智播客教育科技股份有限公司完成。全体编写人员在编写过程中付出了辛勤的汗水，此外，还有很多人员参与了本书的试读工作并给出了宝贵的建议，在此向大家表示由衷的感谢。

**意见反馈**

尽管我们付出了最大的努力，但书中仍难免会有疏漏与不妥之处，欢迎各界专家和读者朋友提出宝贵意见，我们将不胜感激。在阅读本书时，如果发现任何问题或有不认同之处可以通过电子邮件与我们取得联系。

请发送电子邮件至：itcast_book@vip.sina.com。

黑马程序员<br>2024年12月

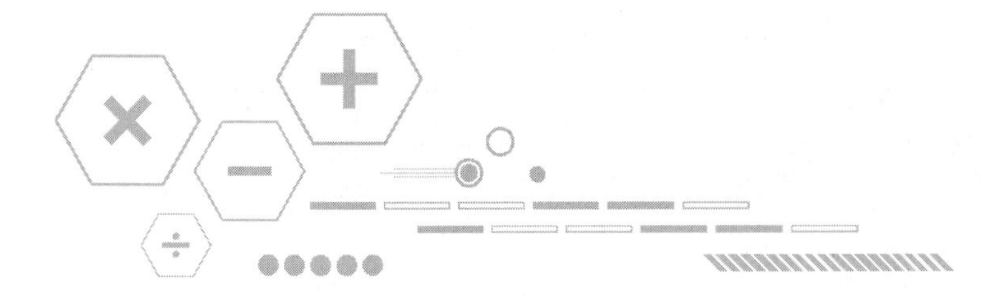

# 目 录


**第 1 章 C 语言概述......1**

1.1 认识 C 语言......1

1.1.1 C 语言的起源......1

1.1.2 C 语言标准......2

1.2 C 语言应用领域......2

1.3 C 语言的特点......4

1.4 C 语言开发环境搭建......5

1.5 使用 Visual Studio 编写 C 程序......8

1.5.1 第一个 C 语言程序......8

1.5.2 C 程序编译过程......11

小结......13

习题......13

**第 2 章 C 语言数据类型......15**

2.1 C 语言基础概念......15

2.1.1 关键字......15

2.1.2 标识符......18

2.1.3 常量......19

2.1.4 变量......21

2.1.5 不同的关键字修饰变量......21

2.2 数据类型......23

2.2.1 基本类型......23

2.2.2 数据溢出......27

2.2.3 指针类型......29

2.2.4 构造类型......29

2.3 数据类型转换......33

2.3.1 隐式类型转换......33

2.3.2 显式类型转换......33

2.4 格式化输入 / 输出......35

2.4.1 printf() 函数......35

2.4.2 scanf() 函数......38

2.5 C 语言编程风格......39
2.5.1 程序格式......39
2.5.2 程序注释......42
2.5.3 命名规则......43
小结......43
习题......44

**第 3 章 运算符与表达式......45**

3.1 运算符与表达式的概念......45
3.2 赋值运算符与赋值表达式......46
3.3 算术运算符与算术表达式......47
3.4 关系运算符与关系表达式......49
3.5 逻辑运算符与逻辑表达式......50
3.6 条件运算符与条件表达式......51
3.7 位运算符......51
3.8 sizeof 运算符......54
3.9 运算优先级......54
小结......56
习题......56

**第 4 章 结构化程序设计......58**

4.1 程序流程图......58
4.2 顺序结构......60
4.3 选择结构......61
4.3.1 if 条件语句......61
4.3.2 switch 条件语句......66
4.4 循环结构......69
4.4.1 while 循环......70
4.4.2 do...while 循环......71
4.4.3 for 循环......73
4.4.4 循环嵌套......75
4.5 跳转语句......76
4.5.1 break......77
4.5.2 continue......78
4.5.3 goto......79
小结......79
习题......79

**第5章　指针........................................................82**

5.1　认识计算机内存........................................................82

5.2　认识指针........................................................84

5.2.1　指针的概念........................................................84

5.2.2　指针变量的类型及大小........................................................85

5.3　指针的运算........................................................86

5.3.1　取地址运算........................................................86

5.3.2　指针间接访问........................................................88

5.3.3　指针算术运算........................................................88

5.4　特殊类型指针........................................................90

5.4.1　空指针........................................................90

5.4.2　野指针........................................................91

5.4.3　void* 指针........................................................91

5.5　内存操作函数........................................................92

5.5.1　堆内存申请函数........................................................92

5.5.2　堆内存释放........................................................93

5.5.3　其他内存操作函数........................................................93

5.6　指针与 const 修饰符........................................................94

5.6.1　常量指针........................................................94

5.6.2　指针常量........................................................94

5.6.3　常量的常指针........................................................95

5.7　二级指针........................................................95

小结........................................................98

习题........................................................98

**第6章　数组........................................................100**

6.1　一维数组的定义与初始化........................................................100

6.2　数组三要素........................................................102

6.2.1　数组索引........................................................102

6.2.2　数组类型........................................................102

6.2.3　数组大小........................................................103

6.3　数组内存分析........................................................104

6.3.1　数组的起始地址........................................................104

6.3.2　数组的步长........................................................105

6.3.3　数组边界........................................................106

6.4　数组遍历........................................................108

6.5　数组排序........................................................109

6.5.1 冒泡排序......109
6.5.2 选择排序......112
6.5.3 插入排序......114
6.6 二维数组......117
6.6.1 二维数组定义与初始化......118
6.6.2 二维数组元素访问......120
6.7 二维数组内存分析......121
6.8 变长数组与动态数组......124
6.8.1 变长数组......124
6.8.2 动态数组......125
6.9 数组和指针......128
6.9.1 数组名和指针......128
6.9.2 数组指针......129
6.9.3 指针数组......132
小结......135
习题......135
第7章 函数......137
7.1 函数的概念......137
7.2 函数的定义......138
7.3 函数三要素......141
7.3.1 函数名......141
7.3.2 参数列表......141
7.3.3 返回值类型......143
7.4 函数调用......145
7.4.1 函数调用过程......145
7.4.2 函数调用方式......146
7.5 函数的参数传递......148
7.5.1 值传递......148
7.5.2 址传递......149
7.5.3 const 修饰参数......150
7.5.4 可变参数函数......152
7.6 递归函数......155
7.6.1 递归函数的概念......155
7.6.2 递归函数的应用......157
7.7 内联函数......159
7.8 变量作用域......161

7.8.1 局部变量......161
7.8.2 全局变量......162
7.9 多文件之间变量引用与函数调用......162
7.9.1 多文件之间的变量引用......162
7.9.2 多文件之间的函数调用......164
7.10 函数与指针......167
7.10.1 函数指针......167
7.10.2 回调函数......168
7.10.3 指针函数......169
7.11 C 语言常用的标准库......171
7.11.1 stdio.h......171
7.11.2 stdlib.h......172
7.11.3 stddef.h......172
7.11.4 string.h......173
7.11.5 math.h......173
7.11.6 time.h......173
7.11.7 ctype.h......173
小结......174
习题......174

**第 8 章 字符串......176**

8.1 字符数组与字符串......176
8.1.1 字符数组......176
8.1.2 字符串......177
8.1.3 字符串与指针......178
8.2 字符串的输入 / 输出......181
8.2.1 gets() 函数......181
8.2.2 puts() 函数......182
8.3 标准库字符串操作函数......183
8.3.1 字符串长度计算函数......183
8.3.2 字符串比较函数......184
8.3.3 字符串连接函数......185
8.3.4 字符串查找函数......186
8.3.5 字符串复制函数......187
8.4 自定义字符串处理函数......189
8.4.1 自定义函数计算字符串长度......189
8.4.2 自定义函数比较字符串......190
8.4.3 自定义函数连接字符串......191

8.4.4 自定义字符串查找函数......193
小结......194
习题......194
第9章 结构体......197
9.1 结构体类型的定义......197
9.2 结构体变量的定义与初始化......198
9.2.1 结构体变量的定义......199
9.2.2 结构体变量的初始化......200
9.2.3 结构体变量的存储方式......201
9.3 结构体变量的成员访问......203
9.3.1 直接访问结构体变量的成员......203
9.3.2 通过指针访问结构体变量的成员......204
9.4 结构体嵌套......205
9.4.1 访问嵌套结构体变量成员......206
9.4.2 嵌套结构体的内存管理......207
9.5 结构体数组......209
9.5.1 结构体数组的定义与初始化......209
9.5.2 结构体数组的访问......211
9.6 将结构体作为函数参数......212
9.6.1 结构体变量作为函数参数......212
9.6.2 结构体数组作为函数参数......213
9.6.3 结构体指针作为函数参数......215
9.7 typedef——给数据类型取别名......216
小结......217
习题......217
第10章 预处理......220
10.1 宏定义......220
10.1.1 不带参数的宏定义......220
10.1.2 带参数的宏定义......222
10.1.3 取消宏定义......225
10.2 条件编译......226
10.2.1 #if...#else...#endif......226
10.2.2 #ifdef......227
10.2.3 #ifndef......228
10.3 文件包含......232
10.4 断言......233

10.4.1 断言的作用......234
10.4.2 断言与 debug......235
10.5 #pragma......236
小结......238
习题......238

**第 11 章　文件操作......240**

11.1 文件概述......240
11.1.1 计算机中的流......240
11.1.2 文件的概念......241
11.1.3 文件的分类......242
11.1.4 文件指针......243
11.1.5 文件位置指针......244
11.2 文件的相关操作......245
11.2.1 文件打开与关闭......245
11.2.2 文件写入......247
11.2.3 文件读取......252
11.2.4 文件随机访问......257
11.2.5 文件重命名与文件删除......259
11.3 文件检测函数......261
11.3.1 perror() 函数......261
11.3.2 ferror() 函数......262
11.3.3 feof() 函数......263
11.3.4 clearerr() 函数......264
11.4 缓冲区函数......266
11.4.1 fflush() 函数......266
11.4.2 setbuf() 函数......266
11.4.3 setvbuf() 函数......267
小结......268
习题......268

**第 12 章　综合项目——俄罗斯方块......271**

12.1 项目分析......271
12.1.1 项目需求分析......271
12.1.2 项目设计......275
12.2 项目实现......279
12.2.1 窗口构建模块的实现......279
12.2.2 俄罗斯方块生成模块的实现......283

12.2.3 游戏规则制定模块的实现......287
12.2.4 分数保存查看模块的实现......295
12.2.5 main() 函数实现......296
12.3 效果显示......297
12.4 程序调试......301
12.4.1 设置断点......301
12.4.2 单步调试......303
12.4.3 观察变量......305
12.4.4 项目调试......307
12.5 项目心得......308
小结......309
**附录 A ASCII 码表......310**
**附录 B stdio.h 标准库常用函数......312**
**附录 C stdlib.h 标准库常用函数......315**
**附录 D string.h 标准库常用函数......317**
**附录 E math.h 标准库常用函数......319**
**附录 F time.h 标准库常用函数......321**
**附录 G ctype.h 标准库常用函数......322**

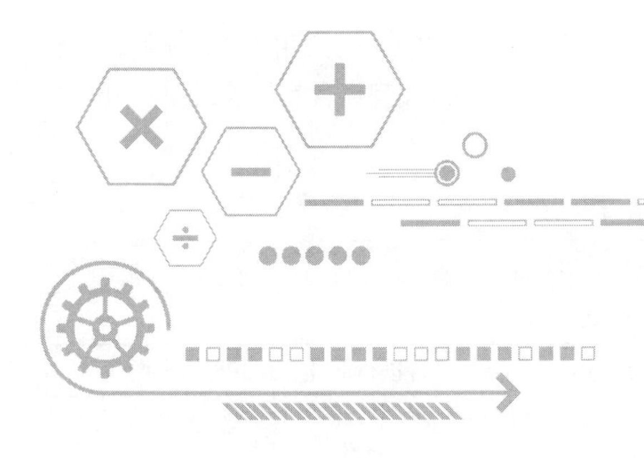

# 第1章 C语言概述

**学习目标**

- 了解C语言的历史；
- 了解C语言应用领域；
- 了解C语言的特点；
- 掌握C语言开发环境搭建；
- 掌握C语言编译过程。

C语言是一种通用的、过程式的编程语言，它具有高效、灵活、可移植等优点。在最近20多年里，它被运用在各种系统软件与应用软件的开发中，是使用最广泛的编程语言之一。本章从C语言的起源开始，带领大家认识C语言、学会搭建C语言开发环境，并通过第一个C语言程序掌握C语言程序的编译过程。

## 1.1 认识C语言

### 1.1.1 C语言的起源

在20世纪60年代，Dennis M. Ritchie与贝尔实验室（AT&T）开展了一项名为Multics的项目。该项目的目标是为大型计算机开发一个可供多用户使用的操作系统，1969年，贝尔实验室退出该项目。项目开发成员之一的Ken Thompson开始研究新文件系统的开发。他用汇编语言写了DEC PDP-7新文件系统的一个版本，最终UNIX系统诞生。

UNIX除了使用汇编语言和Fortran语言之外，还使用了编程语言B语言的解释器（B语言是BCPL的改进版）。Dennis M. Ritchie使用B语言进一步开发UNIX系统时，由于B语言没有数据类型，也没有“结构”这种类型，导致开发不能顺利进行。这也是最终导致Dennis M. Ritchie开发C语言的原因。

为了改进B语言的不足之处，Ken Thompson在B语言的基础上开发了一种新的语言，这种语言被命名为C语言。C语言的出现为计算机应用程序带来变革，它被广泛应用于众多领域，如操作系统、图像处理、网络架构等。诸多语言如C++、Java等高级编程语言都深受C语言的影响。C语言的诞生过程如表1–1所示。

表 1–1 C 语言诞生过程

| 时 间 | 事 件 |
|---|---|
| 1963 年 | 剑桥大学将 ALGOL 60 语言发展成为 CPL 语言 |
| 1967 年 | 剑桥大学的马丁·理查兹（Matin Richards）对 CPL 语言进行简化，BCPL 语言诞生 |
| 1970 年 | 贝尔实验室的肯·汤普森（Ken Thompson）对 BCPL 进行了修改，并命名为“B 语言”，之后他用 B 语言编写了第一个基于非汇编语言的 UNIX 操作系统 |
| 1973 年 | 贝尔实验室的丹尼斯·里奇（Dennis M.Ritchie）在 B 语言的基础上设计出 C 语言，之后与肯·汤普森使用 C 语言重写了 UNIX 的第三版内核。该版内核具有良好的可移植性且易于扩展，为 UNIX 日后的普及打下了坚实基础 |
| 1978 年 | 布赖恩·凯尼汉（Brian W.Kernighan）和丹尼斯·里奇出版了名著 *The C Programming Language*，标志着 C 语言成为世界上使用最广泛的高级程序设计语言 |

### 1.1.2 C语言标准

C语言在发展的过程中，出现了多个版本，不同版本之间的C语言各有差异。为了让C语言持续地发展下去，美国国家标准协会（ANSI）组织了由硬件厂商、软件设计师、编译器设计师等成员成立的标准C委员会，建立了通用的C语言标准。第一版C语言标准在1989年颁布，称为C89。从1989年至今，陆续颁布了多个版本的C语言标准。

#### 1. C89标准

1989年，美国国家标准协会通过的C语言标准ANSI X3.159—1989被称为C89，人们习惯称之为ANSI C。1990年，国际标准化组织（ISO）接受并采纳C89作为国际标准ISO/IEC9899:1990，该标准被称为ISO C，简称C90。由于C90采用的是C89标准，因此C89和C90指的是同一个版本。

#### 2. C99标准

1999年ISO和国际电工委员会（IEC）正式发布了ISO/IEC:1999，简称C99。C99引入了许多新特性，如内联函数、变量声明可以不放在函数开头，支持变长数组，初始化结构体允许对特定的元素赋值等。本书将基于C99标准进行讲解。

#### 3. C11标准

2011年ISO和IEC正式发布C语言标准第三版草案（N1570），称为ISO/IEC98992011，简称C11。C11提高了C语言对C++的兼容性，并增加了一些新的特性，这些新特性包括泛型宏、多线程、静态断言、原子操作等。

## 1.2 C 语言应用领域

根据TIOBE网站公布的编程语言排行榜，C语言热门程度稳居前三，历年语言热度排名如图1–1所示。

| Programming Language | 2022 | 2017 | 2012 | 2007 | 2002 | 1997 | 1992 | 1987 |
|---|---|---|---|---|---|---|---|---|
| Python | 1 | 5 | 8 | 7 | 12 | 28 | - | - |
| C | 2 | 2 | 2 | 2 | 2 | 1 | 1 | 1 |
| Java | 3 | 1 | 1 | 1 | 1 | 16 | - | - |
| C++ | 4 | 3 | 3 | 3 | 3 | 2 | 2 | 6 |
| C# | 5 | 4 | 4 | 8 | 15 | - | - | - |
| Visual Basic | 6 | 14 | - | - | - | - | - | - |
| JavaScript | 7 | 8 | 10 | 9 | 9 | 23 | - | - |
| Assembly language | 8 | 10 | - | - | - | - | - | - |
| SQL | 9 | - | - | - | 7 | - | - | - |
| PHP | 10 | 7 | 6 | 5 | 6 | - | - | - |
| Prolog | 24 | 33 | 33 | 27 | 17 | 21 | 12 | 3 |
| Lisp | 33 | 31 | 13 | 16 | 13 | 10 | 5 | 2 |
| Pascal | 269 | 112 | 15 | 20 | 99 | 9 | 3 | 5 |
| (Visual) Basic | - | - | 7 | 4 | 4 | 3 | 6 | 4 |

图 1-1 历年编程语言热度排名

C语言也获得了远高于大多数编程语言的评分，TIOBE于2022年8月公布的编程语言评级和使用率变化如图1-2所示。

| Aug 2022 | Aug 2021 | Change | Programming Language | Ratings | Change |
|---|---|---|---|---|---|
| 1 | 2 | ^ | Python | 15.42% | +3.56% |
| 2 | 1 | ⌄ | C | 14.59% | +2.03% |
| 3 | 3 | | Java | 12.40% | +1.96% |
| 4 | 4 | | C++ | 10.17% | +2.81% |
| 5 | 5 | | C# | 5.59% | +0.45% |
| 6 | 6 | | Visual Basic | 4.99% | +0.33% |
| 7 | 7 | | JavaScript | 2.33% | -0.61% |
| 8 | 9 | ^ | Assembly language | 2.17% | +0.14% |
| 9 | 10 | ^ | SQL | 1.70% | +0.23% |
| 10 | 8 | ⌄ | PHP | 1.39% | -0.80% |
| 11 | 16 | ^^ | Swift | 1.27% | +0.30% |
| 12 | 12 | | Classic Visual Basic | 1.27% | +0.04% |

图 1-2 2019 年 12 月编程语言评级和使用变化率

C语言之所以稳居前三，获得高度评价，与其良好的性能及广泛的应用领域密不可分。C语言常被应用在以下领域：

### 1. 操作系统

C语言可以开发操作系统，主要应用在个人桌面领域的Windows系统内核、Linux系统内核、FreeBSD、苹果公司研发的mac OS系统等。

### 2. 应用软件

C语言可用于开发应用软件。在企业数据管理中，需要可靠的软件来处理有价值的信息。由于C语言具有高效、稳定等特性，企业数据管理中使用的数据库如Redis、MySQL、SQLite、PosreSQL等都由C语言开发。此外，Git源代码仓库管理工具、压缩工具（Zip系列库、zlib库等）、通用加密库libgcrypt（对称密钥、哈希算法、公钥算法等）等都是由C语言实现的。

### 3. 嵌入式

当今时代生活的各个方面都在智能化，智能城市、智能家庭等概念已不再是设想。这些智能领域离不开嵌入式开发，例如，人们熟知的智能手环、智能扫地机器人、轿车电子系统等都涉及嵌入式开发。

组成这些智能系统的软硬件，如底层的微处理器控制的传感器、蓝牙、Wi-Fi网络传输模块，上层的半导体芯片驱动库以及嵌入式实时操作系统FreeRtos、UCOS、VxWorks等，主要由C语言开发。

### 4. 游戏开发

C语言具有强大的图像处理能力、可移植性、高效性等特点。一些大型的游戏中，游戏环境渲染、图像处理等都使用C语言处理，成熟的跨平台游戏库OpenGl、SDL、Allegro等都由C语言编写而成。

### 5. 网络架构相关

跨平台的事件通知库libevent由纯C语言实现，著名的Memcached分布式内存对象缓存系统、Chromium浏览器、Tor浏览器等都使用libevent库。C语言是实现网络信息传输的基石，如涉及网络传输的协议IMAP、SMTP等，都是由GNU SALS库（C语言编写）实现了信息的安全传输。此外，OpenSSL网络传输安全协议等也都由C语言实现。

## 1.3 C语言的特点

早期的C语言主要用于UNIX系统开发，后来C语言标准确立，C语言逐渐被广泛应用在各个领域，成为20世纪80年代乃至今天最优秀的程序设计语言之一。C语言的主要特点如下：

### 1. 表达能力强

C99标准共有37个关键字、9条控制语句并且具备丰富的数据类型。C语言的编写比较自由、简洁，使用简单的方法就能构造出复杂的数据类型或者数据结构，具备复杂数据结构运算的能力。

### 2. 结构化设计

C语言在程序设计中讲究自顶向下规划项目的思路，在编程中注重的是每个功能模块化编程，各个功能模块之间体现出结构化的特点。这使得C语言程序可读性强、结构清晰。

### 3. 高效性

C语言具有直接访问物理地址的能力，方便了内存的管理。据统计，对于同一个程序，使用C语言编写程序生成的目标代码仅比用汇编语言编写的程序生成的目标代码执行效率低10% ~20%，是其他高级语言不能相比的。

### 4. 可移植

C语言出现以前，程序员多使用汇编语言进行编程，不同的硬件必须使用不同的汇编语言进行编写，这就增加了编程的难度。由于C语言的编译器能够移植到不同的设备中，使用C语言编写的程序修改部分代码就可以移植到其他设备运行。

# 1.4 C语言开发环境搭建

良好的开发环境可以方便程序开发人员编写、调试和运行程序，提高程序开发效率。目前市面上已有许多支持C语言的开发工具，如Visual Studio、Qt、Eclipse、Dev-C++等。利用这些开发工具可快速搭建C语言开发环境。

Visual Studio 2019开发工具具有兼容性强、支持多种平台开发、团队开发协作等特点，是一款功能非常强大的开发工具，是企业项目开发的首选工具。因此，本书选择Visual Studio 2019作为C语言开发工具。Visual Studio 2019开发工具有3个版本：企业版、专业版和社区版。通常，企业版用于大型企业项目开发；专业版用于个人或者小型项目开发团队开发；社区版用于个人和开源项目开发，是教学和初学C语言的首选。下面分步骤讲解Visual Studio 2019 社区版的安装。

（1）访问https://visualstudio.microsoft.com/zh-hans/，下载Visual Studio 2019 Community版本，下载完成后打开安装程序，如图1-3所示。

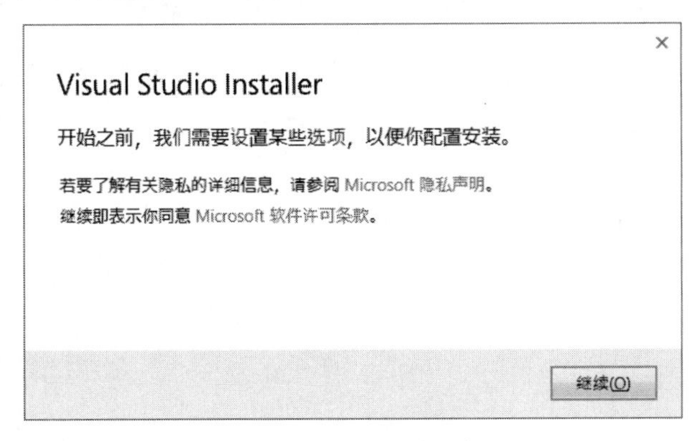


图 1-3　打开安装程序

（2）单击“继续”按钮，下载安装需要的文件后进行安装。Visual Studio 2019的下载安装界面如图1-4所示。

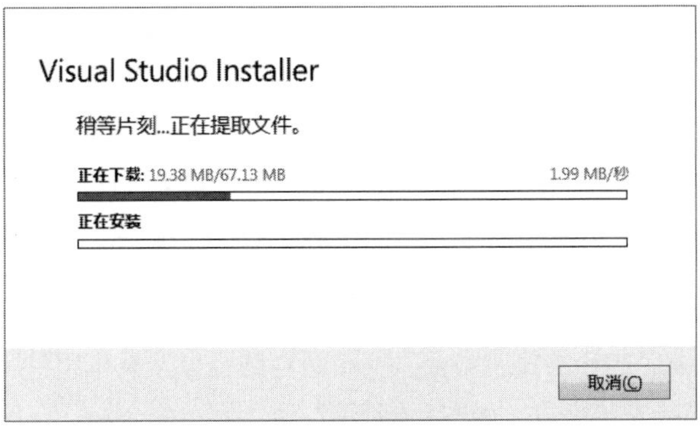

图 1-4　下载安装界面

（3）下载安装完成，会弹出一个界面，让用户选择所需要的开发环境，如图1–5所示。

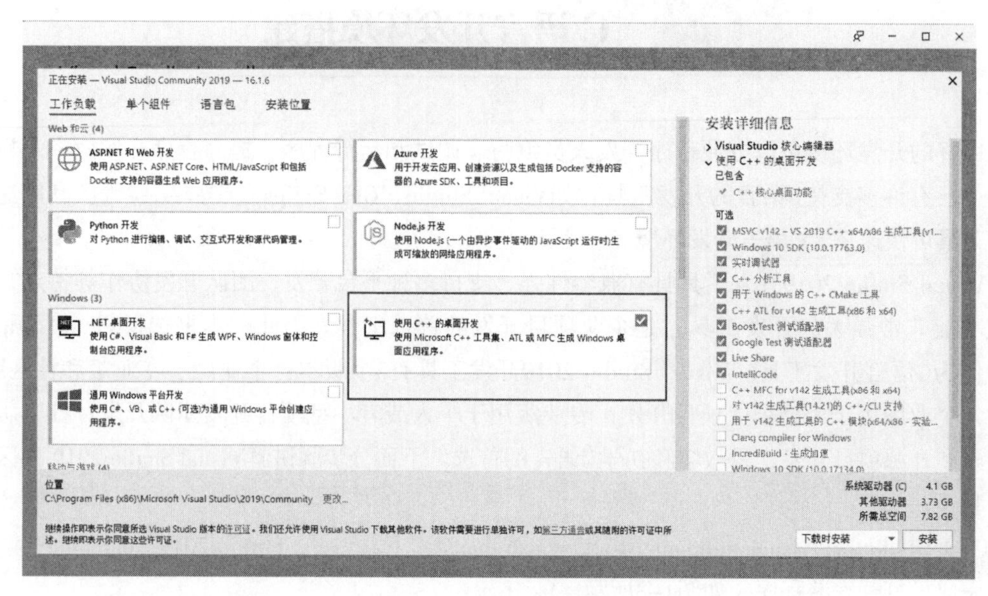

图 1–5　安装环境选择

（4）选择开发需要的工具与环境，由于本书是将Visual Studio 2019作为C语言开发环境，因此在图1–5中选择“使用C++的桌面开发”选项，然后单击“安装位置”选项卡，进入安装路径选择界面，如图1–6所示。

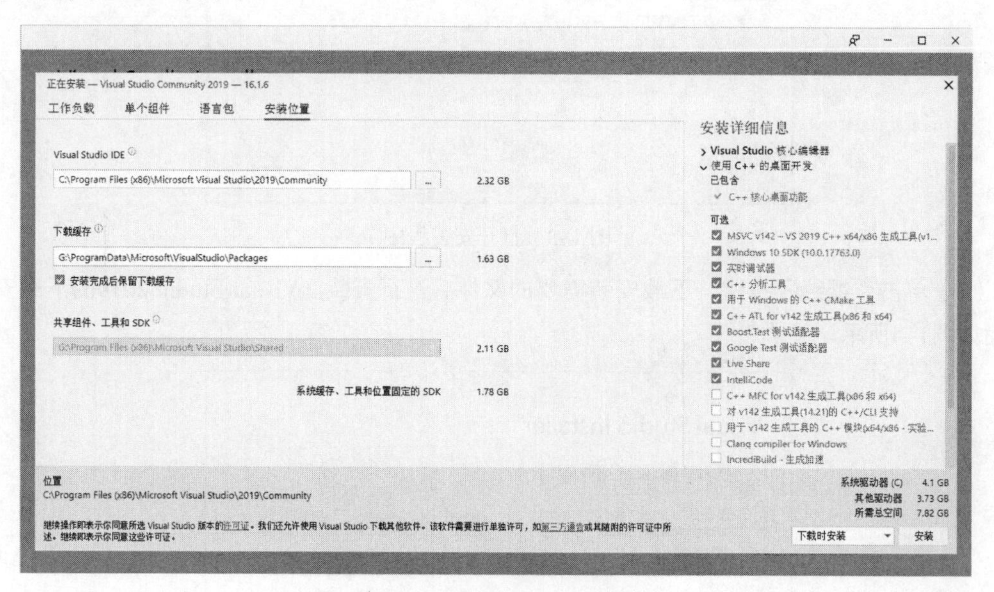

图 1–6　安装路径选择界面

（5）选择Visual Studio 2019的安装路径、下载缓存路径以及共享组件、工具和SDK路径，然后单击“安装”按钮等待安装完成，如图1–7所示。

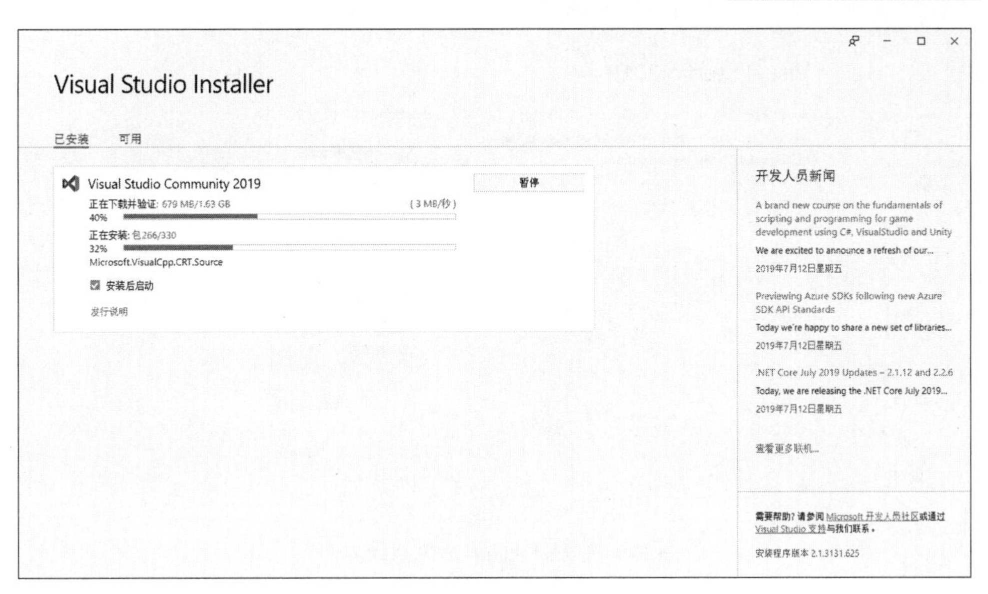


图 1-7　安装开发组件

（6）安装完成后打开Visual Studio 2019，首次启动需要配置登录账号和背景颜色，如图1–8所示。在图1–8（a）中单击“以后再说”选项，可略过账号登录。在弹出的图1–8（b）所示界面中选择“浅色”主题颜色。

（a）登录界面

（b）设置背景颜色界面

图 1–8　首次启动界面

（7）在图1–8（b）中单击“启动Visual Studio”按钮，启动Visual Studio 2019，如图1–9所示。至此，Visual Studio 2019开发工具安装完成。

图 1-9　Visual Studio 2019 启动界面

## 1.5 使用 Visual Studio 编写 C 程序

本节将以一个简单的C语言程序为例，帮助读者快速掌握Visual Studio 2019的使用方法，学会建立简单的C语言项目并了解C程序代码生成可执行程序的过程。

### 1.5.1 第一个C语言程序

Visual Studio系列开发工具支持中文，在编译器设置方面很友好，具备提示功能。本节将通过一个向控制台输出“Hello, world!”的程序为读者演示如何使用Visual Studio 2019工具开发C语言应用程序。

#### 1. 新建项目

（1）打开Visual Studio 2019，单击“继续但无需代码”选项（见图1-9），进入Visual Studio 2019主界面。在菜单栏依次选择“文件”→“新建”→“项目”命令，在弹出的界面中选择“空项目”选项，如图1-10所示。

（2）单击“下一步”按钮，进入配置项目界面，如图1-11所示。

（3）设置项目名称、选择项目存储路径，并勾选“将解决方案和项目放在同一目录中”选项。配置完成之后，单击“创建”按钮完成项目创建，进入Visual Studio 2019主界面，如图1-12所示。

#### 2. 编写程序代码

（1）右击源文件目录，选择“添加”→“新建项”命令，弹出“添加新项”对话框，如图1-13所示。

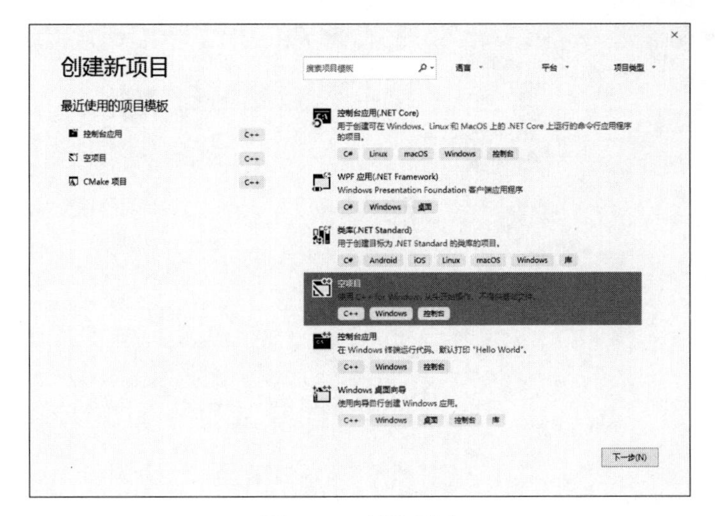


图 1-10　创建项目

图 1-11　项目配置

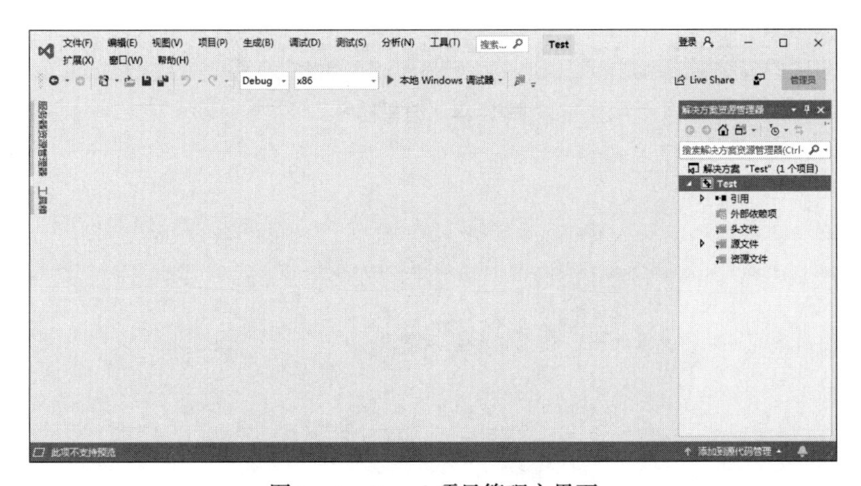


图 1-12　Visual 项目管理主界面

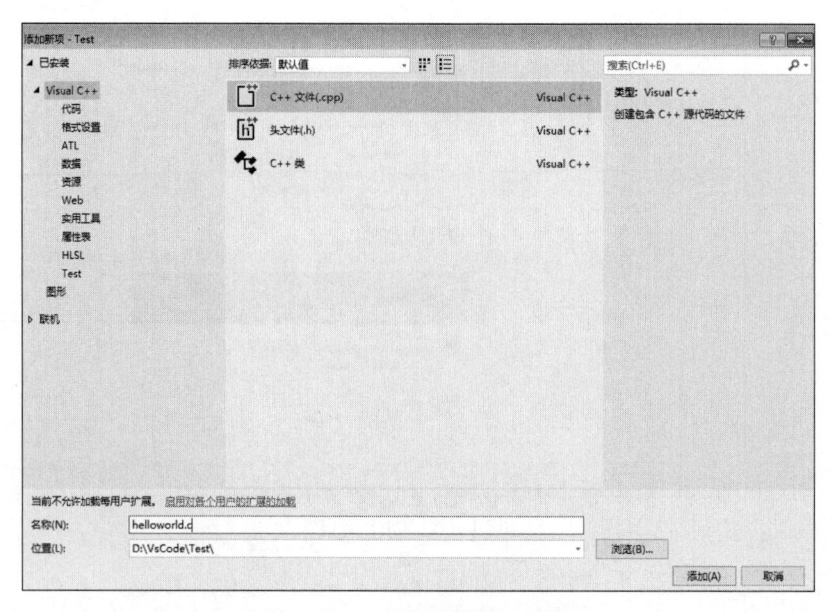


图 1-13 “添加新项”对话框

（2）将文件命名为helloworld.c，单击“添加”按钮，helloworld.c源文件创建成功。双击打开helloworld.c文件，在文件空白区域编写程序，如图1-14所示。

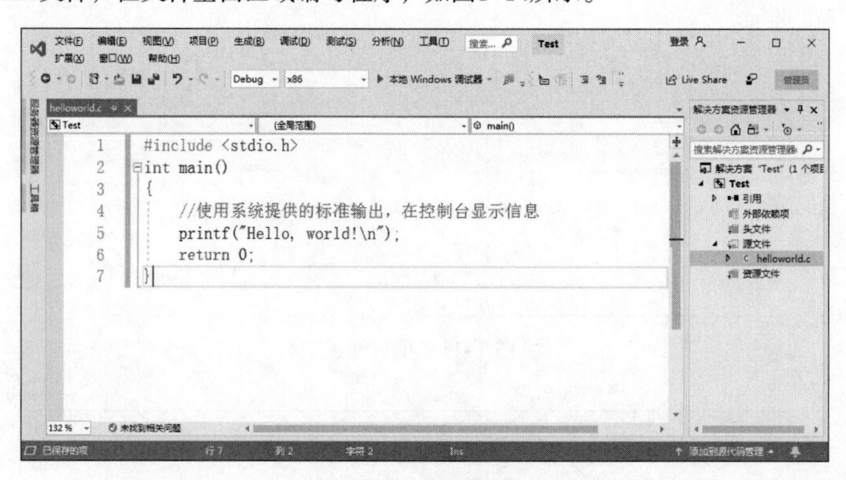


图 1-14 编写程序

helloworld.c的源代码如下：

```
1 #include <stdio.h>
2 int main()
3 {
4     //使用系统提供的标准输出，在控制台显示信息
5     printf("Hello, world!\n");
6     return 0;
7 }
```

### 3. 编译、运行程序

在图1-14中选择“调试”→“开始运行（不调试）”命令运行程序，或单击工具栏中的“本地Windows调试器”按钮运行程序。程序运行结果如图1-15所示。

图 1-15 程序运行结果

### 4. 代码分析

Helloworld.c程序共包含7行代码，各行代码的功能与含义分别如下：

（1）第1行代码的作用是进行相关的预处理操作。其中字符“#”是预处理标志，include后面跟着一对尖括号，表示头文件在尖括号内读入。stdio.h是标准输入/输出头文件，因为第5行用到了标准库中的printf()输出函数，printf()函数定义在该头文件中，所以程序需要包含此头文件。

（2）第2行代码定义了一个main()函数，该函数是程序的入口，程序运行从main()函数开始执行。main()函数前面的int表示该函数的返回值类型是整型。第3~7行代码，“{}”中的内容是函数体，程序的相关操作都要写在函数体中,在“{}”内的语句称为语句块。

（3）第4行是程序注释，注释使用“//”表示，从“//”开始到该行结束部分属于注释部分，注释不参与程序编译过程。

（4）第5行代码调用了格式化输出函数printf()，该函数用于输出一行信息，可以简单理解为向控制台输出文字或符号等。printf()括号中的内容称为函数的参数，括号内可以看到输出的字符串“Hello, world!\n”，其中“\n”表示换行操作。

（5）第6行代码中return语句的作用是返回函数的执行结果，后面紧跟着函数的返回值，如果程序的返回值是0，表示正常退出。

## 1.5.2 C程序编译过程

在1.1.1节提到早期使用汇编语言进行编程，但汇编程序难于移植，使得开发效率低下。C语言的出现使得编程只需关注程序逻辑本身，提高了编程效率。那么计算机是如何理解C语言代码，进而执行程序，给出运行结果的呢？其中编译器的作用就是将编写的C源程序翻译成机器能够执行的指令和数据，机器能够直接执行的指令和数据称为可执行代码。C语言从源代码到可执行代码需要经过预处理、编译、汇编和链接4个步骤，如图1-16所示。

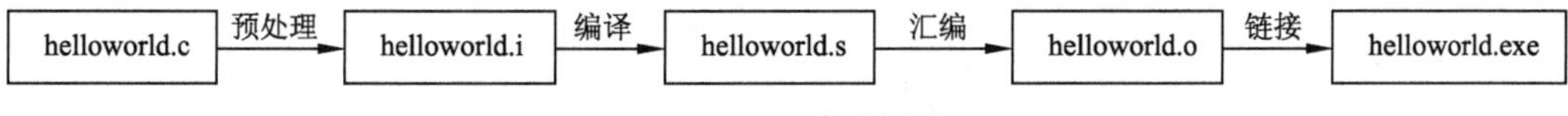


图 1-16 C 程序编译过程

下面以helloworld.c程序为例，并结合图1-16讲解C语言程序的编译过程。

### 1. 预处理

预处理主要处理代码中以“#”开头的预处理语句（预处理语句将在第10章讲解），预处理完成后，会生成*.i文件。预处理操作具体包括：

（1）展开所有宏定义（#define），将宏替换为它定义的值。

（2）处理所有条件编译指令（#ifdef、#ifndef、#endif等）。

（3）处理文件包含语句（#include），将包含的文件直接插入到语句所在处。

需要注意的是，代码中的编译器指令（#pragma）会被保留。除此之外，预处理还会进行以下操作：

（1）删除所有注释。

（2）添加行号和文件标识，以便在调试和编译出错时快速定位到错误所在行。

### 2. 编译

编译过程是最复杂的过程，需要进行词法分析、语法分析、语义分析、优化处理等工作，最终将预处理文件“*.i”生成汇编文件“*.s”。编译的过程是优化过程，包括中间代码优化和针对目标代码生成优化。

### 3. 汇编

汇编操作指将生成的汇编文件*.s翻译成计算机能够执行的指令，称为目标文件或者中间文件。Linux系统中的二进制文件是“*.o”文件，Windows系统中是“*.obj”文件，通常汇编后的文件包含了代码段和数据段。

### 4. 链接

生成二进制文件后，文件尚不能运行，若想运行文件，需要将二进制文件与代码中用到的库文件进行绑定，这个过程称为链接。链接的主要工作是处理程序各个模块之间的关系，完成地址分配、空间分配、地址绑定等操作，链接操作完成后将生成可执行文件。链接可以分为静态库链接和动态库链接。

静态库在Linux中是“*.a”文件，Windows系统中是“*.lib”文件。这些静态库文件本质上是一组目标文件的集合，静态库链接指的是在程序链接过程中将包含该函数功能的库文件全部链接到目标文件中。程序在编译完成后的可执行程序无须静态库支持，但静态链接带来程序开发效率高的同时也存在着内存空间和模块更新难等问题的出现。

动态库在Linux中是“*.so”文件，也称为共享库，Windows系统中是“*.dll”文件。动态库链接指的是在程序运行时只对需要的目标文件进行链接，因此程序在运行过程中离不开动态库文件。动态库解决了静态库资源的浪费，并且实现了代码共享，隐藏了实现细节，便于升级维护。

### 多学一招 C语言编译器

C语言编译器在编译源码过程中会进行词法分析、语法分析、语义分析、中间语言生成、目标代码生成与优化、链接库文件（动态库或静态库）处理。不同的编译器对程序的优化处理不一样，本书中使用的MSVC编译器是微软公司专用于Visual Studio系列的编译器，其他常见的C语言编译器有GCC、MinGW、Clang、Cygwin。读者可查找相关资料使用编译器指令将源文件按照编译过程生成最终的可执行文件，从而对编译过程有更详细的了解。

## 小　　结

本章首先介绍了C语言的起源与C语言标准；然后介绍了C语言的应用领域和特点；接着介绍了C语言开发环境的搭建；最后通过开发第一个C语言程序，讲解了C语言程序的编译过程。通过本章的学习，读者可以对C语言有一个大致的了解，为后续学习C语言做好铺垫。

## 习　　题

**一、填空题**

1. C 语言的特点有________、________、________、________。
2. C 语言源文件的扩展名为________。
3. 在程序中，如果使用标准库中的 printf() 函数，应该包含头文件________。
4. 在 main() 函数中，用于返回函数执行结果的是________语句。
5. C 语言程序编译过程包括________、________、________、________。

**二、判断题**

1. C 语言不属于高级语言。（　　）
2. C 语言是嵌入式领域的主要开发语言。（　　）
3. C 语言是 UNIX 及其衍生版的主要开发语言，并不能实现汇编语言的大部分功能。（　　）
4. Eclipse 工具和 Visual Studio 工具都可以开发 C 语言。（　　）
5. C 语言程序执行的入口是的 main() 函数。（　　）
6. Visual Studio 系列编辑器支持多种编程语言开发、安卓开发、嵌入式开发等。（　　）

**三、选择题**

1. 下面选项中，（　　）表示主函数。

   A. main()　　B. int　　C. printf()　　D. return

2. Windows 系统中的动态链接文件扩展名是（　　）。

   A. .exe　　B. .bat　　C. .dll　　D. .lib

3. 下列关于主函数说法，正确的是（　　）。

   A. 一个 C 程序中只能包含一个主函数

   B. 主函数 main() 必须要有返回值

   C. 一个 C 程序中可以包含多个主函数

   D. 主函数只能包含输出语句

4. 下列选项中，不属于 C 语言优点的是（　　）。

   A. 不依赖计算机硬件　　B. 简洁、高效

   C. 可移植　　D. 面向对象

**四、简答题**

1. 简述C语言的应用领域。

2. 简述C语言程序的编译过程。

**五、编程题**

打印出一个“*”符号构成的三角形图案，图案如下：

```
  *
 ***
*****
```

**六、拓展阅读**

我国计算机发展史。

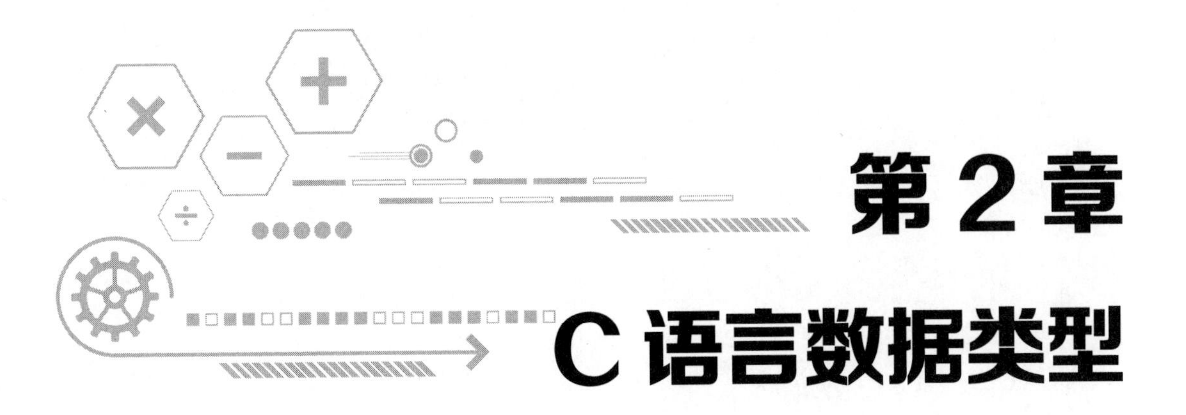

# 第2章 C语言数据类型

学习目标

- 掌握C语言的关键字与标识符；
- 掌握常量与变量；
- 掌握修饰变量的关键字；
- 掌握C语言的基本数据类型；
- 掌握数据溢出；
- 了解指针类型与构造类型；
- 掌握数据类型转换；
- 掌握printf()函数与scanf()函数；
- 了解C语言编程风格。

通过第1章的学习，相信大家对C语言已经有了初步认识，但现在还无法编写C语言程序。在编写C语言程序之前需要先学习C语言的基础知识，就好比建造一栋大楼需要知道钢筋、水泥一样。C语言的基础知识包括关键字、标识符、常量、变量、数据类型等，本章将针对C语言的基础知识进行详细讲解。

## 2.1 C语言基础概念

### 2.1.1 关键字

在C语言中，关键字是指在编程语言中事先定义好并赋予了特殊含义的单词，也称作保留字，它们具有特殊的含义，不能被随便用作变量名、函数名等。C89标准共定义了32个关键字，而C99标准在C89的基础上又增加了5个关键字，分别为restrict、inline、_Bool、_Complex、_Imaginary，因此，C99中一共有37个关键字，具体如下：

```
auto                register
break               restrict
case                return
char                short
const               signed
continue            sizeof
default             static
do                  struct
double              switch
else                typedef
enum                union
extern              unsigned
float               void
for                 volatile
goto                while
if                  _Bool
inline              _Complex
int                 _Imaginary
long
```

上面列举的关键字中，每个关键字都有特殊的作用。按照用途可将这37个关键字大致分为以下五类。

1. **数据类型关键字**

数据类型关键字用于标识变量或函数返回值的数据类型。数据类型关键字及含义如表2-1所示。

**表2-1 数据类型关键字及含义**

| 关 键 字 | 含 义 |
| --- | --- |
| char | 声明字符型变量或函数 |
| double | 声明双精度浮点类型变量或函数 |
| enum | 声明枚举类型 |
| float | 声明单精度浮点类型变量或函数 |
| int | 声明整型变量或函数 |
| long | 声明长整型变量或函数 |
| short | 声明短整型变量或函数 |
| signed | 声明有符号类型变量或函数 |
| struct | 声明结构体类型或函数 |
| union | 声明共用体类型或函数 |
| unsigned | 声明无符号类型变量或函数 |
| void | 声明无返回值函数、无类型指针 |

### 2. 控制语句关键字

控制语句关键字用于控制程序的结构流程。控制语句关键字及含义如表2-2所示。

表 2-2 控制语句关键字及含义

| 关 键 字 | 含 义 |
| --- | --- |
| break | 跳出当前循环，执行循环后面的代码 |
| case | switch 条件语句分支 |
| continue | 跳出当前循环，执行下一次循环 |
| default | switch 语句中的“其他”分支 |
| do | do...while 循环语句循环体 |
| else | if 条件语句否定分支 |
| for | for 循环语句 |
| goto | 无条件跳转语句 |
| if | 条件语句 |
| return | 子程序（函数）返回语句 |
| switch | 多条件分支选择语句 |
| while | while 循环语句 |

### 3. 存储类型关键字

存储类型关键字用于标识变量的存储类型。存储类型关键字及含义如表2-3所示。

表 2-3 存储类型关键字及含义

| 关 键 字 | 含 义 |
| --- | --- |
| auto | 声明自动变量，即由系统根据上下文环境自动确定变量类型 |
| extern | 声明外部变量或函数 |
| register | 声明寄存器变量 |
| static | 声明静态变量或函数 |

### 4. 其他关键字

还有一些表示特殊含义的关键字，这些特殊关键字及含义如表2-4所示。

表 2-4 其他关键字及含义

| 关 键 字 | 含 义 |
| --- | --- |
| const | 声明只读变量 |
| sizeof | 计算数据类型长度 |
| typedef | 给数据类型取别名 |
| volatile | 使用 volatile 修饰的变量，在程序执行中可被隐含地改变 |

#### 5. C99新增关键字

C99新增了5个关键字，其含义如表2-5所示。

表 2-5　C99 新增关键字及含义

| 关　键　字 | 含　　义 |
|---|---|
| inline | 定义内联函数 |
| restrict | 用于限定指针，表明指针是一个数据对象的唯一且初始化对象 |
| _Bool | 声明一个布尔类型变量或函数 |
| _Complex | 声明一个复数类型变量或函数 |
| _Imaginary | 声明一个虚数类型变量或函数 |

### 2.1.2　标识符

在编程过程中，经常需要定义一些符号来标记一些数据或内容，如变量名、方法名、参数名、数组名等，这些符号被称为标识符。C语言中标识符的命名需要遵循一些规范，具体如下：

（1）标识符只能由字母、数字和下画线组成。

（2）标识符不能以数字作为第一个字符。

（3）标识符不能使用关键字。

（4）标识符区分大小写字母，如add、Add和ADD是不同的标识符。

为了让读者对标识符的命名规范有更深刻的理解，下面列举一些合法与不合法的标识符。

一些合法的标识符：

```
area
DATE
_name
lesson_1
```

一些不合法的标识符：

```
3a                  //标识符不能以数字开头
ab.c                //标识符只能由字母、数字和下画线组成
long                //标识符不能使用关键字
abc#                //标识符只能由字母、数字和下画线组成
```

除此之外，标识符在命名时尽量满足以下几点要求：

（1）尽量做到见名知意，例如使用age标识年龄、使用length标识长度。

（2）最好采用英文单词或其组合，避免使用汉语拼音命名。

（3）尽量避免出现仅靠大小写区分的标识符。

（4）虽然ANSI C中没有规定标识符的长度，但建议标识符的长度不超过8个字符。

目前，在C语言中比较常用的标识符命名方式有两种：驼峰命名法和下画线命名法。

（1）驼峰命名法：使用英文单词构成标识符的名字，其中第一个单词首字母小写，余下的

单词首字母大写。如果英文单词过长，则可以取单词的前几个字母。下面给出一组驼峰命名法的示例：

```
int seatCount;                //座椅的数量
int devNum;                   //设备编号，取device单词前3个字母,number单词前3个字母
void getPos();                //获取位置，取position前3个字母
```

（2）下画线命名法：指使用下画线连接标识符的各组成部分。下面给出一组下画线命名法的示例：

```
int my_age;
void get_position();
```

### 2.1.3　常量

常量又称常数，它是指在程序运行过程中其值不可改变的量，如123、2.6、a等，这些值不可改变，通常将它们称为常量。

C语言中的常量可分为整型常量、实型常量、字符型常量、字符串常量和符号常量，下面将针对这些常量分别进行详细讲解。

**1. 整型常量**

整型常量是整数类型的常量，又称整常数。根据不同的计数方法，整型常量可记为二进制整数、八进制整数、十进制整数和十六进制整数。具体示例如下：

（1）二进制整数，如0b100、0B101011。

（2）八进制整数，如0112、056。

（3）十进制整数，如2、–158、0。

（4）十六进制整数，如0x108、–0X29。

**2. 实型常量**

实型也称为浮点型，实型常量也称为实数或浮点数，也就是在数学中用到的小数。在C语言中，实型常量采用十进制表示，它有两种形式：十进制小数形式和指数形式，具体示例如下：

（1）十进制小数形式：由数字和小数点组成（注意：必须有小数点），如12.3、–45.6、1.0等。

（2）指数形式：又称科学计数法，由于计算机输入/输出时，无法表示上标或下标，所以规定以字母e或E表示以10为底的指数，如12.34e3（代表$12.34 \times 10^3$）、–34.87e–2（代表$-34.87 \times 10^{-2}$）、0.14E4（代表$0.14 \times 10^4$）等。需要注意的是，“e”或“E”之前必须有数字，且“e”或“E”后面必须为整数，如不能写成e4、12e2.5等。

**3. 字符常量**

C语言中用单引号（' '）将字符括起来作为字符常量，如'a'、'Z'、'3'、'?'、'\n'、'\t'。字符常量分为如下两种：

（1）普通字符：用单引号括起来的单个字符，如'a'、'8'、'!'、'#'。

（2）转义字符：由单引号括起来的包括反斜杠（\）的一串字符，如'\n'、'\t'、'\0'等。转义字符表示将反斜杠后的字符转换成另外的意义，通常用来表示不能正常显示的字符，如

'\n'、'\t'、'\0'这3个转义字符分别表示换行、Tab制表符和空字符。

C语言中的字符常量共计128个，它们都收录在ASCII码表中。

#### 4. 字符串常量

字符串常量是用一对双引号括起来的字符序列，例如"hello"、"123"、"itcast"等。字符串的长度等于字符串中包含的字符个数，例如，字符串"hello"的长度为5个字符。

字符串常量与字符常量是不同的，它们之间主要的区别有以下几点：

（1）字符型常量使用单引号定界，字符串常量使用双引号定界。

（2）字符型常量只能是单个字符，字符串常量可以包含0个或多个字符。

（3）可以把一个字符型常量赋给一个字符型变量，但不能把一个字符串常量赋给一个字符串变量，C语言中没有相应的字符串变量，只能用字符数组存放字符串常量。字符串与字符数组将在第8章讲解。

#### 5. 符号常量

C语言也可以用一个标识符来表示一个常量，称为符号常量。符号常量在使用前必须先定义，其语法格式如下：

```
#define 标识符 常量
```

上述语法格式中，define是关键字，前面加符号“#”，表示这是一条预处理命令（预处理命令都以符号“#”开头），称为宏定义。宏定义将在第10章进行详细讲解。

例如，将圆周率用PI表示，可写成：

```
#define PI 3.14
```

上述语句的功能是把标识符PI定义为常量3.14，定义后在程序中所有出现标识符PI的地方均用3.14进行替换。符号常量的标识符是用户自己定义的。

符号常量有以下特点：

（1）符号常量的标识符习惯上使用大写字母。

（2）符号常量的值在其作用域内不能改变，也不能再被赋值。

使用符号常量的优点：含义清楚，并且能做到“一改全改”。

#### 多学一招 ASCII码表

计算机使用特定的整数编码来表示对应的字符。通常使用的英文字符编码是ASCII（American Standard Code for Information Interchange，美国信息交换标准代码）。ASCII码是一个标准，其内容规定了把英文字母、数字、标点、字符转换成计算机能识别的二进制数的规则，并且得到了广泛认可和应用。ASCII码表参见附录A。

ASCII码表大致由以下两部分组成。

- ASCII非打印控制字符：ASCII表上的数字0～31分配给了控制字符，用于控制打印机等一些外围设备。
- ASCII打印字符：数字32～126分配给了能在键盘上找到的字符，数字127代表DELETE命令。

### 2.1.4　变量

除了常量之外，有时在程序中还会使用一些数值可以变化的量，例如，记录一天之中温度变化，用一个标识符T记录不同时刻温度的值。与常量不同，标识符T的值是可以不断改变的，因此T就称为一个变量。

变量在程序中经常使用，它们被存储在内存单元中，为了访问、使用和修改内存单元中的数据，人们用标识符来标识存储数据的内存单元，这些用于标识内存单元的标识符称为变量名，内存单元中存储的数据称为变量的值。

下面通过一段代码学习程序中的变量，具体如下：

```
int x = 0,y = 0;
y = x + 3;
```

以上第1行代码的作用是定义名为x和y的变量，并初始化变量x和y的值为0。此行代码执行后，系统会选取内存中的两个内存单元，分别标记为x和y，并将数值0存储到标识为x、y的内存单元中，如图2-1所示。

第2行代码的作用是将x与3相加，并将相加结果赋值给变量y。在执行第2行代码时，程序首先取出变量x的值与3相加，其次将结果3赋值给变量y。此时变量x的状态没有改变，而y的值变为了3，它们在内存中的状态如图2-2所示。

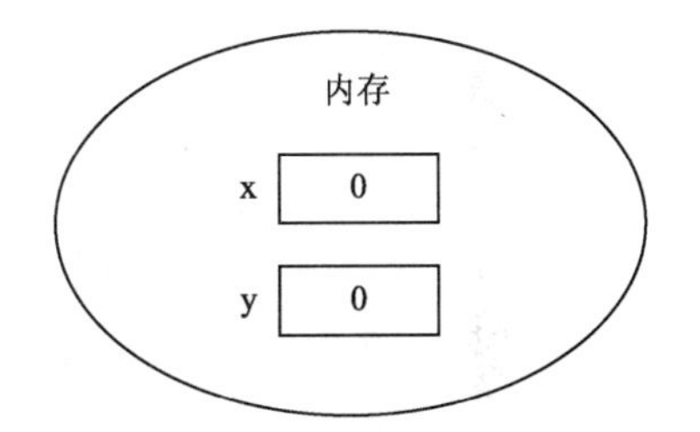

图 2-1　x、y 变量在内存中的状态（一）

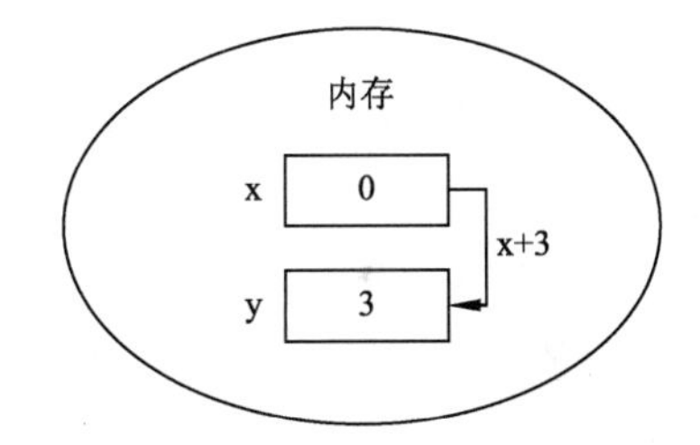

图 2-2　x、y 变量在内存中的状态（二）

数据处理是程序的基本功能，变量是程序中数据的载体，因此变量在程序中占据重要地位。读者应理解程序中变量的意义与功能，后续的学习中将会引导读者学习如何定义、使用不同类型的变量，以及如何在程序中对变量进行运算。

### 2.1.5　不同的关键字修饰变量

变量可以使用不同关键字进行修饰，被关键字修饰之后，变量的使用就会受到某些限制。例如，const关键字可以使变量不能够被更改、static关键字保证变量只能在本文件中有效等。下面介绍几个常用的修饰变量的关键字。

1. const

变量定义之后，在程序的其他位置可以引用和修改变量。但程序中定义的一些变量，如圆周率pi=3.14，黄金分割比例g=0.618，这些变量只需被引用，不应被修改。C语言中可使用const关键字修饰变量，防止变量在定义后被修改。const关键字修饰变量的具体示例如下：

```
int x = 10;                          //定义变量x，值为10
x = 15;                              //修改变量x的值为15
const int y = 10;                    //使用const修饰y，y成为常变量
y = 20;                              //修改y的值，报错，y的值无法被更改
```

使用const修饰的变量称为常变量。需要注意的是，虽然理论上常变量不能被修改，但C语言中仍能通过指针间接更改常变量的值。指针的相关知识将在第5章进行详细讲解。

2. static

static是一个很特殊的关键字，它在C语言中有3种用法，并且这3种用法没有任何关联，完全是相互独立的。下面简单介绍static关键字的3种用法。

（1）static修饰局部变量。被static修饰的局部变量称为静态局部变量。静态局部变量与普通局部变量的区别在于存储位置不同，普通局部变量存储在栈中；静态局部变量存储在静态区，程序运行结束后释放静态局部变量的内存空间。普通变量必须手动初始化才可以引用；静态局部变量如果未初始化，系统会默认初始化为0。

（2）static修饰全局变量，被static修饰的全局变量称为静态全局变量。静态全局变量与普通全局变量的区别在于链接方式不同，静态全局变量为内链接方式，即只在本文件中有效，外部文件不可见；而普通全局变量为外部链接方式，即可被其他源文件调用。

（3）static还可以修饰函数，static修饰的函数是一个静态函数，其作用与静态全局变量相同。静态函数只在本文件内有效，不能被外部文件调用。

关于局部变量、全局变量、函数等相关概念将在后续章节陆续深入学习，在此，读者只需要了解static关键字可以修饰变量即可。

3. extern

extern用于修饰全局变量，其作用与static相反。extern修饰全局变量表示该全局变量可以被其他文件调用。如果有文件要引用其他文件中的全局变量，则在该文件中使用extern关键字引入即可。

此外，extern还可以修饰函数，表示函数是外部函数，可被其他文件调用，函数的相关知识将在第7章讲解。

4. volatile

volatile本身是“易变的”意思，在C语言中，使用volatile修饰变量表示该变量可能会被修改，这个修改并不是编译器对它的修改，而是其他代码（如多线程）或硬件对它进行修改。编译器不会对volatile关键字修饰的变量进行优化，以防止程序运行出现错误。在C语言编程中，volatile关键字并不常用。

5. auto

auto关键字用于修饰局部变量，其作用是表明该变量是存储在栈上的，例如下面两行代码：

```
auto int a = 10;
int b = 10;
```

上述两行代码含义是一样的。需要注意的是，如果使用auto直接定义变量，则变量类型默认为int类型（整型），例如：

```
auto a;          //a是int类型
```

变量a没有指定类型，默认为int类型。由于现在编译器默认局部变量都是auto，因此auto已经很少使用。

## 2.2 数据类型

在应用程序中，由于数据存储时所需要的容量各不相同，为了区分不同的数据，需要将数据划分为不同的数据类型。C语言中的主要数据类型如图2-3所示。

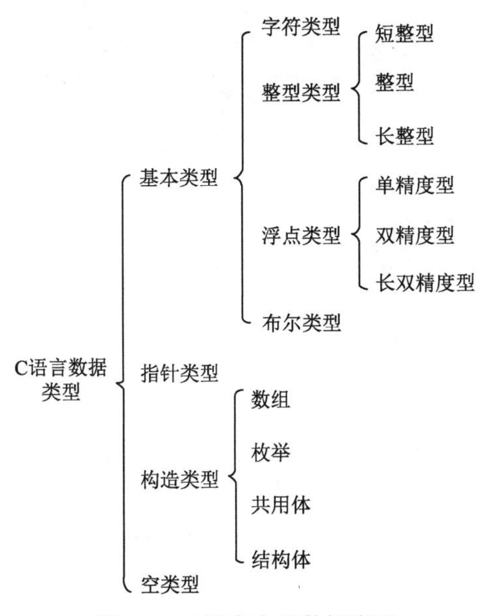


图 2-3　C 语言主要数据类型

由图2-3可知，C语言中的数据类型分为4种：基本类型、指针类型、构造类型、空类型。本节将针对各种数据类型与类型转换进行详细讲解。

### 2.2.1 基本类型

C语言中的基本数据类型包括字符类型、整型类型、浮点类型和布尔类型，下面分别对这几种基本类型进行详细讲解。

#### 1. 字符类型

在C语言中，字符类型用关键字char表示，即使用char定义字符类型变量。字符类型变量用于存储一个单一字符，每个字符变量都会占用1个字节。

为字符类型变量赋值时，需要用一对英文半角格式的单引号（''）把字符括起来，定义字符变量的示例代码如下：

```
char ch1 = 'A';          //定义字符变量ch1，其值为字符'A'
```

```
char ch2 = '3';          //定义变量ch2，其值为字符'3'
```

上述代码中，对于字符变量ch1，将字符常量'A'存放到字符变量ch1中，实际上并不是把该字符本身存放到变量的内存单元中，而是将该字符对应的ASCII编码存放到变量的存储单元中。ASCII编码表使用编号65来表示大写字母A，因此变量ch存储的是整数65，而不是字母A本身。同理，字符变量ch2存储的是字符'3'的ASCII码值83。

**注意：**除了可以直接从键盘上输入的字符（如英文字母、标点符号、数字、数学运算符等）以外，还有一些字符是无法用键盘直接输入的（例如，“回车”），此时需要采用一种新的定义方式——转义字符，它以反斜杠“\”开头，随后接特定的字符。

表2-6列举了C语言常见的转义字符。

**表 2-6　C 语言常见的转义字符**

| 转 义 字 符 | 对 应 字 符 | ASCII 码表中的值 |
|---|---|---|
| \t | 制表符（Tab 键） | 9 |
| \n | 换行 | 10 |
| \r | 回车 | 13 |
| \” | 双引号 | 34 |
| \’ | 单引号 | 39 |
| \\ | 反斜杠 | 92 |

在程序中定义转义字符的示例代码如下：

```
char ch2 = '\n';          //转义字符\将字符n转义，两者合起来功能为换行
char ch4 = '\\';          //如果要使用字符\，则需要使用它自身进行一次转义
```

2. **整型类型**

在程序开发中，经常会遇到0、–100、1024等数字，这些数字都可称为整型数据，即一个不包含小数部分的数。在C语言中，根据数值的取值范围，可以将整型定义为短整型（short int）、基本整型（int）和长整型（long int），long int也可简写为long。

整型数据可以被修饰符signed和unsigned修饰。其中，被signed修饰的整型称为有符号的整型，被unsigned修饰的整型称为无符号的整型，它们之间最大的区别是：无符号整型可以存放的正数范围比有符号整型的大一倍。例如，int的取值范围是$-2^{31}\sim2^{31}-1$，而unsigned int的取值范围是$0\sim2^{32}-1$。默认情况下，整型数据都是有符号的，因此signed修饰符可以省略。

表2-7列举了各种整型占用的空间大小及其取值范围。

**表 2-7　整型占用空间及其取值范围**

| 修 饰 符 | 数 据 类 型 | 占 用 空 间 | 取 值 范 围 |
|---|---|---|---|
| [signed] | short [int] | 16 位（2 字节） | −32 768 ~ 32 767 ($-2^{15}\sim2^{15}-1$) |
| | int | 32 位（4 字节） | −2 147 483 648 ~ 2 147 483 647 ($-2^{31}\sim2^{31}-1$) |
| | long [int] | 32 位（4 字节） | −2 147 483 648 ~ 2 147 483 647 ($-2^{31}\sim2^{31}-1$) |

续表

| 修饰符 | 数据类型 | 占用空间 | 取值范围 |
|---|---|---|---|
| unsigned | short [int] | 16位（2字节） | 0 ~ 65 535 ($0 \sim 2^{16}-1$) |
| | int | 32位（4字节） | 0 ~ 4 294 967 295 ($0 \sim 2^{32}-1$) |
| | long [int] | 32位（4字节） | 0 ~ 4 294 967 295 ($0 \sim 2^{32}-1$) |

由表2-7可知，short类型占用2字节的内存空间，int与long占用4字节的内存空间。在取值范围上，short的取值范围小于int和long。

**注意：**整型数据在内存中所占的字节数与所选择的操作系统有关，例如，在16位操作系统中，int类型占2字节，而在32位和64位操作系统中，int类型占4字节。虽然C语言标准中没有明确规定整型数据的长度，但long类型整数的长度不能短于int类型，short类型整数的长度不能长于int类型。

**小提示 字节**

字节（Byte，B）是计算机存储空间的一种单位，它是内存分配空间的一个基础单位，内存分配空间至少是1字节。

计算机存储单位包括位、字节、千字节、兆字节、吉字节、太字节，这些单位之间的换算如下：

- 最小的存储单位——位（bit）：一个二进制数字0或1占一位。
- 字节（B）: 1B=8 bit；一个英文字母占一个字节。
- 千字节（KB）: 1 KB=1 024 B。
- 兆字节（MB）: 1 MB=1 024 KB。
- 吉字节（GB）: 1 GB=1 024 MB。
- 太字节（TB）: 1 TB=1 024 GB。

### 3. 浮点类型

浮点类型又称实型，是指包含小数部分的数据类型。C语言中将浮点数分为float（单精度浮点数）、double（双精度浮点数）和long double（长双精度浮点数）3种，其中，double和long double类型变量所表示的浮点数比float类型变量更精确。

表2-8列举了3种不同浮点类型占用的存储空间大小及取值范围。

**表 2-8 浮点类型长度及其取值范围**

| 类型名 | 占用空间 | 取值范围 |
|---|---|---|
| float | 32位（4字节） | 1.4E-45 ~ 3.4E+38，-1.4E-45 ~ -3.4E+38 |
| double | 64位（8字节） | 4.9E-324 ~ 1.7E+308，-4.9E-324 ~ -1.7E+308 |
| long double | 64位（8字节） | 4.9E-324 ~ 1.7E+308，-4.9E-324 ~ -1.7E+308 |

表2-8中，列出了3种浮点类型变量所占的空间大小和取值范围。在取值范围中，E表示以

10为底的指数，E后面的“+”号和“-”号代表正指数和负指数，例如，1.4E-45表示$1.4 \times 10^{-45}$。

为了让读者更好地理解浮点类型数据在内存中的存储方式，接下来以单精度浮点数3.141 59为例讲解浮点类型数据在内存中的存储方式。编译器在存储浮点类型数据3.141 59时，会将浮点数分成符号位、小数位和指数位三部分，分别存储到内存单元中，如图2-4所示。

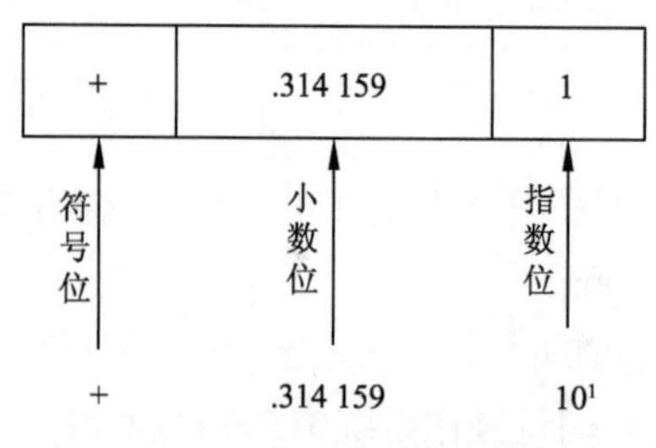


图 2-4　单精度浮点数存储方式

在图2-4中，小数3.141 59在内存中的符号位为“+”，小数部分为.314 15，指数位为1，连接在一起即为“$+0.314\,159 \times 10^1 = 3.141\,59$”。

在定义浮点类型变量时，可以在float类型变量所赋值的后面加上大写字母F或小写字母f，在double类型变量所赋值后面加上大写字母D或小写字母d。具体示例如下：

```
float f1 = 123.4f;                    //为一个float类型的变量赋值，后面可以加上字母f
float f2 = 123.4;                     //为一个float类型的变量赋值，后面可以省略字母f
double d2 = 199.3d;                   //为一个double类型的变量赋值，后面可以加上字母d
double d1 = 100.1;                    //为一个double类型的变量赋值，后面可以省略字母d
```

浮点类型常量默认是double类型。例如，2.56默认为double类型常量，占据8字节内存。在浮点类型常量后面加上F或f，该数据就是float类型，如2.56f，占据4字节内存。

**脚下留心 float和double精确度**

由于浮点型变量所占据的内存空间大小有限，因此只能提供有限个数的有效数字。有效位以外的数字将不精确。双精度浮点数的有效位数更多，比单精度浮点数更能精确表达数据，它能提供15~16位有效位数，而单精度浮点数只能提供6~7位有效位数。

将1.12345678910111213赋值给一个float类型变量和一个double类型变量，该数据小数点后面有17位数，将这17位数全部输出，可以观察float类型变量与double类型变量的精确位数，示例代码如例2-1所示。

【例2-1】 accuracy.c

```
1 #include <stdio.h>
2 int main()
3 {
4     float f = 1.12345678910111213;          //float类型变量
5     double d = 1.12345678910111213;         //double类型变量
6     printf("f = %.17f\n", f);
7     printf("d = %.17f\n", d);
8     return 0;
9 }
```

程序运行结果如图2-5所示。

图 2-5　程序运行结果

由图2-5可知，变量f和变量d的有效位分别是小数点后6位和小数点后15位，其后的数字是无效的。

在上述代码中,%.17f指输出小数点后面17位数，如果不指定小数点后面的输出位数，float与double类型变量默认输出到小数点后6位。

### 4. 布尔类型

C99标准增加了一个新的数据类型：_Bool，称为布尔类型。_Bool类型的变量用于表示一个布尔值，即逻辑值true和false。在C语言中，使用数值0表示false，用1表示true，实际上，_Bool类型也是一种整数类型，但它只占1字节存储空间。

当为_Bool类型变量赋值为0或NULL时，其值为0，即false，而赋予其他非0或非NULL值时，其值为1，即true。使用_Bool类型定义一些变量，示例代码如下：

```
_Bool b1 = 10;          //为_Bool类型的变量赋值为10，b1的值为1，即true
_Bool b2 = NULL;        //为_Bool类型的变量赋值为NULL，b2的值为0，即false
_Bool b3 = 0;           //为_Bool类型的变量赋值为0，b3的值为0，即false
_Bool b4 = -28;         //为_Bool类型的变量赋值为-28，b4的值为1，即true
_Bool b5 = " ";         //为_Bool类型的变量赋值为空字符串，b5的值为1，即true
```

## 2.2.2 数据溢出

C语言中的基本数据类型占据不同的内存空间，都有一定的取值范围，如果在定义变量时，将一个超出取值范围的值赋给了变量，就会发生数据溢出。例如，字符类型变量占据的内存大小为1字节（8 bit），取值范围为-128~127，如果为字符类型变量所赋的值超出这个范围，编译器就不能正确解读这个数据。示例代码如下：

```
char ch1 = -129;        //超出下限范围，ch1的结果为127
char ch2 = -128;        //ch2结果为-128
char ch3 = 0;           //ch3结果为0
char ch4 = 127;         //ch4结果127
char ch5 = 128;         //超出上限范围，ch5结果为-128
```

在上述代码中，ch1与ch5在赋值时都超出了字符类型的取值范围，发生数据溢出，因此不能正确地显示结果。在赋值时，数据如果小于取值范围的最小值称为数据下溢；数据如果大于取值范围的最大值称为数据上溢。

如果读者继续在字符范围之外逐渐递增（递减）取值，则会发现一个有趣的现象，字符数据类型的取值以255［127-（-128）=255］为周期循环回绕读取数据。例如，上述代码中，为ch5赋值128，则真实读取的数据为-128，如果为ch5赋值129，则真实读取的数据为-127；如果为ch5赋值为130，则真实读取的数据为-126……这样当为ch5赋值为383时，真实读取的数据为127，为ch5赋值为384时，真实读取数据又变回-128。该过程的示例代码如下：

```
ch5 = 128;              //真实读取数据为-128
ch5 = 129;              //真实读取数据为-127
ch5 = 130;              //真实读取数据为-126
…
ch5 = 383;              //真实读取数据为127
ch5 = 384;              //真实读取数据为-128
```

为ch5赋值128时，其值为-128，为ch5赋值383时，其值为127。383-128=255，这正好是字符类型取值范围的周期。如果继续递增赋值，则ch5的取值又回绕进入一个新的循环，该溢出过程类似时钟的循环，如图2-6所示。

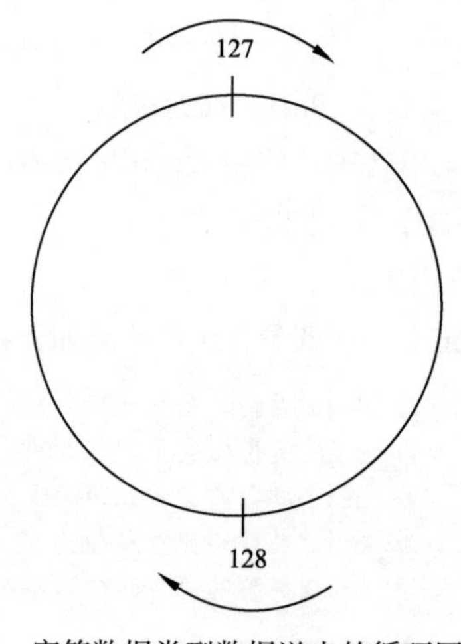


图 2-6　字符数据类型数据溢出的循环回绕现象

同理，整型类型的数据也会发生溢出，而且在C语言编程中，整数数据溢出最为常见。整型类型可以分为有符号整型和无符号整型，无论是哪种整型类型，当赋值超出取值范围时都会发生回绕现象。例如，对于unsigned int类型，其取值范围0~4 294 967 295 ($0 \sim 2^{32}-1$)，当为unsigned int类型的变量赋值时，如果所赋值超出这个范围也会发生回绕。示例代码如下：

```
unsigned int num1 = -1;              //数据下溢，真实读取数据为4294967295
unsigned int num2 = 0;               //真实读取数据为0
unsigned int num3 = 4294967295;      //真实读取数据为4294967295
unsigned int num4 = 4294967296;      //数据上溢，真实读取数据为0
```

**注意**：unsigned int类型变量在输出时以u%格式输出，输出格式将在2.4.1节讲解。

在实际编程中，想要记住不同数据类型的取值范围是很难的，为了减少编程中的数据溢出错误，C语言针对不同的整型类型都定义了一个宏，用于表示该数据类型的极值，具体如表2-9所示。

表 2-9　不同整型数据类型极值宏定义

| 数据类型 | 极大值 | 极小值 |
| --- | --- | --- |
| short | SHRT_MAX | SHRT_MIN |
| int | INT_MAX | INT_MIN |
| long | LONG_MAX | LONG_MIN |
| unsigned short | USHRT_MAX | — |
| unsigned int | UINT_MAX | — |
| unsigned long | ULONG_MAX | — |

表2-9中的极值宏使用需要包含标准头文件limits.h。

### 2.2.3　指针类型

指针类型是C语言中一个非常特殊的类型，正是因为有了指针，C语言的运用才更加自由、灵活。虽然其他语言，如Pascal，也实现了指针，但它的指针有诸多限制，如不允许指针执行算术和比较操作等，不允许创建指向已经存在的数据对象的指针等，因此Pascal语言中的指针远远不如C语言中的指针灵活、高效。

在C语言中，指针是没有任何限制的，其作用非常强大，主要体现在以下几方面：

（1）可编写底层代码。指针用于操作内存，而内存由硬件提供，指针相当于可直接操作硬件，因此拥有指针的C语言也被称为高级汇编语言。使用C语言可以编写驱动程序、操作系统等底层代码，这是其他高级语言无法实现的。

（2）使数据结构更灵活。指针在数据组织方面具有很大的作用，例如链表。虽然链表使用数组也可以实现，但数组实现的链表比较“笨拙”，在执行操作时内存开销比较大。而使用指针实现的链表更灵活，指针可以映射上下链接，在执行操作时内存开销大大降低。

（3）支持动态内存分配。C语言支持动态分配及释放内存，实现了内存随时使用随时分配，不使用时随时释放，这样可使代码更紧凑，既提高了代码可读性，又提高了内存的管理效率。

（4）降低内存开销。有时在程序中需要传递庞大的数据结构，这会造成非常大的内存开销，如果使用指针传递数据，则可避免过多的内存开销。

C语言中的指针功能强大，没有任何限制，使得C程序员都热衷于使用指针。但是由于C语言指针没有限制出现错误时难以发觉与调试，因此，学习指针时理解C程序中的内存管理十分重要。

指针就是计算机内存的地址，通过指针可以操作该地址对应的内存中存放的数据。指针将在第5章进行详细讲解，这里读者只需要了解指针的重要性即可。

### 2.2.4　构造类型

C语言提供的基本数据类型往往不能满足复杂的程序设计需求，因此C语言允许用户根据自己的需要自定义数据类型，这些自定义的数据类型称为构造类型。构造类型包括数组、枚举、共用体和结构体，下面将针对构造类型进行详细讲解。

1. 数组

数组是一组具有相同数据类型的变量集合，这些变量称为数组的元素。数组的类型由数组中存储的元素的类型决定。定义数组时要指定数组类型、数组大小，下面定义几个数组：

```
int arr[5];                        //定义一个int类型的数组，大小为5
char str[10];                      //定义一个char类型的数组，大小为10
float ff[10];                      //定义一个float类型的数组，大小为10
```

数组的相关知识将在第6章详细讲解。

2. 枚举类型

在日常生活中有许多对象的值是有限的，可以一一列举。例如，一个星期只有周一到周日、一年只有一月到十二月等。把这些量声明为整型、字符型或其他类型显然是不妥当的。为此，C语言提供了一种称为“枚举”的类型。

枚举类型用于定义值可以被一一列举的变量。枚举类型的声明方式比较特殊，定义枚举类型的关键字为enum，具体格式如下：

```
enum 枚举名 {标识符1 = 整型常量1, 标识符2 = 整型常量2, ...};
```

在上述格式中，enum为用于声明枚举类型的关键字，枚举名表示枚举类型的名称。以表示月份的枚举类型为例，声明枚举类型的示例如下：

```
enum month { JAN = 1, FEB = 2, MAR = 3, APR = 4, MAY = 5, JUN = 6,
             JUL = 7, AUG = 8, SEP = 9, OCT = 10, NOV = 11, DEC = 12 };
```

上述代码声明了一个枚举类型month，enum month枚举类型有12个枚举值，也称为枚举常量，每个枚举值都使用一个整型数值进行标识。定义枚举类型之后，就可以使用此类型定义变量。定义enum month类型的变量，示例代码如下：

```
enum month lastMonth, thisMonth, nextMonth;
```

上述代码定义了3个enum month类型的枚举变量：lastMonth、thisMonth、nextMonth，这些变量的值必须要从enum month枚举类型中获取，给3个变量赋值的代码如下：

```
lastMonth = APR;        //给lastMonth赋值为APR
thisMonth = MAY;        //给thisMonth赋值为MAY
nextMonth = JUN;        //给nextMonth赋值为JUN
```

**注意**：枚举值是常量，不是变量，在程序中不能为其赋值。

例如，在程序中对MAY再次赋值是错误的，示例代码如下：

```
MAY = 20;               //错误：枚举值MAY是常量，不能赋值
```

**多学一招** 枚举类型的快速定义

在定义枚举类型时，如果不给枚举值指定具体的整型数值标识，它会默认该枚举值的整型

数值等于前一枚举值的值加1。因此，可以将上面enum month枚举类型的定义简化成：

```
enum month{JAN=1, FEB, MAR, APR, MAY, JUN, JUL, AUG, SEP, OCT, NOV, DEC};
```

在上述代码中，FEB、MAR、JUN等的值依次是2、3、4等，如果不指定第一个枚举值JAN对应的常量，则它的默认值是0。

### 3. 共用体

共用体又称联合体，它可以把不同数据类型的变量整合在一起。共用体数据类型使用union关键字进行声明，其定义格式与类型定义如下：

```
union 共用体类型名称
{
   数据类型   成员名1;
   数据类型   成员名2;
   …
   数据类型   成员名n;
};
//定义共用体数据类型data
union data
{
   int i;
   char ch;
};
```

在上述代码中，上面是声明共用体数据类型的格式，声明共用体数据类型使用union关键字；其后是共用体类型名称，在“共用体类型名称”下的大括号中，声明了共用体类型的成员项，每个成员由“数据类型”和“成员名”共同组成。

随后声明了一个名为data的共用体类型，该类型由两个不同类型的成员组成。需要注意的是，共用体中的所有成员共用一块内存，在引用共用体变量时，只有一个成员变量是有效的。

声明了共用体类型data，就可以使用data定义具体的变量。共用体变量的定义有3种方式，分别如下：

```
//先定义共用体类型再定义变量
union data
{
   int i;
   char ch;
};
union data a, b;
//定义共用体类型的同时定义变量
union data
{
   int i;
   char ch;
}a, b;
```

```
//直接定义共用体类型的变量
union
{
    int i;
    char ch;
}a, b;
```

上述展示了3种定义共用体变量a和b的方式，第3种定义共用体的方式省略了共用体类型名，直接定义了共用体变量，称为匿名共用体。

定义了共用体变量之后，需要对共用体变量进行初始化。对共用体变量进行初始化时只能对其中一个成员进行初始化。

共用体变量初始化的方式如下：

```
union 共用体类型名 共用体变量 = {其中一个成员的类型值}
```

虽然共用体变量初始化时只给一个成员赋值，但是这个成员值必须要使用大括号括起来。下面对data类型的变量a进行初始化，代码如下：

```
union data a = {8};
```

完成了共用体变量的初始化后，就可以引用共用体中的成员。共用体变量引用其成员使用“.”符号，格式如下：

```
共用体变量.成员名
```

例如，引用变量a中的i成员，代码如下：

```
a.i
```

共用体变量可以使用“.”符号引用成员变量，因此在给共用体变量赋值时，也可以使用该方式为具体成员变量赋值，代码如下：

```
a.i = 10;  //为成员变量i赋值，此时共用体变量a中只有10一个数据
```

如果连续给多个成员变量赋值，则后面的赋值会覆盖掉前面的赋值，最终共用体变量中只有最后一个成员变量值是有效的。

### 4. 结构体

结构体与共用体类似，它也可以将不同数据类型的变量整合在一起，区别在于，结构体中的所有成员都占有内存，在引用结构体变量时，所有成员都有效。结构体使用关键字struct定义，例如定义存储个人信息的变量，每个人的信息包括姓名、年龄、性别，则需要定义一个结构体来存储这些信息，定义代码如下：

```
struct Person{          //定义结构体类型Person
    char name[20];      //使用字符数组存储姓名
    int age;            //年龄
    char sex;           //性别
};
```

结构体将在第9章进行详细讲解，这里读者只需要了解结构体属于构造数据类型即可。

# 2.3 数据类型转换

在C语言程序中，经常需要对不同类型的数据进行运算，为了解决数据类型不一致的问题，需要对数据的类型进行转换。例如，一个浮点数和一个整数相加，必须先将两个数转换成同一类型。C语言程序中的类型转换可分为隐式类型转换和显式类型转换两种。本节将针对这两种类型转换方式进行详细讲解。

## 2.3.1 隐式类型转换

所谓隐式类型转换是指系统自动进行的类型转换。隐式类型转换分为两种情况，下面分别进行介绍。

### 1. 不同类型的数据进行运算

不同类型的数据进行运算时，系统会自动将低字节（占内存小的数据类型）数据类型转换为高字节（占内存大的数据类型）数据类型，即从下往上转换。例如，将int类型和double类型的数据相加，系统会将int类型的数据转换为double类型的数据，再进行相加操作。具体示例如下：

```
int num1 = 12;
double num2 = 10.5;
num1 + num2;
```

在上述代码中，由于double类型的取值范围大于int类型，将int类型的num1与double类型的num2相加时，系统会自动将num1的数据类型由int转换为double类型，从而保证数据的精度不会丢失。

### 2. 赋值转换

在赋值类型不同时，即变量的数据类型与所赋值的数据类型不同，系统会将“=”右边的值转换为变量的数据类型再将值赋给变量。例如，给一个int类型的变量赋值为浮点数，代码如下：

```
int a = 10.2;
```

以上代码将浮点数10.2赋值给int类型的变量a，编译器在赋值时会将10.2转换为int类型的10再赋值给a，a最终的结果为10。这种在赋值时发生的类型转换称为赋值转换，它也是一种隐式转换。

## 2.3.2 显式类型转换

显式类型转换指的是使用强制类型转换运算符，将一个变量或表达式转化成所需的类型，其基本语法格式如下：

```
(类型名)(表达式)
```

在上述格式中，类型名和表达式都需要用括号括起来，具体示例如下：

```
int x = 10;
float f = 1.2;
double d = 3.75;
x = (int)(f + d);          //将f+d的结果强制转换为int类型，再赋值给变量x
f = (double)(x)+d;         //将x强制转换为double类型，与d相加，再将结果赋值给f
```

上述代码中，首先定义了3个变量：int类型的变量x，float类型的变量f，double类型的变量d；然后让f与d相加，将结果强制转换为int类型再赋值给变量x，x结果为4。最后一行代码将x强制转换为double类型，将其与d相加，再赋值给f，f结果为7.750000。

在上述类型转换过程中，对于代码x = (int)(f + d);，f是float类型，d是double类型，f与d相加时，编译器先将f转换为double类型，再与d相加。f与d相加的结果为double类型，在将结果赋值给x时，即使不强制将结果转换int类型，编译器也会将结果先转换为int类型再赋值给x，即发生赋值转换。

对于代码f = (double)(x)+d;，先将x强制转换为double类型再与d相加，但在这个过程中，即使不强制转换，x与d相加时，编译器也会将x自动转换为double类型。x与d相加的结果为double类型，将结果赋值给f时会发生赋值转换，即先将结果转换为float类型再赋值给f。

在面向对象的编程语言中，有很多用户自定义的对象，对象之间类型不一致往往会导致程序错误，因此常常需要强制转换，统一操作对象的数据类型。C语言是一门面向过程的编程语言，数据类型转换一般发生在基本数据类型之间，基本数据类型之间的转换又默认有自己的一套规则（隐式转换），因此，显式转换并不常用。

对数据类型转换，如果由低字节数据类型向高字节数据类型转换，一般不会出现错误；但如果由高字节数据类型向低字节数据类型转换，则可能会因数据截断造成精度丢失。具体如下：

（1）浮点类型与整型的转换。将浮点数转换为整数时，编译器会舍弃浮点数的小数部分，只保留整数部分。将整型值赋给浮点型变量，数值不变，只将形式改为浮点形式，即小数点后带若干个0。

（2）单、双精度浮点类型的转换。因为C语言中的浮点类型数据总是用双精度表示的，所以float类型数据参与运算时需要在尾部加0扩充为double类型数据。double类型数据转换为float类型时，会造成数据精度丢失，有效位以外的数据将会进行四舍五入。

（3）char类型与int类型的转换。将int类型数值赋给char类型变量时，只保留其最低8位，高位部分舍弃；将char类型数值赋给int类型变量时，一些编译器不管其值大小都作正数处理，而另一些编译器在转换时会根据char类型数据值的大小进行判断，若值大于127，就作为负数处理。对于使用者来讲，如果原来char类型数据取正值，转换后仍为正值。如果原来char类型值可正可负，则转换后也仍然保持原值，只是数据的内部表示形式有所不同。

（4）int类型与long类型的转换。long类型数据赋给int类型变量时，将低16位值赋给int类型变量，而将高16位截断舍弃（这里假定int类型占两个字节）。将int类型数据赋给long类型变量时，其外部值保持不变，而内部形式有所改变。

（5）无符号整数之间的转换。将一个unsigned类型数据赋给一个长度相同的整型变量时

（如unsigned→int、unsigned long→long，unsigned short→short），内部的存储方式不变，但外部值却可能改变。

将一个非unsigned整型数据赋给一个长度相同的unsigned类型变量时，内部存储形式不变，但外部表示时总是无符号的。

## 2.4 格式化输入/输出

在C语言中编程中，经常会用到输入/输出函数，其中，使用最多的就是格式化输入/输出函数。C语言提供了一对格式化输入/输出函数：scanf()函数与printf()函数。printf()函数用于向控制台输出数据，scanf()函数用于读取用户的输入数据。

### 2.4.1 printf()函数

printf()函数为格式化输出函数，该函数最后一个字符f就表示“格式”(format)的意思，其功能是按照用户指定的格式将数据输出到屏幕上。printf()函数的调用形式如下：

```
printf("格式控制字符串",[输出列表]);
```

上述printf()函数调用中，格式控制字符串用于指定输出格式，它由格式控制串和非格式控制字符串组成。格式控制字符串以符号%开头，后面跟有各种格式控制字符，指定输出数据的类型、形式、长度、精度等。格式控制字符串的具体形式如下：

```
"%[标志][宽度][.精度][长度]类型"
```

在格式控制字符串中，标志、宽度、精度、长度等都是可选的，但“%类型”是必须要指定的。例如，以%c格式输出一个字符，以%d输出一个整数。下面分别介绍格式控制字符标志位的组成部分。

#### 1. 类型

printf()函数可以输出任意类型的数据，如整型、字符型、浮点型数据等，常用的输出类型格式控制字符如表2-10所示。

表2-10　printf()函数常用的输出类型格式控制字符

| 格式控制字符 | 含　义 |
|---|---|
| s | 字符串 |
| c | 单个字符 |
| d | 有符号十进制整型 |
| u | 无符号十进制整型 |
| o | 无符号八进制整型 |
| x | 无符号十六进制整型小写 |
| X | 无符号十六进制整型大写 |

续表

| 格式控制字符 | 含　义 |
|---|---|
| f | 单精度 / 双精度浮点型（默认打印 6 位小数） |
| e | 科学计数 e |
| E | 科学计数 E |
| p | 变量地址 |

使用输出类型格式控制字符可以输出不同类型的数据，示例代码如下：

```
printf("%c", 'H');                          //以%c格式输出字符'H'
printf("%s", "Hello, world!\n");            //以%s格式输出字符串"Hello, world!"
printf("%d", 100);                          //以%d格式输出整数100
```

指定输出类型，printf()函数就会按照指定的类型输出后面的参数数据，每一个格式控制字符对应一个参数。如果要连续输出多个数据，则相应地要使用多个控制字符，示例代码如下：

```
printf("%d%d%d\n",1,2,3);                   //使用3个%d输出3个整数1、2、3
printf("%f\n%c\n",2.1,'a');                 //使用%f与%c输出2.1与字符'a'
```

在上述代码中，第一行输出3个连续整数，1、2、3这3个整数会自动与3个%d从前往后匹配。第二行代码也是如此，浮点数2.1会自动与%f匹配，字符'a'会自动与%c匹配。

### 2. 标志

printf()函数中的标志字符用于规范数据的输出格式，如左对齐、右对齐、空缺填补等，标志符有“-”、“+”、“0”、空格、“#”5种，具体如表2-11所示。

表 2-11　printf() 函数标志符

| 标　志　符 | 含　义 |
|---|---|
| - | 左对齐；printf() 函数输出数据默认为右对齐 |
| + | 当一个数为正数时，前面加上一个“+”符号。默认正数不显示 + 符号 |
| 0 | 右对齐时，用 0 填充左边空缺。默认使用空格填充 |
| 空格 | 输出正数时，前面为空格；输出负数时，前面带“-”符号 |
| # | 对 %c、%s、%d、%u 等之类无影响 |
|  | 对 %o 格式，输出时加上八进制前缀 0 |
|  | 对 %x(%X) 格式，输出时加上十六进制前缀 0x |

### 3. 宽度

用十进制整数来表示输出数据的最少位数，若实际位数多于定义的宽度，则按实际位数输出，若实际位数少于定义的宽度则补以空格或0。

以不同的宽度输出数据123，示例代码如下：

```
printf("%d\n", 123);                        //默认宽度
printf("%5d\n", 123);                       //设置宽度为5
printf("%10d\n", 123);                      //设置宽度为10
```

上述代码的运行结果如图2-7所示。

图 2-7 以不同的宽度输出数据 123

由图2-7可知，printf()输出数据默认是右对齐，当数据实际位数少于设置的宽度时，左侧以空格填充。读者也可以结合标志位调整对齐方式或者以0填充左侧空缺，示例代码如下：

```
printf("%d\n", 123);
printf("%-5d\n", 123);                  //添加-符号，左对齐输出
printf("%010d\n", 123);                 //添加0，左边以0填充
```

上述代码的运行结果如图2-8所示。

图 2-8 添加标志位输出数据 123

由图2-8可知，添加“-”符号标志位输出数据，第二个123变成了左对齐，添加“0”标志位后，第三个123左侧空缺以0填充。读者可尝试使用其他标志位输出数据查看输出格式的变化。

4. **精度**

精度格式以字符“.”开头，后面跟十进制整数，精度主要作用于浮点型数据，表示输出小数点后面的位数。如果作用于整型数据，则表示按照一定宽度输出数据，左侧空缺填充0。在使用精度输出时，若实际位数大于所定义的精度数，则截去超出的部分。

精度的使用示例代码如下：

```
printf("%f\n", 1.234567);              //默认输出小数点后6位
printf("%.8f\n", 1.234567);            //输出小数点后8位，后面填充0
printf("%.3f\n", 1.234567);            //输出小数点后3位，截断超出的部分
printf("%.6d\n", 123);                 //输出123的宽度为6，左侧填充0
```

上述代码的运行结果如图2-9所示。

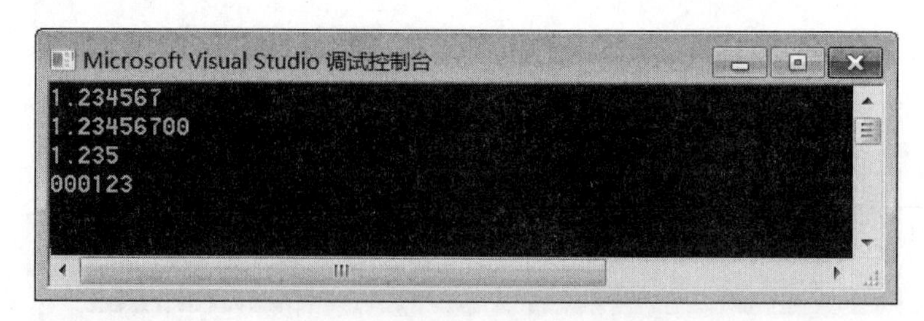


图 2-9 printf() 函数输出精度

## 2.4.2 scanf()函数

scanf()函数用于读取用户从键盘输入的数据，它可以灵活接收各种类型的数据，如字符串、字符、整型、浮点数等，scanf()函数也可以通过格式控制字符控制用户的输入，但它只使用类型（%d、%c、%f等）格式控制，并不使用宽度、精度、标志等格式控制。scanf()函数的类型格式控制用法与printf()函数一样。

scanf()函数用法示例如下：

```
int a;
char c;
float f;
scanf("%d", &a );                //接收一个从键盘输入的整型数据
scanf("%c", &c );                //接收一个从键盘输入的字符类型数据
scanf("%f", &f );                //接收一个从键盘输入的float类型数据
```

调用scanf()函数时，参数变量的前面有一个“&”符号，这是取地址运算符，表示取已定义变量的存储地址，通过键盘输入将数据存储到该变量中。关于该符号将在第5章（指针）讲解，这里读者知道scanf()参数变量前必须添加该符号即可。

在使用scanf()函数获取用户输入的信息时，如果输入的信息中包含终止符，scanf()函数就认为输入结束。例如，使用scanf()函数输入一个字符串，存储到数组中，示例代码如下：

```
char arr[20];                    //定义字符数组arr，大小为20
scanf("%s",&arr);                //从键盘读取字符串，存储到数组arr中
```

执行上述代码，从键盘读取字符时，如果输入“Hello world”，程序只会读取到Hello，后面的world不会读取，这是因为“Hello world”中包含一个空格，空格是一个终止符，scanf()只能读到空格之前的内容。

scanf()函数常见的终止符如表2-12所示。

表 2-12 scanf() 函数常见终止符

| 字 符 | 含 义 | 字 符 | 含 义 |
|---|---|---|---|
| 0x20 | 空格 | \v | 垂直制表符 |
| \t | 水平制表符（Tab 键） | \f | 换页 |
| \n | 换行 | \r | 回车 |

在后面章节的学习中，会经常调用scanf()函数从键盘读取数据，读者会慢慢深入掌握scanf()函数的使用，这里，读者了解scanf()的调用规则即可。

**小提示 关闭安全检查**

使用Visual Studio 2019调用scanf()函数时，由于scanf()函数是一个不安全的函数，Visual Studio 2019对此检查比较严格，因此编译不会通过，提示scanf()函数不安全，需要关闭安全检查。Visual Studio 2019关闭安全检查，需要在本文件最顶部添加一行代码：#define _CRT_SECURE_NO_WARNINGS，必须是在最顶部添加，添加在其他地方无效。

C11标准使用scanf_s()函数代替了scanf()函数。scanf_s()函数是一个安全函数，但它是C11标准新增加的函数，目前还有很多编译器不支持。本书为了提高代码的可移植性，仍使用scanf()函数从键盘读取输入的数据。

## 2.5 C语言编程风格

开发软件往往不是一朝一夕的事情，更多的情况下，一个软件的开发周期需要很长时间，并且通常由多人合作完成。因此，一定要保持良好的编码风格，才能最大化地提高程序开发效率。很多人不重视这点，甚至国内的绝大多数教材也不讨论这个话题，导致学生进入公司后仍要进行编码风格的培训，因此从一开始接触代码就要努力养成良好的编码习惯。

### 2.5.1 程序格式

程序的格式不影响代码的执行，但影响其可读性和维护性。程序的格式应追求清楚美观、简洁明了，让人一目了然。

#### 1. 代码行

在C语言程序中，一行代码最好只写一条语句，这样方便测试；一行最好只写一个变量，这样方便写注释。例如：

```
int num;
int age;
```

需要注意的是，if、for、while、do等语句各占一行，其执行语句无论有几条都用符号“{”和“}”将其包含在内。例如：

```
if(number < age)
{
    …
}
```

#### 2. 对齐与缩进

对齐与缩进可以保证代码的整洁、层次清晰。主要表现在以下几点：

➢一般用设置为4个空格的Tab键缩进，不用空格缩进。

➢符号“{”和与其对应的“}”要独占一行，且位于同一列，与引用它们的语句左对齐。

➢位于同一层符号“{”和“}”之内的代码，要在“{”的下一行缩进，即同层次的代码在同层次的缩进层上。

下面列举一些风格良好的代码。

（1）函数定义语句的代码风格：

```
void Function(int x)
{
    … // 程序代码
}
```

（2）if...else语句的代码风格：

```
if(condition)
{
    … // 程序代码
}
else
{
    … // 程序代码
}
```

（3）for语句的代码风格：

```
for(initialization; condition; update)
{
    … // 程序代码
}
```

（4）while语句的代码风格：

```
while(condition)
{
    … // 程序代码
}
```

（5）如果出现嵌套的{}，则使用缩进对齐：

```
{
    …
    {
        …
    }
    …
}
```

### 3. 空格和空行

需要空格的情况主要有以下几点：

（1）if、while、switch等关键字与之后的左括号“(”之间，例如“for (i = 0; i < 10; i++)”。

（2）双目运算符两侧，例如“p == NULL”。

（3）逗号“,”与分号“;”之后，例如“for (i = 0; i < 10; i++)”。

（4）辅助运算符两侧，例如“a = b;”。

不需要添加空格的位置有以下几个：

（1）函数名与之后的左括号“(”，包括带参数的宏与之后的左括号“(”，例如“max(a, b)”。

（2）分号“;”或冒号“:”之前。

（3）左括号“(”右边，右括号“)”左边，例如“if (p == NULL)”。

空行起到分隔程序段落的作用，需要添加空行的情况主要有以下几点：

（1）函数定义之前、每个函数定义结束之后加空行，例如下面的代码。

```
void Function1(…)
{
   …
}
// 在这里添加空行
void Function2(…)
{
   …
}
// 在这里添加空行
void Function3(…)
{
   …
}
```

（2）在一个函数体内，相邻两组逻辑上密切相关的语句块之间加空行，语句块内不加空行。例如：

```
while(condition)
{
   statement1;
   // 在这里添加空行
   if (condition)
   {
      statement2;
   }
   else
   {
      statement3;
   }
   // 在这里添加空行
   statement4;
}
```

#### 4. 长行拆分

代码行不宜过长，应控制在10个单词或70~80个字符以内，实在太长时要在适当位置进行拆分。折行后应该如何缩进？良好的做法是，第一次折行后，在原来缩进的基础上增加1/2的Tab大小的空格，之后的折行全部对齐第二行。例如：

```
if(veryLongVar1 >= veryLongVar2
&& veryLongVar3 >= veryLongVar4)
{
    DoSomething();
}
double FunctionName(double variablename1,
    double variablename2);
for(very_longer_initialization;
    very_longer_condition;
    very_longer_update)
{
    DoSomething();
}
```

#### 5. 修饰符“*”和“&”的位置

从语义上讲，修饰符“*”和“&”靠近数据类型会更直观，但对多个变量声明时容易引起误解。例如：

```
int* x, y;
```

上面的代码中定义了int*类型变量x和int类型变量y，但由于修饰符“*”靠近int，因此会让人误以为y的数据类型是int*类型的，这样是不对的。

基于上面示例代码造成的误解，人们提倡修饰符“*”和“&”靠近变量名。例如：

```
int *x, y;
```

上面的代码能使人们一眼就能看出，变量x是int*类型，而y是int类型的，不会造成误解。

### 2.5.2 程序注释

注释是对程序的某个功能或者某行代码的解释说明，它只在C语言源文件中有效，在编译时会被编译器忽略。由于对注释部分忽略不处理，就如同没有这些字符一样，因此注释不会增加编译后的程序的可执行代码长度，对程序运行不起任何作用。注释的作用不仅是给团队合作者看的，也是给自己看的，明确的注释可以让读者轻松阅读、复用、理解和修改代码，写注释时力求简单明了、清楚无误，防止产生歧义。C语言注释方式有以下3种：

#### 1. 单行注释

单行注释通常用于对程序中的某一行代码进行解释，用“//”符号表示，“//”后面为被注释的内容。例如：

```
printf("Hello, world\n");              // 输出“Hello, world”
```

#### 2. 多行注释

顾名思义，多行注释就是在注释中的内容可以为多行，它以符号“/*”开头，以符号“*/”

结尾。例如：

```
/* printf("Hello, world\n");
   return 0;*/
```

### 3. 注释嵌套

在C语言中，有的注释可以嵌套使用，有的则不可以，下面列出两种具体的情况。

（1）多行注释“/*…*/”中可以嵌套单行注释“//”。例如：

```
/* printf("Hello, world\n");  // 输出“Hello, world”
   return 0; */
```

（2）多行注释“/*…*/”中不能嵌套多行注释“/*…*/”。例如：

```
/*
   /*  printf("Hello, world\n");
       return 0;  */
*/
```

上面的代码无法通过编译，原因在于第一个“/*”会和第一个“*/”进行配对，而第二个“*/”则找不到匹配。

现在的编程开发都是多人合作，注释更方便别人看懂自己的代码，也便于后期的代码维护，规范的注释是编程的良好习惯。

## 2.5.3 命名规则

对函数名或变量名进行命名的基本原则有以下几点：

（1）直观、可以拼读、见名知意，例如int age表示年龄。

（2）最好采用英文单词或其组合，切忌用汉语拼音，如char userName[100];，而不使用char yongHu [100]。

（3）尽量避免出现数字编号。

（4）不要出现仅靠大小写区分的相似的标识符。

（5）不要出现名字完全相同的局部变量和全局变量。

（6）用正确的反义词组命名具有互斥意义的变量或相反动作的函数。

# 小　　结

本章主要讲解了C语言中的数据类型，首先介绍了C语言的基础知识，包括关键字、标识符、常量、变量、修饰变量的关键字等；然后讲解了C语言的数据类型和类型转换，包括基本类型、指针类型、构造类型，在基本类型中又讲解了数据溢出的相关知识；数据类型的转换包括隐式类型转换和显式类型转换；接着讲解了格式化输出/输入函数printf()与scanf()；最后讲解了C语言的编程风格，让读者养成一个良好的编程习惯。

通过本章的学习，读者可以掌握C语言中基础知识与概念。熟练掌握本章的内容，可以为后面的学习打下坚实的基础。

# 习　题

## 一、填空题

1. C语言定义字符类型变量的关键字为________。
2. 标识符只能由________、________、________组成。
3. C语言中________和________构造类型可以实现不同数据类型的组合。
4. C语言中的数据类型可分为4种，分别是基本类型、________、________、空类型。
5. 能够操作内存中数据的特殊类型是________。

## 二、判断题

1. 数字都可以使用ASCII码表中对应的字符进行表示。（　　）
2. const关键字修饰的变量称为常量，可以通过指针进行修改。（　　）
3. 整型数据转换为浮点类型数据时，会发生精度丢失。（　　）
4. 数组是相同类型数据的集合，而结构体可以存储不同类型的数据。（　　）
5. 标识符不必遵循命名规则，只要能看明白就行。（　　）

## 三、选择题

1. 下列选项中，（　　）是正确的标识符。

   A. number!　　B. 0conut　　C. user-id　　D. getScore

2. 下列不属于构造类型的是（　　）。

   A. int *a　　B. int a[ ]　　C. struct Student　　D. enum Month

3. 下列属于C语言关键字的是（　　）。

   A. go　　B. and　　C. or　　D. break

4. C语言中用于控制台输入的标准库函数的正确用法是（　　）。

   A. scanf("%c", %ch)　　B. scanf("%d", &num)

   C. scanf("%c", ch)　　D. scanf("%d/n", &num)

5. 定义如下类型的变量：

```
int a = 10;
float b = 3.14;
char c = 'A';
double d = 6.62607004;
```

下列选项中，（　　）语句结果会丢失精度。

   A. a=c;　　B. b=c;　　C. d=c;　　D. a=b;

## 四、简答题

1. 简述标识符的命名规则。
2. 简述static、const、extern修饰变量的具体含义。
3. 简述隐式类型转换和显示类型转换的区别。

## 五、编程题

1. 已知梯形的上底为a，下底为b，高为h，请用程序实现求梯形的面积。
2. 在控制台输入一个小写字母，将小写字母转换为大写字母并输出对应的ASCII值。

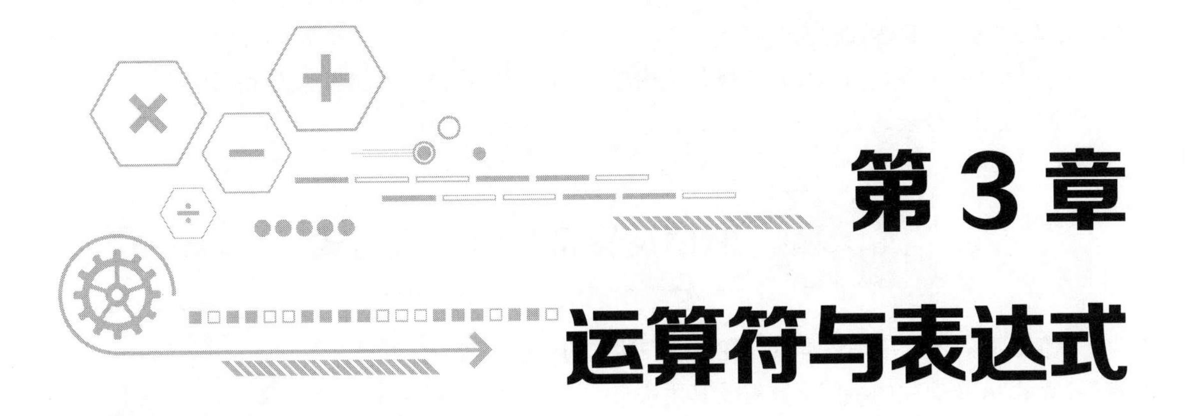

# 第3章 运算符与表达式

**学习目标**

➢掌握不同运算符和表达式的使用方法；

➢掌握运算符的优先级。

通过第2章的学习，仍然无法编写C语言程序，了解基本的数据类型后，如同在数学中学会了基本的数字。如何进行数据之间的运算，则需要学习运算符与表达式的相关知识。本章将针对C语言的运算符与表达式以及运算符优先级进行详细讲解。

## 3.1 运算符与表达式的概念

运算符是告诉编译器执行特定算术或逻辑操作的符号，它们针对一个或一个以上的操作数进行运算。C语言中的运算符可以分为7种，每一种运算符具有各自的功能。常见的运算符类型和作用如表3–1所示。

表 3–1　常见的运算符类型及作用

| 运算符类型 | 作　用 |
| --- | --- |
| 赋值运算符 | 用于将右边操作数的值赋给左边操作数 |
| 算术运算符 | 用于处理四则运算 |
| 关系运算符 | 用于表达式的比较，并返回一个真值或假值 |
| 逻辑运算符 | 用于根据表达式的值返回真值或假值 |
| 条件运算符 | 用于处理条件判断 |
| 位运算符 | 用于处理数据的位运算 |
| sizeof 运算符 | 用于获取字节数长度 |

运算符是用来操作数据的，因此，这些数据称为操作数。使用运算符将操作数连接而成的

式子称为表达式。表达式的说明如下：

（1）表达式主要是由运算符和操作数构成的，不同运算符构成的表达式作用不同。

（2）任何一个表达式都有一个值。

## 3.2 赋值运算符与赋值表达式

赋值运算符的作用是将常量、变量或表达式的值赋给某一个变量。表3–2所示为C语言中的赋值运算符及其用法。

表 3–2 赋值运算符

| 运 算 符 | 运 算 | 范 例 | 结 果 |
|---|---|---|---|
| = | 赋值 | a=3;b=2; | a=3;b=2; |
| += | 加等于 | a=3;b=2;a+=b; | a=5;b=2; |
| -= | 减等于 | a=3;b=2;a-=b; | a=1;b=2; |
| *= | 乘等于 | a=3;b=2;a*=b; | a=6;b=2; |
| /= | 除等于 | a=3;b=2;a/=b; | a=1;b=2; |
| %= | 模等于 | a=3;b=2;a%=b; | a=1;b=2; |

在表3–2中，“=”的作用不是表示相等关系，而是进行赋值运算，即将等号右侧的值赋给等号左侧的变量。在赋值运算符的使用中，需要注意以下几个问题：

（1）在C语言中可以通过一条赋值语句对多个变量进行赋值。例如：

```
int  x, y, z;
x = y = z = 5;                      //为3个变量同时赋值
```

上述代码中，一条赋值语句可以同时为变量x、y、z赋值，这是由于赋值运算符的结合性为“从右向左”，即先将5赋值给变量z，然后再把变量z的值赋值给变量y，最后把变量y的值赋值给变量x，表达式赋值完成。需要注意的是，下面的这种写法在C语言中是不可取的。

```
int  x = y = z = 5;                 //错误
```

（2）在表3–2中，除了“=”，其他的都是特殊的赋值运算符，下面以“+=”为例，学习特殊赋值运算符的用法。例如：

```
int x = 2;
x += 3;
```

上述代码中，执行代码x += 3后，x的值为5。这是因为在表达式x+=3中的执行过程为：

➢将x的值和3执行相加。

➢将相加的结果赋值给变量x。

所以，表达式x+=3就相当于x = x + 3，先进行相加运算，再进行赋值。–=、*=、/=、%=赋值运算符的用法依此类推。

## 3.3 算术运算符与算术表达式

C语言中的算术运算符就是用来处理四则运算的符号，这是最简单、最常用的运算符号，下面将对算术运算符与算术表达式进行介绍。

### 1. 算术运算符

C语言中的算术运算符与数学中的算术运算符作用是一样的，但其组成与数学中的算术运算符稍有不同。C语言中的算术运算符含义及用法如表3–3所示。

表 3–3　算术运算符

| 运算符 | 运　算 | 范　例 | 结　果 |
|---|---|---|---|
| + | 正号 | +3 | 3 |
| - | 负号 | b=4;-b; | -4 |
| + | 加 | 5+5 | 10 |
| - | 减 | 6-4 | 2 |
| * | 乘 | 3*4 | 12 |
| / | 除 | 5/5 | 1 |
| % | 取模（即算术中的求余数） | 7%5 | 2 |
| ++ | 自增（前） | a=2;b=++a; | a=3;b=3; |
| -- | 自减（前） | a=2;b=--a; | a=1;b=1; |
| ++ | 自增（后） | a=2;b=a++; | a=3;b=2; |
| -- | 自减（后） | a=2;b=a--; | a=1;b=2; |

算术运算符中的+、–（正号、负号）与++、––运算符在运算时只需要一个变量，例如a++、–b，只对一个变量起作用，因此它们被称为单目运算符；其余的运算符在运算时需要两个变量，例如+（加号）、%等是对两个变量进行运算（a+b、a%b），因此它们被称为双目运算符。

### 2. 算术表达式

使用算术运算符连接起来的表达式就称为算术表达式，例如下面代码中的算术表达式（假设a、b、c的值分别为10、20、3）。

```
c = a + b                //结果为30
a++                      //结果为11
b = --c                  //结果为2
a%b+c--                  //结果为13
```

上述算术表达式“a%b+c--”的计算顺序为：先计算a%b，结果为10，再计算10+c，结果为13，表达式计算出结果之后，再执行c--，表达式执行完毕，c的值为2。这样的计算顺序是由算术运算符的优先级决定的。运算符的优先级将3.9节进行讲解。

### 3. 算术运算符的注意事项

算术运算符看上去都比较简单，也很容易理解，但在实际使用时还有很多需要注意的问题，下面就针对其中比较重要的几点进行详细讲解。具体如下：

（1）进行四则混合运算时，运算顺序遵循数学中“先乘除后加减”的原则。

（2）在进行自增（++）和自减（--）运算时，如果运算符（++或--）放在操作数的前面，则是先进行自增或自减运算，再进行其他运算。反之，如果运算符放在操作数的后面则是先进行其他运算再进行自增或自减运算。

请仔细阅读下面的代码块，思考运行的结果。

```
int num1 = 1;
int num2 = 2;
int res = num1 + num2++;
printf("num2=%d" , num2);
printf("res=%d" , res);
```

上面的代码块运行结果为：num2=3，res=3，具体分析如下：

第一步：运算num1+nun2，此时变量nun1、num2的值不变。

第二步：将第一步的运算结果赋值给变量res，此时res值为3。

第三步：num2进行自增，此时其值为3。

（3）在进行除法运算时，若除数和被除数都为整数，得到的结果也是一个整数。如果除法运算有浮点数参与运算，系统会将整型数据隐式转换为浮点类型，最终得到的结果会是一个浮点数。例如，2510/1000属于整数之间相除，会忽略小数部分，得到的结果是2，而2.5/10的实际结果为0.25。

请思考下面表达式的结果：

```
3500/1000*1000
```

结果为3000。因为表达式的执行顺序是从左到右，所以先执行除法运算3500/1000，得到结果为3，然后再乘以1000，最终得到的结果就是3000。

（4）取模运算在程序设计中有着广泛的应用，例如，判断奇偶数的方法实际上就是对2取模，即根据取模的结果是1还是0判断这个数是奇数还是偶数。在进行取模运算时，运算结果的正负取决于被模数（%左边的数）的符号，与模数（%右边的数）的符号无关。例如，(-5)%3=-2，而5%(-3)=2。

#### 多学一招 运算符的结合性

运算符的结合性指同一优先级的运算符在表达式中操作的结合方向，即当一个运算对象两侧运算符的优先级别相同时，运算对象与运算符的结合顺序。大多数运算符结合方向是“自左至右”。例如：

```
a-b+c;
```

上述代码中b 两侧有-和+两种运算符的优先级相同，按先左后右的结合方向，b 先与减号结合，执行a- b 的运算，然后再执行加c 的运算。

## 3.4 关系运算符与关系表达式

在程序中，经常会遇到比较两个数据关系的情况，例如a>2，该表达式对两个数据的关系进行比较运算，判断是否符合给定的条件。用于判断两个数据关系的运算符称为关系运算符，也称为比较运算符。下面将对关系运算符与关系表达式进行讲解。

### 1. 关系运算符

关系运算符用于对两个数据进行比较，其结果是一个逻辑值（“真”或“假”），如“5>3”，其值为“真”。C语言的比较运算中，“真”用非“0”数字来表示，“假”用数字“0”来表示。C语言中的关系运算符有6种，其含义与用法如表3-4所示。

表 3-4　比较运算符

| 运 算 符 | 运　　算 | 范　　例 | 结　　果 |
|---|---|---|---|
| == | 相等于 | 4 == 3 | 0（假） |
| != | 不等于 | 4 != 3 | 1（真） |
| < | 小于 | 4 < 3 | 0（假） |
| > | 大于 | 4 > 3 | 1（真） |
| <= | 小于等于 | 4 <= 3 | 0（假） |
| >= | 大于等于 | 4 >= 3 | 1（真） |

关系运算符属于双目运算符，它们在运算时需要两个变量，如a>b。

### 2. 关系表达式

由关系运算符连接起来的表达式称为关系表达式，例如下面代码中关系表达式（假设a、b、c的值分别为10、20、3）。

```
a > b                    //假，值为0
a == c                   //假，值为0
b != c <= a              //真，值为1
```

上述关系表达式“b!=c <= a”的计算顺序为：先计算c<=a，再计算b!=1。c<=a的结果为1，b为20，因此b!=1的结果为真。

**注意：**在使用比较运算符时，不能将比较运算符“==”误写成赋值运算符“=”。

# 3.5 逻辑运算符与逻辑表达式

有时在程序中，需要对由几种情况组成的复合条件进行判断，例如，小明计划假期出游，但要考虑天气是否良好，以及能否买到火车票。如果两者都能满足，则可以出游；如果有一种情况不满足，就不出游。C语言提供了逻辑运算符来完成这种综合几种条件的判断，下面将对逻辑运算符与逻辑表达式进行讲解。

### 1. 逻辑运算符

逻辑运算符用于判断复合条件的真假，其结果仍为“真”或“假”。C语言中逻辑运算的含义及用法如表3–5所示。

表 3–5 逻辑运算符

| 运算符 | 运 算 | 范 例 | 结 果 |
| --- | --- | --- | --- |
| ! | 非 | !a | 如果 a 为假，则 !a 为真；如果 a 为真，则 !a 为假 |
| && | 与 | a&&b | 如果 a 和 b 都为真，则结果为真否则为假 |
| \|\| | 或 | a\|\| b | 如果 a 和 b 至少有一个为真，则结果为真；都为假时，结果为假 |

逻辑运算符中的“!”运算符是单目运算符，它只操作一个变量，对其取反，而“&&”运算符和“||”运算符为双目运算符，操作两个变量。

### 2. 逻辑表达式

由逻辑运算符连接起来的表达式称为逻辑表达式，例如下面代码中的逻辑表达式（假设a、b、c的值分别为10、20、0）。

```
!a          //结果，值为0
a && b      //a和b都为真，结果为真，即值为1
b || c      //结果为真，即为1
!a && b     //结果为假，即值为0
!a || b     //结果为真，即值为1
```

逻辑运算符的优先级为!>&&>||，因此当逻辑表达式中有多个逻辑运算符时，运算符的执行顺序不同。表达式“!a&&b”的执行顺序为：先计算!a，结果为0，然后计算0&&b，结果为0；表达式“!a||b”的执行顺序为：先计算!a，结果为0，然后计算0||b，因为b为真，所以结果为1。

**注意**：逻辑运算符中的“!”运算符优先级高于算术运算符，但“&&”运算符和“||”运算符的优先级低于关系运算符。

在使用逻辑运算符时需要注意，逻辑运算符有一种“短路”现象：在使用“&&”运算符时，如果“&&”运算符左边的值为假，则右边的表达式就不再进行运算，整个表达式的结果为假，例如下面的表达式（假设a、b、c、d依次为5、4、3、3）：

```
a + b < c && c == d     //结果为0
```

在上述表达式中，a+b的结果大于c，表达式a+b<c的结果为假，因此，右边表达式c==d不会进行运算，表达式a+b<c&&c==d的结果为假。

在使用“||”运算符时，如果“||”运算符左边的值为真，则右边的表达式就不再进行运算，整个表达式的结果为真，例如下面的表达式（假设a、b、c、d依次为1、2、4、5）：

```
a + b < c || c == d     //结果为1
```

在上述表达式中，a+b的结果小于c，表达式a+b<c的结果为真，因此，右边表达式c==d不会进行运算，表达式a+b<c||c==d的结果为真。

逻辑运算符的这种计算特性可以节省计算开销，提高程序的执行效率。

## 3.6 条件运算符与条件表达式

在编写程序时往往会遇到条件判断，例如判断a>b，当a>b成立时执行某一个操作，当a>b不成立时执行另一个操作，这种情况下就需要用到条件运算符。C语言提供了一个条件运算符“?:”，其语法格式如下：

扫一扫

```
表达式1 ? 表达式2 : 表达式3
```

上述表达式由条件运算符连接起来，称为条件表达式。在条件表达式中，先计算表达式1，若其值为真（非0）则将表达式2的值作为整个表达式的取值，否则（表达式1的值为0）将表达式3的值作为整个条件表达式的取值。

条件表达式就是对条件进行判断，根据条件判断结果执行不同的操作，示例代码如下：

```
int a = 6, b = 3;
a > b ? a * b : a + b;          //条件表达式
```

上述条件表达式中，判断a>b是否为真，若为真，则执行a*b操作，将其结果作为整个条件表达式的结果，a*b结果为18，因此，条件表达式结果为18。

由于需要3个表达式（数据）参与运算，条件运算符又称为三目运算符。

**注意：**

（1）条件运算符“?”和“:”是一对运算符，不能分开单独使用。

（2）条件运算符的优先级低于关系运算符与算术运算符，但高于赋值运算符。

（3）条件运算符可以进行嵌套，结合方向自右向左。例如，a>b?a:c>d?c:d应该理解为a>b?a:(c>d?c:d)，这也是条件运算符的嵌套情形，即其中的表达式3又是一个条件表达式。

## 3.7 位运算符

位运算符是针对二进制数的每一位进行运算的符号，它是专门针对数字0和1进行操作的。C语言中的位运算符及其用法如表3-6所示。

表 3-6 位运算符及其用法

<table>
<tr><th>运算符</th><th>运　　算</th><th>范　　例</th><th>结　　果</th></tr>
<tr><td rowspan="4">&</td><td rowspan="4">与</td><td>0 & 0</td><td>0</td></tr>
<tr><td>0 & 1</td><td>0</td></tr>
<tr><td>1 & 1</td><td>1</td></tr>
<tr><td>1 & 0</td><td>0</td></tr>
<tr><td rowspan="4">|</td><td rowspan="4">或</td><td>0 | 0</td><td>0</td></tr>
<tr><td>0 | 1</td><td>1</td></tr>
<tr><td>1 | 1</td><td>1</td></tr>
<tr><td>1 | 0</td><td>1</td></tr>
<tr><td rowspan="2">~</td><td rowspan="2">取反</td><td>~0</td><td>1</td></tr>
<tr><td>~1</td><td>0</td></tr>
<tr><td rowspan="4">^</td><td rowspan="4">异或</td><td>0 ^ 0</td><td>0</td></tr>
<tr><td>0 ^ 1</td><td>1</td></tr>
<tr><td>1 ^ 1</td><td>0</td></tr>
<tr><td>1 ^ 0</td><td>1</td></tr>
<tr><td rowspan="2"><<</td><td rowspan="2">左移</td><td>00000010<<2</td><td>00001000</td></tr>
<tr><td>10010011<<2</td><td>01001100</td></tr>
<tr><td rowspan="2">>></td><td rowspan="2">右移</td><td>01100010>>2</td><td>00011000</td></tr>
<tr><td>11100010>>2</td><td>11111000</td></tr>
</table>

下面通过一些具体示例，对表3-6中描述的位运算符进行详细介绍。为了方便描述，下面的运算都是针对byte类型的数，也就是1字节大小的数。

（1）与运算符“&”是将参与运算的两个二进制数进行“与”运算，如果两个二进制位都为1，则该位的运算结果为1，否则为0。

例如，将6和11进行与运算，6对应的二进制数为00000110，11对应的二进制数为00001011，具体演算过程如下：

```
00000110
&
00001011
————————
00000010
```

运算结果为00000010，对应十进制数值2。

（2）位运算符“|”是将参与运算的两个二进制数进行“或”运算，如果二进制位上有一个值为1，则该位的运行结果为1，否则为0。

例如，将6与11进行或运算，具体演算过程如下：

00000110

|

00001011

——————

00001111

运算结果为00001111，对应十进制数值15。

（3）位运算符“~”只针对一个操作数进行操作，如果二进制位是0，则取反值为1；如果是1，则取反值为0。

例如，将6进行取反运算，具体演算过程如下：

~ 00000110

——————

11111001

运算结果为11111001，对应十进制数值-7。

（4）位运算符“^”是将参与运算的两个二进制数进行“异或”运算，如果二进制位相同，则值为0，否则为1。

例如，将6与11进行异或运算，具体演算过程如下：

00000110

^

00001011

——————

00001101

运算结果为00001101，对应十进制数值13。

（5）位运算符“<<”就是将操作数所有二进制位向左移动。运算时，右边的空位补0，左边移走的部分舍去。

例如，一个byte类型的数字11用二进制表示为00001011，将它左移一位，具体演算过程如下：

00001011　<<1

——————

00010110

运算结果为00010110，对应十进制数值22。

（6）位运算符“>>”就是将操作数所有二进制位向右移动。运算时，左边的空位根据原数的符号位补0或者1（原来是负数就补1，是正数就补0）。

例如，一个byte类型的数字11用二进制表示为00001011，将它右移一位，具体演算过程如下：

00001011　>>1

——————

00000101

运算结果为00000101，对应十进制数值5。

## 3.8 sizeof运算符

同一种数据类型在不同的编译系统中所占空间不一定相同，例如，在基于16位的编译系统中，int类型占用2个字节，而在32位的编译系统中，int类型占用4个字节。为了获取某一数据或数据类型在内存中所占的字节数，C语言提供了sizeof运算符，使用sizeof运算符获取数据字节数，其基本语法规则如下：

```
sizeof(数据类型名称)
```

或

```
sizeof(变量名称)
```

通过sizeof运算符可获取任何数据类型与变量所占的字节数。例如：

```
sizeof(int);                //获取int数据类型所占内存字节数
sizeof(char*);              //获取char类型指针所占内存字节数
int a = 10;                 //定义int类型变量
double d = 2.3;             //定义double类型变量
sizeof(a);                  //获取变量a所占内存字节数
sizeof(d);                  //获取变量d所占内存字节数
char arr[10];               //定义char类型数组arr，大小为10
sizeof(arr);                //获取数组arr所占内存字节数
```

使用sizeof关键字可以很方便地获取到数据或数据类型在内存中所占的字节数。

## 3.9 运算优先级

在对一些比较复杂的表达式进行运算时，要明确表达式中所有运算符参与运算的先后顺序，这种顺序称作运算符的优先级。表3-7列出了C语言中运算符的优先级，数字越小优先级越高。

表 3-7 运算符优先级

| 优 先 级 | 运 算 符 | 说 明 | 结 合 性 |
|---|---|---|---|
| 1 | ++ -- | 后置自增 / 自减 | 自左向右 |
| | () | 括号 | |
| | [] | 数组下标 | |
| | . | 结构体 / 联合体成员对象访问 | |
| | -> | 结构体 / 联合体成员对象指针访问 | |
| 2 | ++ -- | 前置自增 / 自减 | 自右向左 |
| | + - | 加法 / 减法 | |
| | ! ~ | 逻辑非 / 按位取反 | |
| | （type） | 强制类型转换 | |
| | * | 间接取指针指向的值(解引用) | |

续表

<table>
<tr><th>优先级</th><th>运算符</th><th>说明</th><th>结合性</th></tr>
<tr><td rowspan="2">2</td><td>&</td><td>取地址</td><td rowspan="2">自右向左</td></tr>
<tr><td>sizeof</td><td>计算大小</td></tr>
<tr><td>3</td><td>* / %</td><td>乘 / 除 / 取余</td><td rowspan="11">自左向右</td></tr>
<tr><td>4</td><td>+ -</td><td>加号 / 减号</td></tr>
<tr><td>5</td><td><< >></td><td>位左移 / 位右移</td></tr>
<tr><td rowspan="2">6</td><td>< <=</td><td>小于 / 小于等于</td></tr>
<tr><td>> >=</td><td>大于 / 大于等于</td></tr>
<tr><td>7</td><td>== !=</td><td>等于 / 不等于</td></tr>
<tr><td>8</td><td>&</td><td>按位与</td></tr>
<tr><td>9</td><td>^</td><td>按位异或</td></tr>
<tr><td>10</td><td>|</td><td>按位或</td></tr>
<tr><td>11</td><td>&&</td><td>逻辑与</td></tr>
<tr><td>12</td><td>||</td><td>逻辑或</td></tr>
<tr><td>13</td><td>? :</td><td>三元运算符</td><td rowspan="7">自右向左</td></tr>
<tr><td rowspan="6">14</td><td>=</td><td>赋值</td></tr>
<tr><td>+= -=</td><td>相加后赋值 / 相减后赋值</td></tr>
<tr><td>*= /= %=</td><td>相乘后赋值 / 相除后赋值</td></tr>
<tr><td><<= >>=</td><td>位左移后赋值 / 位右移后赋值</td></tr>
<tr><td>&= ^= |=</td><td>位与运算后赋值 / 位异或后赋值 / 位或运算后赋值</td></tr>
<tr><td>15</td><td>,</td><td>逗号</td><td>自左向右</td></tr>
</table>

根据表3-7所示的运算符优先级，分析下面代码的运行结果。

```
int a = 2;
int b = a + 3*a;
printf("%d",b);
```

以上代码的运行结果为8，这是由于运算符“*”的优先级高于运算符“+”，因此先运算3*a，得到的结果是6，再将6与a相加，得到最后的结果8。

```
int a = 2;
int b = (a+3) * a;
printf("%d",b);
```

以上代码的运行结果为10，这是由于运算符“()”的优先级最高，因此先运算括号内的a+3，得到的结果是5，再将5与a相乘，得到最后的结果10。

其实没有必要去刻意记忆运算符的优先级。编写程序时，尽量使用括号“()”来实现想要的运算顺序，以免产生歧义。

**多学一招 运算符优先级口诀**

虽然运算符优先级的规则较多，但也有口诀来帮助记忆，完整口诀是“单算移关与，异或逻条赋”，具体解释如下所示：

（1）“单”表示单目运算符：逻辑非（!）、按位取反（~）、自增（++）、自减（--）、取地址（&）、取值（*）。

（2）“算”表示算术运算符：乘、除、求余（*、/、%）级别高于加减（+，-）。

（3）“移”表示按位左移（<<）和位右移（>>）。

（4）“关”表示关系运算符：大小关系（>、>=、<、<=）级别高于相等、不相等关系（==，!=）。

（5）“与”表示按位与（&）。

（6）“异”表示按位异或（^）。

（7）“或”表示按位或（|）。

（8）“逻”表示逻辑运算符，逻辑与（&&）级别高于逻辑或（||）。

（9）“条”表示条件运算符（?:）。

（10）“赋”表示赋值运算符（=、+=、-=、*=、/=、%=、>>=、<<=、&=、^=、|=、!=）。

# 小　结

本章主要讲解了C语言中的运算符及运算符表达式。其中，运算符包括赋值运算符、算术运算符、关系运算符、逻辑运算符、条件运算符、位运算符以及sizeof运算符。除此之外，本章还介绍了运算符优先级。通过本章的学习，读者可以掌握C语言中运算的一些相关知识。熟练掌握本章的内容，可以为后面的学习打下坚实的基础。

# 习　题

**一、填空题**

1. C语言运算符中计算数据类型字节数的运算符是________。
2. C语言运算符的结合性有________、________两个方向。
3. 表达式a=a+b，可以简写为________。
4. 定义变量int a=8，b=5，c，执行语句c=a/b+0.4的结果是________。
5. 定义变量a=3，b=4，c=5; 表达式a+b>c&&b==c的结果是________。

**二、判断题**

1. 定义变量int a=1, b=1, 执行printf("%d%2d", a++, ++b)语句，输出a与b的结果是一样的。（　）
2. 表达式（1>0）||（1>2）的结果是1。（　）
3. 一般将零值称为“假”，将非零值称为“真”。逻辑运算的结果也只有“真”和“假”，“真”对应的值为1，“假”对应的值为0。（　）

4. 运算符“*”可以用作乘法运算，也可以用于指针类型的变量。（　　）

5. 使用括号运算符可以使混合运算表达式结构变清晰。（　　）

6. 定义变量 int a=1,b=2,c=0; 则表达式 c=(a=b)=3 的结果是 3。（　　）

**三、选择题**

1. 逻辑运算符中，运算优先级按从高到低依次为（　　）。

A. &&、!、||　　B. ||、&&、!　　C. &&、||、!　　D. !、&&、||

2. 下列选项中，（　　）等效于表达式 !x||a==b。

A. ((x||a)==b)　　B. (x||y)==b

C. (x||(a==b))　　D. (!x)||(a==b)

3. 若 int k=7，x=12；下列选项中，x 的值为 5 的表达式是（　　）。

A. x%=(k%=5)　　B. x%=(k−k%5)

C. x%=k−k%5　　D. (x%=k)−(k%=5)

4. 下列运算的数必须是整数的运算符是（　　）。

A. /　　B. +　　C. %　　D. =

5. 下列程序运行的结果是（　　）。

```
int main()
{
   int a, b, c;
   a = 5;
   a = b = 3;
   a = (b = 4) + (c = 3);
   a = a + b;
   a += b;
   printf("%d",a );
   return 0;
}
```

A. 15　　B. 13　　C. 7　　D. 11

**四、简答题**

1. 如何使用位运算符判断一个数是奇数还是偶数，简述计算过程。

2. 假设有变量 a=3，b=5，请在不使用第 3 个变量的情况下，交换变量 a 和 b 的值。

**五、编程题**

1. 输入半径计算圆的面积和周长。

2. 使用条件运算符统计学生成绩，学习成绩 >=90 分的同学用 A 表示，60 ~ 89 分之间的用 B 表示，60 分以下的用 C 表示。

**六、拓展阅读**

严谨的钱七虎。

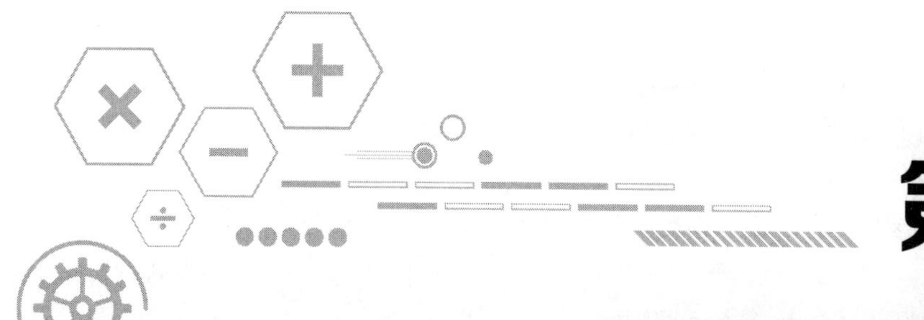

# 第4章 结构化程序设计

**学习目标**

- ➢掌握程序流程图的使用；
- ➢了解顺序结构语句；
- ➢掌握条件语句的使用，包括if语句和switch语句；
- ➢掌握循环结构语句的使用，包括while循环、do...while循环、for循环；
- ➢掌握循环嵌套的使用；
- ➢掌握跳转语句continue和break的使用；
- ➢了解goto语句的使用。

前面的章节一直在介绍C语言的基本语法知识，然而仅仅依靠这些语法知识还不能编写出完整的程序，一个完整的程序还需要加入业务逻辑，并根据业务逻辑关系对程序的流程进行控制。本章将针对C语言中最基本的程序结构进行讲解。

## 4.1 程序流程图

在C语言开发中，一些业务的逻辑有时会非常复杂，单靠语言描述出来的逻辑去实现代码非常困难。为此，C语言提供了流程图，在逻辑复杂的业务中，人们通常使用流程图去描述业务流程，然后根据流程图实现程序代码。

流程图是描述问题处理步骤的一种常用图形工具，它由一些图框和流程线组成。使用流程图描述问题的处理步骤形象直观、便于阅读。画流程图时必须按照功能选用相应的流程图符号，常用的流程图符号如图4–1所示。

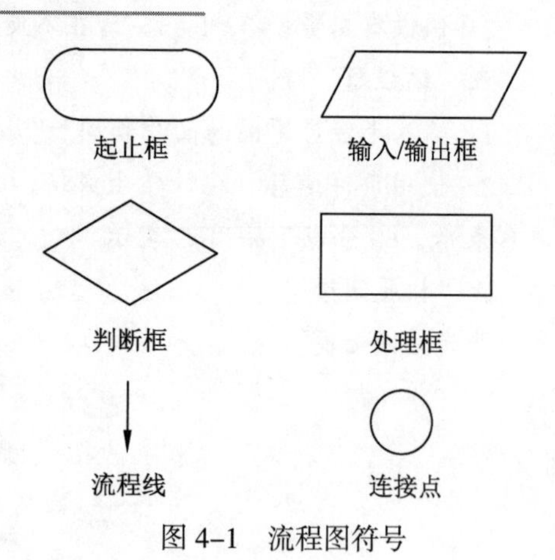


图 4–1　流程图符号

图4–1所示的流程图符号中，列举了4个图框、一个流程线和一个连接点，这些流程图符号的具体说明如下：

（1）起止框：使用圆角矩形表示，用于标识流程的开始或结束。

（2）输入/输出框：使用平行四边形表示，其中可以写明输入或输出的内容。

（3）判断框：使用菱形表示，其作用是对条件进行判断，根据条件是否成立来决定如何执行后续的操作。

（4）处理框：使用矩形表示，它代表程序中的处理功能，如算术运算和赋值运算等。

（5）流程线：使用实线单向箭头表示，可以连接不同位置的图框。

（6）连接点：使用圆形表示，用于流程图的延续。

通过上面的讲解，读者对流程图符号有了简单的认识，下面先看一个简单的流程图，如图4–2所示。

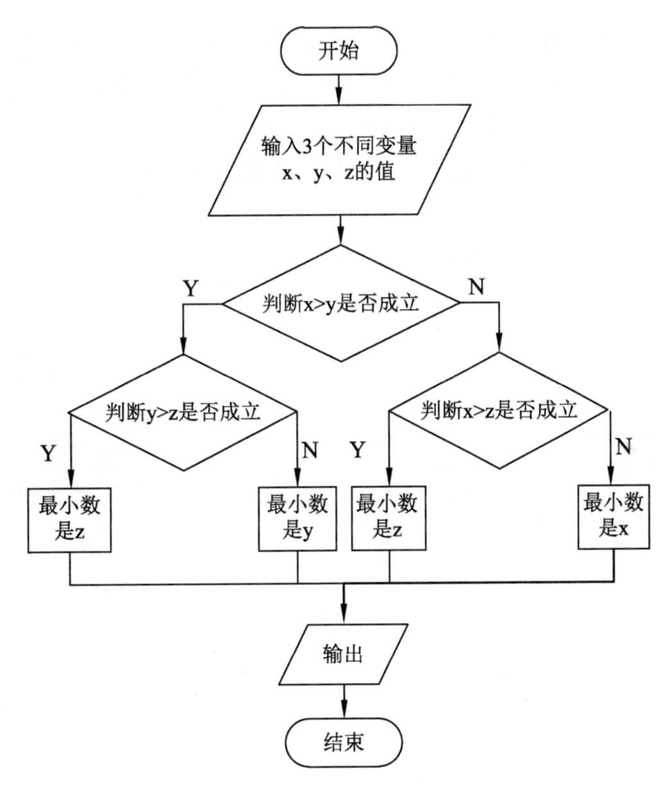


图 4–2　求 3 个数中的最小值

图4–2表示的是一个求3个数中的最小值的流程图，下面针对该流程图中的执行顺序进行说明。具体如下：

第1步：程序开始。

第2步：进入输入/输出框，输入3个变量x、y、z的值。

第3步：进入判断框，判断x>y是否成立。如果成立，则进入左边的判断框，继续判断y>z是否成立；否则进入右边的判断框，判断x>z是否成立。

第4步：进入下一层判断框。如果进入的是左边的判断框，判断y>z是否成立，如果成立，则进入左边的处理框，得出最小值是z；如果不成立，则进入右边的处理框，得出最小值为y。

如果进入的是右边的判断框，则判断x>z是否成立，如果成立，则进入左边的处理框，得出最小值是z；如果不成立，则进入右边的处理框，得出最小值为x。

第5步：进入输出框，输出结果。

第6步：进入结束框，程序运行结束。

学习画流程图可以有效地进行结构化程序设计。C语言基本的流程结构有3种：顺序结构、选择结构和循环结构。利用它们可以编写各种复杂程序。

## 4.2 顺序结构

前面章节讲解的程序都有一个共同的特点，即程序中的所有语句都是从上到下逐条执行的，这样的程序结构称为顺序结构。顺序结构是程序开发中最简单常见的一种结构，它可以包含多种语句，如变量的定义语句、输入/输出语句、赋值语句等。顺序结构流程图如图4-3所示。

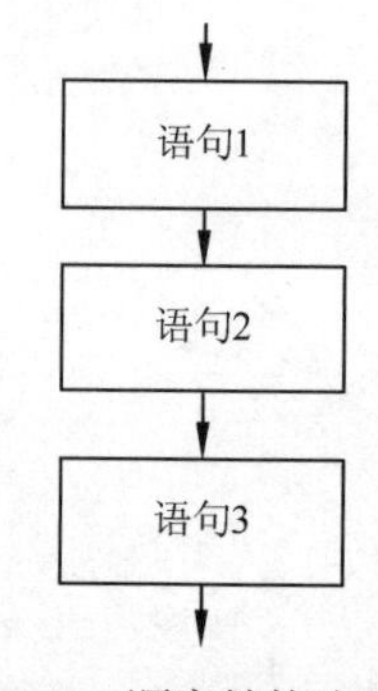

图 4-3 顺序结构流程图

顺序结构中，语句从上至下一句一句地执行，是程序最简单的一种结构。下面以打印“我爱C语言”这句话为例来讲解顺序结构，如例4-1所示。

【例4-1】 linear.c

```
1 #include <stdio.h>
2 int main()
3 {
4     printf("我\n");
5     printf("爱\n");
6     printf("C\n");
7     printf("语\n");
8     printf("言\n");
9     return 0;
10 }
```

程序运行结果如图4-4所示。

图 4-4 例 4-1 程序运行结果

在例4-1中，第4~8行代码使用了5条printf()语句，从上往下依次输出字符“我、爱、C、语、言”。从运行结果可以看出，程序是按照语句的先后顺序依次执行的，这就是一个顺序结构的程序。

## 4.3 选择结构

在实际生活中经常需要对一些情况做出判断，例如，开车来到一个十字路口，需要对红绿灯进行判断，如果前面是红灯，就停车等候；如果是绿灯，就通行。同样，在C语言中也经常需要对一些条件做出判断，从而决定执行哪一段代码，这就需要使用条件语句。条件语句又可分为if条件语句和switch条件语句，下面将进行详细讲解。

### 4.3.1 if条件语句

if条件语句分为3种语法格式：if、if...else、if...else if...else，每一种格式都有其自身的特点，下面分别对这几种if语句进行讲解。

#### 1. if语句

if语句是指如果满足某种条件，就进行相应的处理。例如，小明妈妈跟小明说“如果你考试得了100分，星期天就带你去游乐场玩”，这句话可以通过下面的一段伪代码来描述。

```
如果小明考试得了100分
    妈妈星期天带小明去游乐场
```

在上面的伪代码中，“如果”相当于C语言中的关键字if，“小明考试得了100分”是判断条件，需要用()括起来，“妈妈星期天带小明去游乐场”是执行语句，需要放在{}中。修改后的伪代码如下：

```
if(小明考试得了100分)
{
    妈妈星期天带小明去游乐场
}
```

上面的例子描述了if语句的用法，在C语言中，if语句的具体语法格式如下：

```
if(判断条件)
{
    代码块
}
```

上述语法格式中，判断条件的值只能是0或非0，若判断条件的值为0，按“假”处理，若判断条件的值为非0，按“真”处理，执行{}中的语句。if语句的执行流程如图4-5所示。

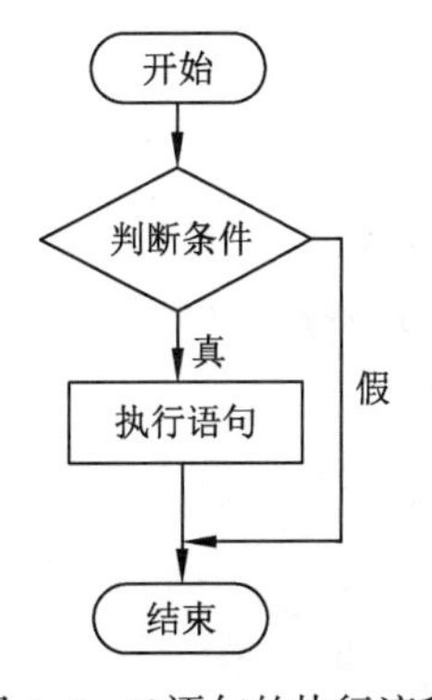


图4-5　if语句的执行流程

下面用if语句来比较两个数的大小，求出较大的值，如例4-2所示。

【例4-2】 max.c

```
1 #include <stdio.h>
2 int main()
3 {
4     int x = 11, y = 22;
5     int max = x;
6     if(x < y)
7        max = y;
8     printf("max = %d\n", max);
9     return 0;
10 }
```

程序运行结果如图4-6所示。

图 4-6 例 4-2 程序运行结果

在例4-2中，第4行代码定义了两个变量x、y并初始化；第5行代码定义变量max，用于标识最大值，并将x的值赋给max；第6~7行代码通过if语句判断x<y是否成立，如果成立，将y的值赋给max；如果条件不成立则执行第9行代码，退出程序。由图4-6所知，x<y成立，输出最大值max。

### 2. if...else语句

if...else语句是指如果满足某种条件，就进行相应的处理，否则就进行另一种处理。if...else语句的具体语法格式如下：

```
if(判断条件)
{
   执行语句1
}
else
{
   执行语句2
}
```

上述语法格式中，判断条件的值只能是0或非0，若判断条件的值为非0，按“真”处理，if后面{}中的执行语句1会被执行，若判断条件的值为0，按“假”处理，else后面{}中的执行语句2会被执行。if...else语句的执行流程如图4-7所示。

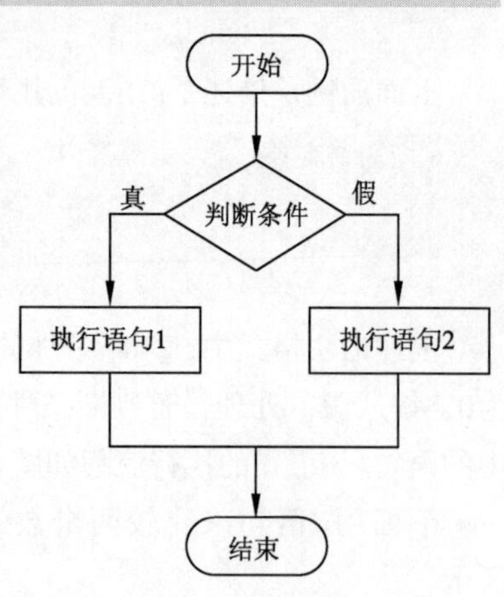


图 4-7 if...else 语句执行流程

下面通过一个案例来演示if...else语句的用法，该案例要求从键盘输入一个整数，判断该整数是奇数还是偶数，具体实现如例4-3所示。

【例4-3】 if_else.c

```
1 #define _CRT_SECURE_NO_WARNINGS        //关闭安全检查
2 #include <stdio.h>
3 int main()
4 {
5     int num;
6     printf("请输入一个整数：");
7     scanf("%d", &num);                  //调用scanf()函数从键盘输入数据
8     if(num % 2 == 0)
9     {
10        printf("数字%d是一个偶数\n", num);
11    }
12    else
13    {
14        //判断条件不成立
15        printf("数字num%d是一个奇数\n", num);
16    }
17    return 0;
18 }
```

程序运行结果如图4-8所示。

图 4-8　例 4-3 程序运行结果

在例4-3中，第7行代码使用scanf()函数从键盘读取一个整数；第8~16行代码，在if语句中判断num能否被2整除，若能被2整除，则打印偶数，否则打印这个数是奇数。由图4-8的运行结果可知，当输入数据10时，输出结果为10是一个偶数。

3. if...else if...else语句

if...else if...else语句用于需要对多个条件进行判断，进而执行不同操作的情况。if...else if...else语句的具体语法格式如下：

```
if(判断条件1)
{
    执行语句1
}
else if(判断条件2)
{
    执行语句2
}
```

```
...
else if(判断条件n)
{
    执行语句n
}
else
{
    执行语句n+1
}
```

上述语法格式中，若判断条件1的值为非0，按“真”处理，if后面{}中的执行语句1会被执行；若判断条件1的值为0，按“假”处理，对判断条件2进行判断；如果判断条件2的值为非0，则执行语句2。依此类推，如果所有判断条件的值都为0，意味着所有条件都不满足，else后面{}中的执行语句*n*+1会被执行。if...else if...else语句的执行流程如图4-9所示。

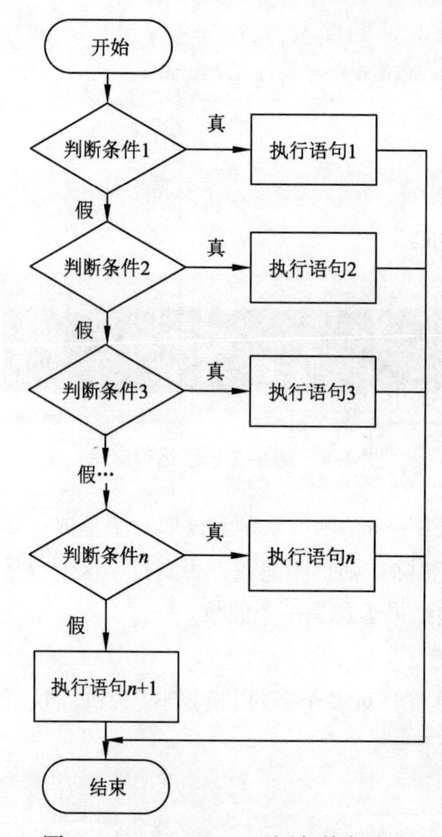


图 4-9　if...else if...else 语句执行流程

下面通过一个案例来演示if...else if...else语句的用法，该案例要求从键盘输入学生成绩，并对学生考试成绩进行等级划分。如果学生的分数大于等于80分，则等级为优；如果分数小于80分且大于等于70分，则等级为良；如果分数小于70分且大于等于60分，则等级为中；否则，等级为差。案例具体实现如例4-4所示。

【例4-4】 grade.c

```
1 #define _CRT_SECURE_NO_WARNINGS          //关闭安全检查
2 #include <stdio.h>
3 int main()
4 {
5     float grade;
6     printf("请输入学生成绩：");
7     scanf("%f", &grade);                  //以%f格式读取输入数据
8     if(grade >= 80.0)
9     {
10        //满足条件 grade >=80
11        printf("该成绩的等级为优\n");
12    }
13    else if(grade >= 70.0)
14    {
15        //不满足条件 grade >= 80 ，但满足条件 grade >= 70
16        printf("该成绩的等级为良\n");
17    }
18    else if(grade >= 60.0)
19    {
20        //不满足条件 grade >= 70 ，但满足条件 grade >= 60
21        printf("该成绩的等级为中\n");
22    }
23    else
24    {
25        //不满足条件 grade >= 60
26        printf("该成绩的等级为差\n");
27    }
28    return 0;
29 }
```

程序运行结果如图4-10所示。

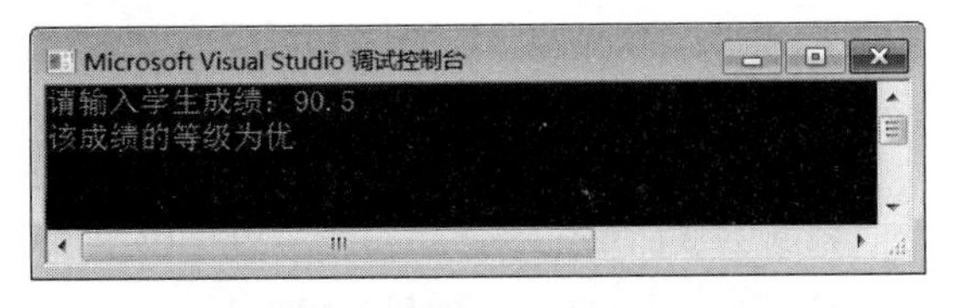


图 4-10　例 4-4 程序运行结果

在例4-4中，第7行代码使用scanf()函数从键盘读取grade的值，第8~27行代码使用if...else if...else语句判断grade的值符合哪一个条件，然后输出对应的成绩等级。由图4-10的运行结果可知，当输入90.5时，显示其成绩等级为优。

**脚下留心** 意大利面条式代码

使用if条件语句编写代码很容易判断各种选择情况，但是，过多地使用if语句或if…else…语句会导致代码冗长、结构复杂、逻辑混乱、阅读性差。例如：

```
if(判断条件1)
{
    执行语句1
}
if(判断条件2)
{
    执行语句2
}
else if(判断条件3)
{
    if(判断条件4)
    {
        执行语句3
        if(判断条件5)
        {
            执行语句4
        }
    }
    else
    {
        执行语句5
    }
}
```

以上示例多次运用if语句与if嵌套，这种代码不利于阅读与维护，在开发中可以考虑使用switch...case...来优化if...else结构。

**注意**：如果使用多层if语句嵌套，会出现多个if和else重叠的情况，为避免歧义，C语言规定，else总是与它前面最近的没有配对的if语句配对。

### 4.3.2 switch条件语句

扫一扫

switch条件语句也是一种很常用的选择结构语句，和if条件语句不同，它针对某个表达式的值做出判断，从而决定程序执行哪一段代码。例如，在程序中使用数字1~7来表示星期一到星期天，如果想根据某个输入的数字来输出对应中文格式的星期值，可以通过下面的一段伪代码来描述：

```
用于表示星期的数字
    如果等于1,则输出星期一
    如果等于2,则输出星期二
    如果等于3,则输出星期三
```

```
    如果等于4,则输出星期四
    如果等于5,则输出星期五
    如果等于6,则输出星期六
    如果等于7,则输出星期天
    如果不是1~7,则输出此数字为非法数字
```

对于上面一段伪代码的描述，大家可能会立刻想到用刚学过的if...else if...else语句来实现，但是由于判断条件比较多，实现起来代码过长，不便于阅读。这时就可以使用C语言中的switch语句来实现。在switch语句中，switch关键字后面有一个表达式，case关键字后面有目标值，当表达式的值和某个目标值匹配时，会执行对应case下的语句。下面通过一段伪代码来描述switch语句的基本语法格式，具体如下：

```
switch(表达式)
{
    case 目标值1:
          执行语句1
          break;
    case 目标值2:
          执行语句2
          break;
    ...
    case 目标值n:
          执行语句n
          break;
    default:
          执行语句n+1
          break;
}
```

在上面的语法格式中，switch语句将表达式的值与每个case中的目标值进行匹配，如果找到了匹配的值，就会执行相应case后的语句，直到遇到break时退出当前代码块。break语句可以省略不写，如果忽略break语句不写，目标值将会不断与后边的目标值进行比较。default用于匹配所有条件都不适用的情况，default也可以省略不写。

下面通过一个案例演示switch条件语句的用法，该案例要求根据数字1~7输出对应的中文格式的星期值，案例具体实现代码如例4-5所示。

【例4-5】 switch.c

```
1 #define _CRT_SECURE_NO_WARNINGS
2 #include <stdio.h>
3 int main()
4 {
5     int week = 5;
6     printf("请输入1~7之间的整数值: ");
7     scanf("%d", &week);
```

```
8      switch(week)
9      {
10        case 1:
11            printf("星期一\n");
12            break;
13        case 2:
14            printf("星期二\n");
15            break;
16        case 3:
17            printf("星期三\n");
18            break;
19        case 4:
20            printf("星期四\n");
21            break;
22        case 5:
23            printf("星期五\n");
24            break;
25        case 6:
26            printf("星期六\n");
27            break;
28        case 7:
29            printf("星期天\n");
30            break;
31        default:
32            printf("输入的数字不正确...");
33            break;
34     }
35     return 0;
36 }
```

程序运行结果如图4-11所示。

图 4-11　例 4-5 程序运行结果

在例4-5中，第7行代码使用scanf()函数读取week的值，第8~34行代码通过switch...case结构匹配week的值，匹配成功就输出case语句下的信息。由图4-11可知，当从键盘输入5时，程序匹配到case 5语句，输出结果为“星期五”。

在使用switch语句的过程中，如果多个case条件后面的执行语句是一样的，则该执行语句书写一次即可，这是一种简写的方式。例如，使用数字1~7来表示星期一到星期天，当输入的数字为1、2、3、4、5时视为工作日，否则视为休息日，这时如果需要判断一周中的某一天是否为工作日，就可以采用switch语句的简写方式。例如：

```
switch(week)
{
   case 1:
   case 2:
   case 3:
   case 4:
   case 5:
       //当 week 满足值 1、2、3、4、5中任意一个时，处理方式相同
       printf("今天是工作日\n");
       break;
   case 6:
   case 7:
       //当 week 满足值 6、7中任意一个时，处理方式相同
       printf("今天是休息日\n");
       break;
   default:
       printf("输入的数字不正确...");
       break;
}
```

以上示例中，当变量week的值为1、2、3、4、5中任意值时，处理方式相同，都会打印“今天是工作日”。同理，当变量week值为6、7中任意值时，打印“今天是休息日”。

**多学一招 if条件语句与switch条件语句的不同**

if条件语句与switch条件语句的不同主要有以下两点：

- switch条件语句只进行相等与否的判断；而if条件语句还可以进行大小范围上的判断。
- switch无法处理浮点数，只能进行整数或字符类型数据的判断，case标签值必须是常量；而if条件语句则可以对浮点数进行判断。

如果纯粹是数字或字符的判断，最好使用switch，因为它只会在一开始的switch括号中取出变量值一次，然后将这个值和下面所设置的case比较。但如果使用if，每次遇到条件表达式时，都要取出变量值，效率低于switch语句。当然并不是if条件语句就没有switch好，在遇到复合条件时，由于无法在switch条件语句中组合复杂的条件语句，这时就得使用if条件语句。

在实际程序开发中，要根据实际情况，具体问题具体分析，使用最适合的条件语句。从可读性和程序效率多方面综合考虑，适当搭配两种结构，才能写出高质量的代码。

## 4.4 循环结构

在实际生活中经常会将同一件事情重复做很多次，例如，走路会重复使用左右脚，打乒乓

球会重复挥拍的动作等。同样在C语言中，也经常需要重复执行同一代码块，这时就需要使用循环语句。循环语句分为while循环语句、do...while循环语句和for循环语句3种。本节将针对这3种循环语句进行详细讲解。

### 4.4.1 while循环

while循环语句和if条件判断语句有些相似，都是根据判断条件来决定是否执行大括号内的执行语句。区别在于，while语句会反复地进行条件判断，只要条件成立，{}中的语句就会一直执行。while循环语句的具体语法格式如下：

```
while(循环条件)
{
    执行语句
}
```

在上面的语法格式中，{}中的执行语句被称作循环体。循环体是否执行取决于循环条件，当循环条件的值非0时，循环体就会被执行。循环体执行完毕时会继续判断循环条件，直到循环条件的值为0时，整个循环过程才会结束。

while循环的执行流程如图4-12所示。

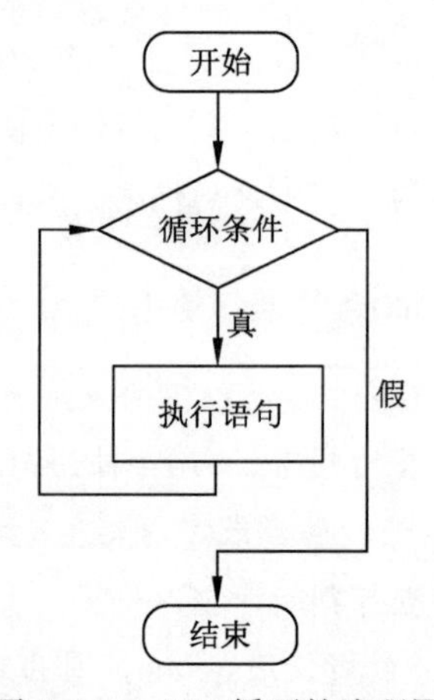


图 4-12 while 循环的流程图

下面通过一个案例演示while循环,打印出1~10之间的整数，案例的具体实现如例4-6所示。

【例4-6】 while.c

```
1 #include <stdio.h>
2 int main()
3 {
4     int num = 1;                              //定义变量num，初始值为1
5     while(num <= 10)                          //循环条件
6     {
7         printf("num = %d\n", num);            //条件成立，打印num的值
8         num++;                                //num,进行自增
```

```
9     }
10    return 0;
11 }
```

程序运行结果如图4–13所示。

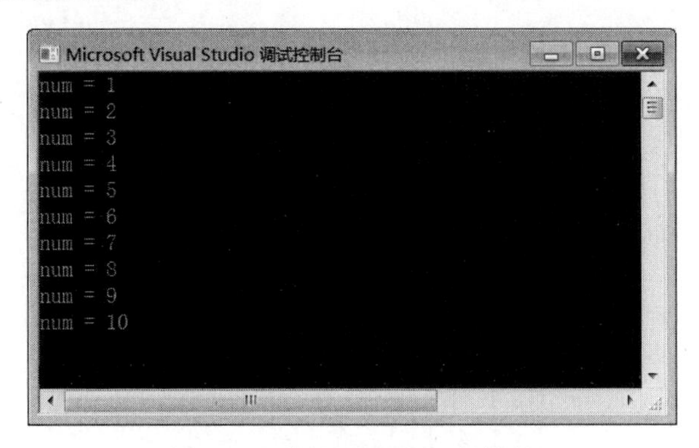


图 4–13　例 4–6 程序运行结果

在例4–6中，第4行代码定义变量num并初始化其值为1；第5~9行代码使用while循环语句判断num<=10是否成立，如果成立则调用printf()函数输出num的值，并让num进行自增。循环体中的语句执行完成后，判断while循环条件是否成立，如果成立继续执行循环体中的语句，直到最后while循环条件不成立时结束循环。

需要注意的是，例4–6中的第8行代码用于在每次循环时改变变量num的值，直到循环条件不成立，如果没有这行代码，整个循环会进入无限循环的状态，永远不会结束，因为num的值一直都会是1，永远满足num<=10的条件。

**脚下留心　语句后的分号“;”**

很多人在编程时会经常性地在结尾加上分号，在使用while循环语句时，一定要记得不能在()后面加分号，这样就造成了循环条件与循环体的分离。例如：

```
while(1);
{
    printf("无限循环");
}
```

像这样的代码在while()循环条件后加了分号，就会造成无限循环的错误，“while(1);”后面的语句不会执行，而且这种小错误在排查时很难发现，读者在编写程序时要留心。

### 4.4.2　do...while循环

do...while循环语句和while循环语句功能类似，二者的不同之处在于，while循环语句先判断循环条件，再根据判断结果来决定是否执行大括号中的代码，而do...while循环语句先要执行一次循环体的语句再判断循环条件。具体语法格式如下：

```
do
{
    执行语句
    …
} while(循环条件);
```

在上面的语法格式中，关键字do后面{}中的执行语句是循环体。do...while循环语句将循环条件放在了循环体的后面。这也就意味着，循环体会无条件执行一次，然后再根据循环条件来决定是否继续执行。

do...while循环的执行流程如图4-14所示。

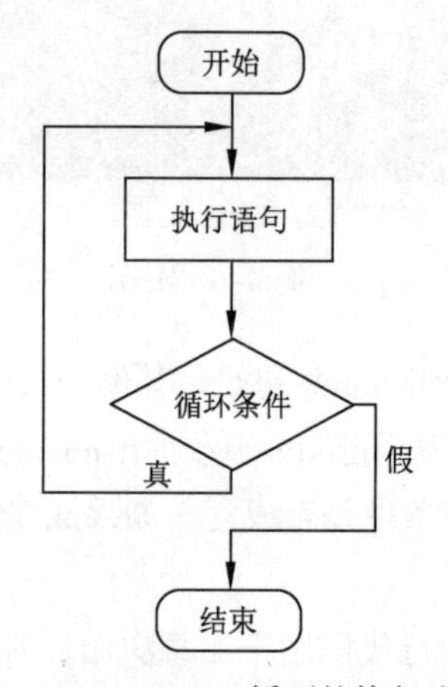


图 4-14　do...while 循环的执行流程

下面通过一个案例演示do...while的使用，该案例要求程序实现反转数字的功能，例如，从键盘输入1234，反转输出4321，案例具体实现如例4-7所示。

【例4-7】 dowhile.c

```
1 #define _CRT_SECURE_NO_WARNINGS
2 #include <stdio.h>
3 int main()
4 {
5     int res, num;
6     printf("请输入num的值:");
7     scanf("%d",&num);
8     do
9     {
10        res = num % 10;                    //取末尾倒数第一个数
11        printf("%d", res);                 //输出末尾倒数第一个数
12        num = num / 10;                    //每去掉末尾一个数之后舍掉该数
13    }while (num != 0);
14    return 0;
15 }
```

程序运行结果如图4-15所示。

图 4-15　例 4-7 程序运行结果

在例4-7中，第5~7行代码定义变量res和num，并调用scanf()函数从键盘输入num的值；第8~13行代码通过do...while循环分解num的数字组成，以不换行的形式打印出来；第10~11行代码使用变量res保存num求余运算后得到的个位数的值，并将该值打印到终端，之后执行第12行代码，去掉数字num的最低位。以上操作执行后，判断num是否不为0，若条件成立，继续执行循环体中的语句，直到num等于0时结束循环。

由图4-15可知，当输入数据123时，程序输出了反转后的数据321，其反转过程如下：

（1）进入do...while循环。

（2）执行第10行代码，res=num%10=123%10=3。

（3）执行第11行代码，输出res的值，即输出3。

（4）执行第12行代码，num=num/10=123/10=12，执行之后，num的值为12。

（5）执行第13行代码，判断while循环中的条件是否成立，由于num的值为12，因此num!=0成立。

（6）继续执行下一轮循环。

这样直到数据反转完成，while循环不成立，输出321。

### 4.4.3　for循环

在前面的小节中分别讲解了while循环和do...while循环。在程序开发中，还经常会使用另外一种循环语句，即for循环，它通常用于循环次数已知的情况。具体语法格式如下：

```
for(初始化表达式; 循环条件; 操作表达式)
{
    执行语句
}
```

在上面的语法格式中，for关键字后面()中包括了初始化表达式、循环条件和操作表达式3部分内容，它们之间用“;”分隔，{}中的执行语句为循环体。

下面分别用“①”表示初始化表达式、“②”表示循环条件、“③”表示操作表达式、“④”表示循环体，通过序号来分析for循环的执行流程。具体如下：

```
for(① ; ② ; ③)
{
    ④
}
```

第1步，执行①。

第2步，执行②，如果判断条件的值非0，执行第3步；如果判断条件的值为0，退出循环。

第3步，执行④。

第4步，执行③，然后继续执行第2步。

第5步，退出循环。

for循环结构的流程图如图4-16所示。

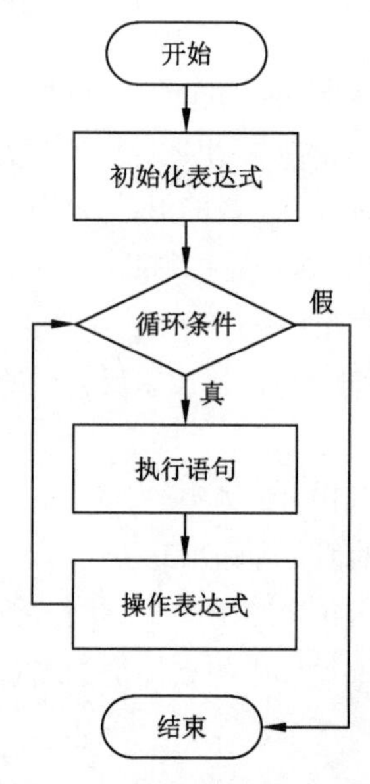


图 4-16 for 循环的流程图

下面通过一个案例演示for循环的用法，该案例要求使用for循环实现自然数1~100求和。案例的具体实现如例4-8所示。

【例4-8】 for.c

```
1 #include <stdio.h>
2 int main()
3 {
4     int sum = 0;
5     for( int i = 1; i <= 100; i++ )          //i的值会在1~100之间变化
6     {
7         sum += i;                            //实现sum与i的累加
8     }
9     printf("sum = %d\n", sum );
10        return 0;
11 }
```

程序运行结果如图4-17所示。

图 4-17 例 4-8 程序运行结果

在例4-8中，第4行代码定义变量sum并初始化为0，用于存储累加和；第5~8行代码使用for循环实现数据累加。在for循环中定义并初始化变量i的值为1，i=1语句只会执行这一次。接下来判断循环条件i<=100是否成立，若条件成立，则执行循环体sum+=i，执行完毕后，执行操作表达式i++，i的值变为2，然后继续进行条件判断，i<=100成立，开始下一次循环……直到i=101时，条件i<=100不成立，结束循环，执行for循环后面的第9行代码，打印“sum=5050”。

为了让读者能熟悉循环的执行过程，现以表格形式列举循环中变量sum和i的值的变化情况，具体如表4-1所示。

**表 4-1　sum 和 i 循环中的值**

| 循 环 次 数 | i | sum |
|---|---|---|
| 第 1 次 | 1 | 1 |
| 第 2 次 | 2 | 3 |
| 第 3 次 | 3 | 6 |
| 第 4 次 | 4 | 10 |
| … | … | … |
| 第 100 次 | 100 | 5 050 |

### 4.4.4　循环嵌套

有时为了解决一个较为复杂的问题，需要在一个循环中再定义一个循环，这样的方式称作循环嵌套。在C语言中，while、do...while、for循环语句都可以进行嵌套，其中，for循环嵌套是最常见的循环嵌套，其格式如下：

```
for(初始化表达式; 循环条件;操作表达式)
{
    for(初始化表达式; 循环条件; 操作表达式)
    {
        执行语句;
    }
}
```

在for循环嵌套中，外层循环每执行一次，内层循作为外层循环体中的语句会完全执行一次。例如，如果外层循环需要执行3次，由变量i控制，内层循环执行4次，由变量j控制，示例代码如例4-9所示。

【例4-9】 loopNest.c

```
1 #include <stdio.h>
2 int main()
3 {
4     for(int i = 1; i <= 3; i++)
5     {
```

```
6          printf("执行第%d次外层次循环:\n", i); //每一次外层循环都输出i的值
7          for(int j = 1; j <= 4; j++)
8          {
9              printf("%3d", j);                //内层循环输出j的值，输出宽度为3
10         }
11         printf("\n");                        //每一次外层循环结束后就换行
12     }
13     return 0;
14 }
```

程序运行结果如图4-18所示。

图 4-18　例 4-9 程序运行结果

在例4-9中，第4行代码控制外层循环，变量i可取1、2、3三个值；第6行代码输出外层循环执行次数；第7行代码控制内层循环，变量j可取1、2、3、4四个值；第9行代码输出变量j的取值。由图4-18可知，外层循环每执行1次，内层循环就执行4次，即外层循环每取一个i的值，j都要从1~4循环执行一遍，其循环过程可用图4-19表示。

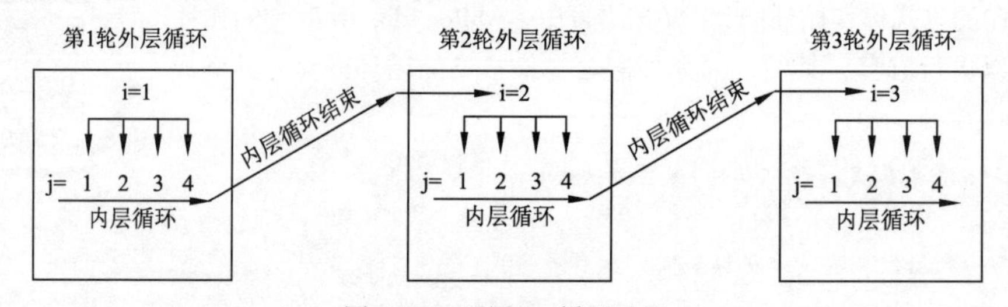


图 4-19　双层 for 循环过程

在图4-19中，第1轮外层循环中，i=1，j分别循环执行1、2、3、4四个条件值，当j结束循环时，该轮内层循环结束，外层循环执行i++操作，进入第2轮外层循环……依此类推，直到外层循环条件不成立时结束循环。

## 4.5 跳转语句

跳转语句的作用是使程序跳转到其他部分执行，在C语言中，常用的跳转语句有3种：break、continue、goto，它们常用于实现循环结构、选择结构程序流程的跳转。本节将针对这3种跳转语句进行详细讲解。

### 4.5.1　break

在switch条件语句和循环语句中都可以使用break语句。当它出现在switch条件语句中时，作用是终止某个case并跳出switch结构。当它出现在循环语句中时，作用是结束循环，执行循环后面的代码。

break在switch条件语句中的使用已经学习过，下面通过一个案例讲解break语句在循环语句中的使用。该案例要求在屏幕输出小写英文字母，当遇到字母t时停止输出。具体实现如例4-10所示。

【例4-10】 break.c

```
1 #include <stdio.h>
2 int main()
3 {
4     char ch = 'a';
5     while(ch <= 122)            //while循环条件为num<=122,122为字符z的ASCII码
6     {
7         printf("%2c", ch);      //满足条件，输出ch的值，输出宽度为2
8         if (ch == 116)          //终止条件：ch的ASCII码值为116，即字符t
9         {
10            break;              //跳出循环
11        }
12        ch++;                   //如果不满足终止条件，循环要继续，则ch需自增
13    }
14    printf("\n循环之后的代码\n");//break跳出循环会继续执行循环后面的代码
15    return 0;
16 }
```

程序运行结果如图4-20所示。

图 4-20　例 4-10 程序运行结果

在例4-10中，第4行代码定义了字符类型变量ch，第5行代码进入while循环，循环条件为ch<=122，小写字母的ASCII值范围为97~122，比较字符可以通过ASCII值比较。第8行代码通过if条件语句判断ch变量的值是否是字符't'，如果是，则第10行代码调用break终止循环。终止循环之后，程序会接着执行while循环体后面的代码。

由图4-20中，程序输出了a~t的字母，从t字母终止循环后，程序又执行了循环后面的第14行代码，输出了“循环之后的代码”信息。

### 4.5.2 continue

continue语句的作用也是使程序完成跳转，但它与break不相同，continue与break的区别有以下两点：

（1）break终止当前循环，执行循环体外的语句；而continue是终止本次循环，继续执行下一次循环。

（2）break语句可以用于switch语句，而continue不可以。

对例4-10进行修改，ch变量初始化为96（ASCII码表中字符'a'的前一个字符），进入while循环，先进行ch自增运算，判断是否满足循环终止条件，如果满足，则跳出本次循环，继续执行下一次循环，具体实现如例4-11所示。

【例4-11】 continue.c

```
1 #include <stdio.h>
2 int main()
3 {
4     char ch = 96;                  //从字母a前一个字母开始
5     while (ch < 122)
6     {
7         ch++;                      //ch自增
8         if (ch == 116)             //终止条件：ch的ASCII码值为116，即字符t
9         {
10            continue;              //跳出本次循环
11        }
12
13        printf("%2c", ch);         //满足条件，输出ch的值，输出宽度为2
14    }
15    printf("\n循环之后的代码\n");
16    return 0;
17 }
```

程序运行结果如图4-21所示。

图 4-21 例 4-11 程序运行结果

在例4-11中，第4行代码定义了变量ch并初始化其值为96；第5~14行代码通过while循环输出除字符't'之外的其他小写英文字母。第7行代码执行ch++；第8~11行代码通过if语句判断ch==116是否成立，如果条件成立，则执行第10行代码，通过continue语句结束本次循环，继续下一次循环；如果条件不成立，则执行第13行代码，调用printf()函数输出ch的值。如此循环，直到ch<122条件不成立，结束while循环。由图4-21可知，程序输出了除字母t之外的所有字母，

然后又执行了循环之外的代码。

### 4.5.3　goto

break和continue语句一般在循环中使用，用于跳出本层循环。在某些情况下，开发人员可能需要程序从当前位置跳转到某一处指定位置，此时可使用goto语句。goto语句也称为无条件跳转语句，其语法格式如下：

```
goto 语句标记;
```

以上格式中的语句标记是遵循标识符规范的符号，语句标记后跟冒号（:），语句标记放在要跳转执行的语句之前，作为goto语句跳转的标识。具体示例如下：

```
hello:                                  //hello是语句标记，其后跟冒号
printf("hello world!\n");
goto hello;                             //跳转到hello标记处执行代码
```

以上示例中的“hello”为语句标记，当代码顺序执行到第3条语句“goto hello;”时，会根据语句标记“hello”跳转回第1行，并自此顺序向下执行。

**注意：**虽然goto语句可随心所欲地更改程序流程，但它不符合模块化程序设计思想，且滥用该语句会降低程序可读性，所以程序开发中应尽量避免使用该语句。

## 小　　结

本章首先讲解了程序的运行流程图；然后讲解了C语言中最基本的 3 种流程控制语句，包括顺序结构语句、选择结构语句和循环语句；最后讲解了C语言中常用的跳转语句。通过本章的学习，读者应该能够熟练地运用if条件语句、switch条件语句、while循环语句、do...while循环语句以及for循环语句。掌握本章的内容就能够编写逻辑比较复杂的C语言程序，并且有助于后面章节的学习。

## 习　　题

**一、填空题**

1. 跳转语句的关键字有________、________、________。
2. 至少执行一次的循环语句是________。
3. 阅读下面的代码，程序执行完毕后，a 的值是________。

```
int main()
{
    int a=1;
    for(int i=0;i<3;i++)
        for(int j=0;j<3;j++)
            a++;
    return 0;
}
```

## 二、判断题

1. 多层 if...else 语句可以转换为 switch...case 语句。 （ ）
2. for() 循环语句和 while() 循环语句可以互相转换。 （ ）
3. continue 跳转语句是退出循环，可以新开始执行循环体中的语句。 （ ）
4. break 关键字只能用于循环语句中，用于结束循环语句的执行。 （ ）
5. switch...case 语句中的 break 语句不可以省略。 （ ）

## 三、选择题

1. 下列选项中，合法的 if 语句是（ ）。

   A. if（a==b）c++;　　B. if（a=<）c++;
   C. if（a=>）c++;　　D. if（a< >b）c++;

2. 下列选项中，能够判断 char 类型的变量 s 是小写字母的表达式是（ ）。

   A. 'a'<=s<'z';　　B. (s>='a')&(s<='z');
   C. (s>='a')&&(s<='z');　　D. ('a'<=s)and('z'>s);

3. 阅读下面的程序，程序的输出结果是（ ）。

```
int main()
{
    int a = 1;
    if(a++ > 1)
        printf("%d\n",a);
    else
        printf("%d\n",a--);
    return 0;
}
```

   A. 0　　B. 1　　C. 2　　D. 3

4. 下列关于程序的说法中，正确的是（ ）。

```
int x = -1;
do
{
    x = x * x;
}while(!x);
```

   A. 循环体执行一次　　B. 循环体将执行两次
   C. 循环体执行无数次　　D. 系统将提示语法错误

5. 关于多个 if...else 语句嵌套中 if 与 else 的配对关系，下列描述正确的是（ ）。

   A. 每个 else 总与最近的未配对的 if 配对　　B. 每个 else 总与最外的 if 配对
   C. 每个 else 配对任意 if　　D. 每个 else 总与上边的 if 配对

6. 语句 while(!e) 中的条件 !e 等价于（ ）。

   A. e=0　　B. e!=1　　C. e!=0　　D. ~e

**四、简答题**

1. 简述 do...while() 循环和 while() 的区别。

2. 简述 C 语言中的跳转语句及其特点。

**五、编程题**

1. 将一个正整数分解质因数。例如，输入 12，打印出 12=2*2*3。

2. 打印出 100 ~ 1000 之间的所有“水仙花数”，所谓“水仙花数”是指一个三位数，其各位数字立方和等于该数本身。例如，153 是一个“水仙花数”，因为 $153=1^3+5^3+3^3$。

3. 有一对兔子，从出生后第 3 个月起每个月都生一对兔子，小兔子长到第三个月后每个月又生一对兔子，假如兔子都不死，问每个月的兔子总数为多少？（输出前 40 个月即可）

4. 编写程序输出 9×9 乘法口诀表，共 9 行 9 列。

**六、拓展阅读**

中国航天事业的奠基人——钱学森。

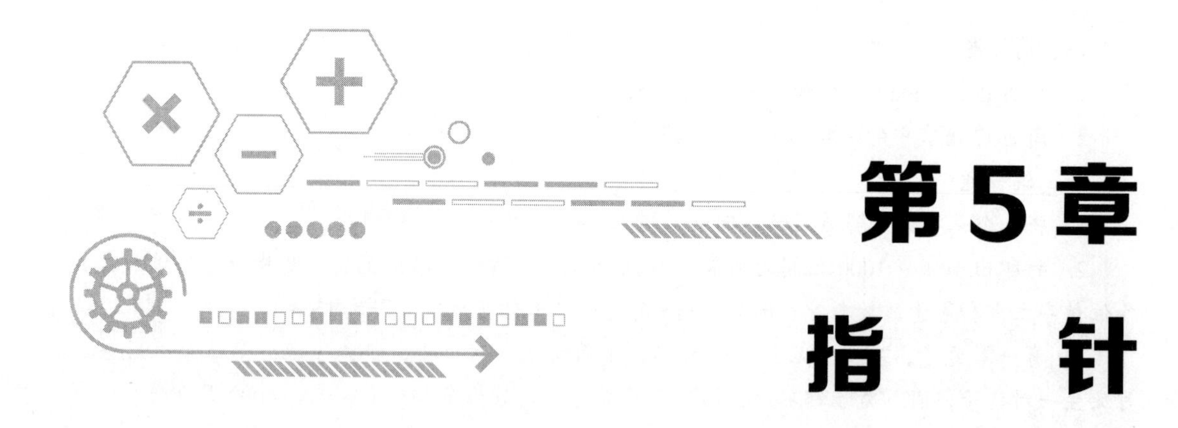

# 第5章 指针

**学习目标**

➢了解C语言内存管理机制；
➢掌握指针的概念；
➢掌握指针变量的类型和大小；
➢掌握指针的运算；
➢掌握特殊类型指针；
➢了解常见内存操作函数的使用；
➢了解指针与const修饰符；
➢了解二级指针。

指针是C语言中一种特殊的数据类型，指针变量与其他类型的变量不同，指针变量存储的是变量的地址。指针是C语言的精髓，同时也是C语言中最难掌握的一部分。正确地使用指针，可以使程序更为简洁紧凑，高效灵活。本章将针对指针的相关知识进行详细讲解。

## 5.1 认识计算机内存

指针是C语言中重要的数据类型，它赋予了C程序直接访问和修改内存中数据的能力。在学习指针之前，先了解一下计算机中的内存。

早期计算机的内存只有千字节大小，随着计算机性能提升，计算机对内存大小的要求也随之提高，目前计算机内存已达到128 GB，甚至更大。内存具有线性存储的特点，并且具有真实的物理地址映射，内存以字节作为存储单元，每个存储单元具有唯一的地址编号。这意味着可以通过寻址的方式获取内存中的数据，即通过内存地址获取内存中的数据或修改内存中的数据。

计算机的虚拟内存地址与物理地址的映射如图5-1所示。

图5–1中所示为4 GB内存空间的地址编号，左边是用十六进制表示的内存地址编号，右边是内存空间。内存空间中的每一个小方格代表一个bit位，每一行有8个方格（8 bit），即一行代表的内存大小为1字节，每个字节都有一个地址编号。

真实的物理内存空间由操作系统虚拟内存映射进行管理，具有严格的地址区间划分。当运行程序时，操作系统会把程序装载到内存，并为其分配相应的内存空间，存储程序中的变量、常量、函数代码等。程序在内存中的分布区域如图5–2所示。

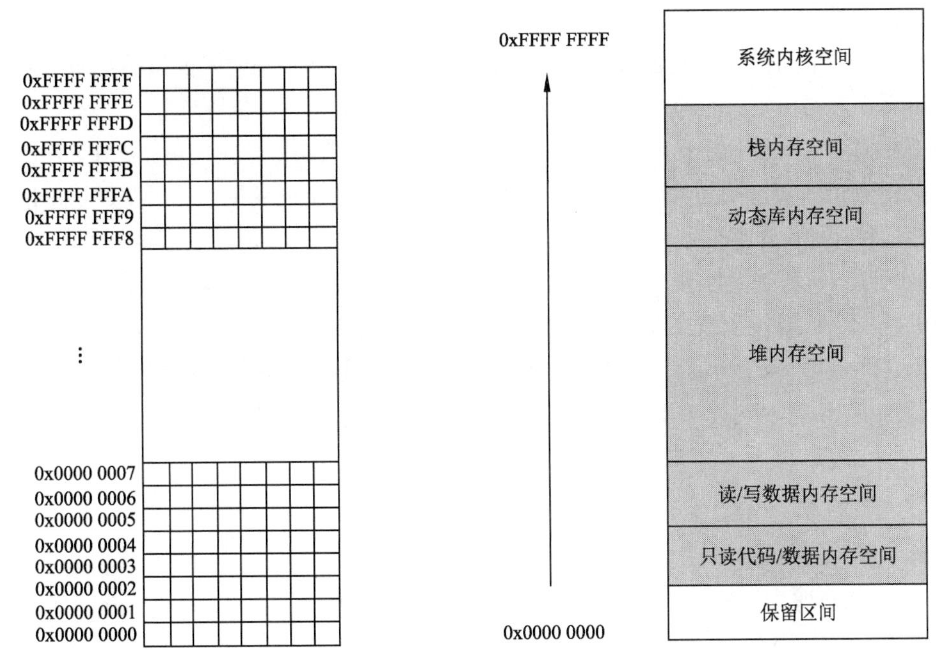


图 5–1　虚拟内存地址与物理地址的映射　　　图 5–2　进程的内存空间分布

由图5–2可知，当有程序运行时，操作系统将内存划分成7个部分，每一部分内存空间都有严格的地址范围。其中，灰色区域为程序可用部分。在内存中，每一段内存空间都有严格的内存地址范围。下面结合图5–2分别介绍内存空间各部分的名称及含义。

（1）系统内核空间：系统内核空间供操作系统使用，不允许用户直接访问。

（2）栈空间：用于存储局部变量等数据，在为局部变量分配空间时，栈总是从高地址空间向低地址空间分配内存，即栈内存的增长方式是从高内存地址到低内存地址。

（3）动态库内存空间：用于加载程序运行时链接的库文件。

（4）堆空间：由用户自己申请释放，其增长方式是从低到高。

（5）读/写数据内存空间：用于存储全局变量、静态全局变量等数据。

（6）只读代码/数据内存空间：用于存储函数代码、常量等数据。

（7）保留区间：保留区间是内存的起始地址，具有特殊的用途，不允许用户访问。

C语言程序编译运行过程中，主要涉及的内存空间包括栈、堆、数据段、代码段，这四部分就是C程序员通常所说的内存四区，下面分别进行介绍。

（1）栈（Stack）是用来存储函数调用时的临时信息区域，一般只有10 MB左右大小的空间，栈顶地址和栈大小是系统预先规定好的。栈内存主要用于数据交换，如函数传递的参数、函数返回地址、函数的局部变量等。栈内存由编译器自动分配和释放。

（2）堆（Heap）是不连续的内存区域，各部分区域由链表将它们串联起来。堆内存是由内存申请函数获取，由内存释放函数归还。若申请的内存空间在使用完成后不释放，会造成内存泄漏。堆内存的大小是由系统中有效的虚拟内存决定的，可获取的空间较大，而且获得空间的方式也比较灵活。

虽然堆区的空间较大，但必须由程序员自己申请，而且在申请时需要指明空间的大小，使用完成后需要手动释放。另外，由于堆区的内存空间是不连续的，容易产生内存碎片。

（3）数据段（Data）可分为三部分：bss段、data段、常量区。其中，bss段用于存储未初始化或初始化为0的全局变量、静态变量；data段存储初始化的全局变量、静态变量；常量区存储字符串常量和其他常量存储。

（4）代码段也称为文本段（Text Segment），存放的是程序编译完成后的二进制机器码和处理器的机器指令，当各个源文件单独编译之后生成目标文件，经链接器链接各个目标文件并解决各个源文件之间函数的引用，可执行的程序指令通过从代码段获取得以运行。

## 5.2 认识指针

指针在C语言应用领域有着很重要的地位，掌握指针的用法有助于提高C语言程序开发的效率。本节将从指针的概念开始讲解，让大家初步认识指针。

### 5.2.1 指针的概念

内存地址就是指针，是一个常量，通过指针可以访问内存中存储的数据。例如，定义一个int类型的变量，代码如下：

```
int a = 10;
```

上述代码定义了一个int类型的变量a，存储了整型的数据10，编译器会根据定义变量的类型为变量a分配4字节的连续内存空间。假如这块连续空间的首地址为0x0037FBCC，变量a占据0x0037FBCC~0x0037FBD0内存区域共4个字节的空间，0x0037FBCC就是变量a的地址。变量a在内存中的存储如图5-3所示。

在图5-3中，变量a的地址为0x0037FBCC，0x0037FBCC就是指向变量a的指针，通过该指针可以访问变量a。

如果有一个变量专门用来存放地址（指针），那么这个变量就称为“指针变量”。指针和指针变量是两个完全不同的概念，指针是一个地址，而指针变量是存放地址（指针）的变量，类似其他变量，变量名是内存中存储数据的标识符。

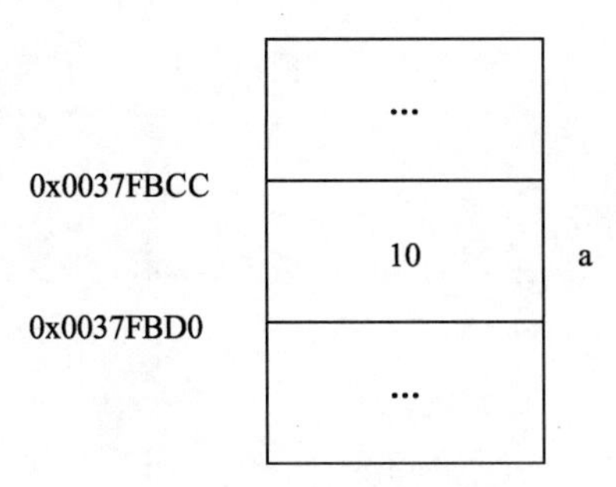


图 5-3　内存单元和地址

在C语言程序中，定义指针变量的语法格式如下：

```
变量类型 *变量名;
```

关于上述语法格式的介绍如下：

（1）变量类型指的是指针指向的变量的数据类型，即指针类型在内存中的寻址能力，如char类型决定了指针指向1字节地址空间，int类型决定了指针变量指向4字节地址空间。

（2）*表示了定义的变量是指针类型。

（3）变量名是存储内存地址的名称，即指针变量，其命名方式遵循标识符命名规则。

下面的代码定义了不同数据类型的指针变量：

```
char  *i;
int  *t;
double  *c;
long *a;
long double  *s;
unsigned int  *T;
```

在实际开发中，人们总会把指针变量简称为指针，如指针变量i往往会简称为指针i，但读者要理解其中的含义。

若将编写程序比喻成购买火车票，程序执行就类似于验票乘车去往目的地。如果把火车当作计算机内存，那么火车上有顺序排列的座位号，相当于内存中的地址编号，座位上的乘客相当于存储在内存中的数据，通过座位号可以准确地找到乘客，类似于使用指针访问内存中的数据。

如果把乘务员比作指针变量，乘务员通过查看座位号就能确认乘客信息，这就好比通过内存地址获取内存中的数据。

### 5.2.2 指针变量的类型及大小

指针变量作为C语言中的特殊数据类型，除了用于存储内存地址之外，它与其他类型比较是否具有其他特点呢？接下来对指针类型进行分析，剖析指针类型的特点。

指针的大小与其指向的内存中存储的变量类型无关，它只与计算机操作系统有关，在32位操作系统中，指针的大小是4字节；在64位操作系统中，指针的大小是8字节。

下面通过定义不同的指针变量类型，计算不同类型指针变量的大小，如例5-1所示。

【例5-1】 pointer.c

```
1 #include<stdio.h>
2 int main()
3 {
4     char *i ;
5     int *t;
6     double *c;
7     long *a;
8     long double *s;
9     unsigned int *T;
10    printf("指针变量i的大小是% d\n", sizeof(i));
11    printf("指针变量t的大小是% d\n", sizeof(t));
12    printf("指针变量c的大小是% d\n", sizeof(c));
13    printf("指针变量a的大小是% d\n", sizeof(a));
14    printf("指针变量s的大小是% d\n", sizeof(s));
15    printf("指针变量T的大小是% d\n", sizeof(T));
16    return 0;
17 }
```

程序运行结果如图5-4所示。

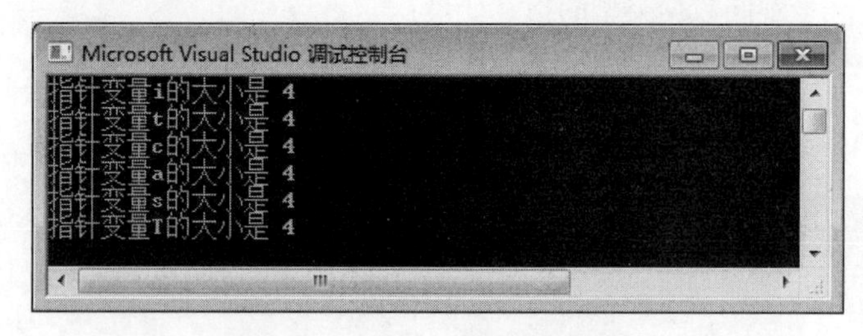


图5-4　例5-1程序运行结果

例5-1通过sizeof运算符计算不同类型指针变量的大小，指针变量的大小是4字节，和指针变量定义类型无关。

## 5.3 指针的运算

C语言程序中，可以使用各种运算符对各种数据类型的变量进行运算，指针变量也可以通过运算符进行运算，与基本数据类型变量运算不同的是，指针变量的运算针对的是内存中的地址。本节将针对指针的相关运算进行讲解。

### 5.3.1 取地址运算

在程序中定义变量，系统会为变量在内存中开辟内存空间，用于存储变量的值，每个变量在内存中存储的位置有唯一的编号，编号就是变量在内存中的地址。C语言支持通过取地址运算符“&”获得变量的地址，其语法格式如下：

```
&变量
```

下面通过一个案例演示取地址运算符的使用，如例5-2所示。

【例5-2】 addr.c

```
1 #include <stdio.h>
2 int main()
3 {
4     int a = 1;
5     int *p = &a;          //定义指向变量a的指针变量p，并取变量a的地址为其赋值
6     printf("变量a的地址:%p\n", &a);
7     printf("指针变量p存储的地址:%p\n",p);
8     return 0;
9 }
```

程序运行结果如图5-5所示。

图 5-5 例 5-2 程序运行结果

在例5-2中，第4行代码定义了一个int类型的变量a；第5行代码定义了一个int*类型的指针变量p，通过取地址运算“&a”将变量a的地址赋值给指针变量p。第6~7行代码分别输出&a与指针变量p的值，由图5-5可知，&a的值与指针变量p的值是相同的。

除了取变量的地址为指针变量赋值外，同类型指针变量之间也可以进行赋值。例如：

```
int* p = &a;
int* q = p;
```

### 小提示 指针访问未知内存地址

如果试图改变未知内存地址中的数据，会造成系统破坏或者异常错误出现。由于未知地址存放的数据是无从知晓的，访问未知地址是很危险的，示例代码如下：

```
char *p = (char*)0x08000CEF;          //变量p保存的是地址0x08000CEF
*p = 'x';                             //间接地改变0x08000CEF地址的数据
```

上述代码中，为char类型的指针变量p赋了一个未知地址，然后试图通过p改变该地址中的数据，程序运行时出现异常：写入访问权限冲突。这是因为该地址是不合法的，例如它可能指向内核空间或者是正在运行程序的进程空间地址。因此，使用指针变量时，要避免通过指针访问未知的内存地址，以免程序发生不可预知的错误。

### 5.3.2 指针间接访问

指针变量存储的数值是一个地址，针对指针变量的取值并非取出它所存储的地址，而是间接取得该地址中存储的值。C语言支持以取值运算符“*”取得指针变量所指向内存单元中存储的数据，也称为解引用。其语法格式如下：

```
*指针表达式
```

上述格式中，“*”表示取值运算符，“指针表达式”一般为指针变量名。通过间接寻址访问，可以获取指针指向地址中的数据。下面通过一个案例演示取值运算符的使用，如例5-3所示。

【例5-3】 getVal.c

```
1 #include <stdio.h>
2 int main()
3 {
4     int a = 1;
5     int *p = &a;
6     int b = *p;             //取出指针变量p指向的内存中的数据，并赋值给变量b
7     printf("指针变量p指向内存地址的数据是:%d\n",b);
8     return 0;
9 }
```

程序运行结果如图5-6所示。

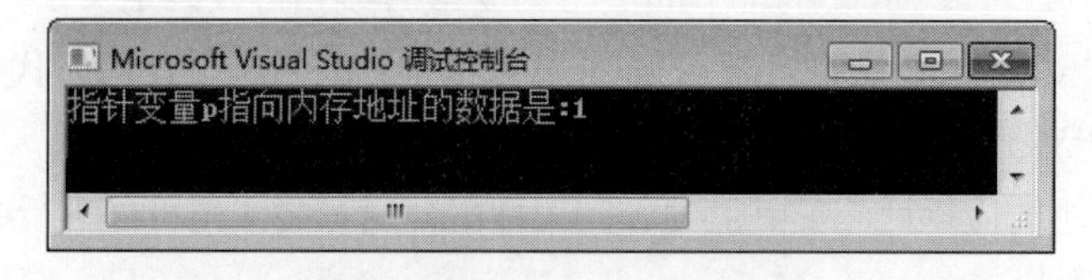


图 5-6 例 5-3 程序运行结果

在例5-3中，指针变量p中存储的是变量a的地址，通过取值运算符“*”取出该地址中的数据（即a的值），并赋值给变量b。输出变量b，由图5-6可知，其值为1，表明通过取值运算符“*”取值成功。

### 5.3.3 指针算术运算

扫一扫

指针变量除了取址运算和取值运算以外，还包括指针与整数的加法运算、减法运算、自增运算、自减运算、同类指针相减运算，下面针对指针常用的算术运算进行详细讲解。

**1. 指针变量与整数相加、减**

指针变量可以与整数进行相加或相减操作。例如：

```
p + n,p - n
```

上述代码中，p是一个指针变量，p+1表示将指针向后移动1个数据长度，移动的数据长度由定义的指针变量类型决定，也称为步长。若指针是int*类型的指针，则p的步长为4字节，执行p+1，则p的值加上4字节，即p向后移动4字节。

为了帮助读者对指针变量与整数相加减操作的理解，下面通过一张图表示上述操作，假设p为int*类型指针，则p与p+1的位置如图5-7所示。

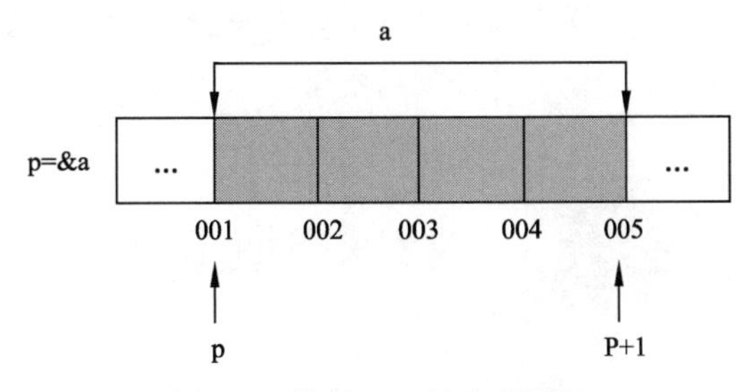


图 5-7　指针 p+1 的内存图解

由图5-7可知，变量a的地址是001，p的值也是001，当执行“p = p+1”时，因为p的基类型是int型，在内存中占4字节，所以p+1后，p就指向了001后面4字节的位置，即地址005的位置。

同样，指针也可以与整数进行相减运算，例如，在图5-7中，p指向地址005，执行p-1操作，则指针会重新指向地址001。

指针变量的加减运算实质上是指针在内存中的指向变化，需要注意的是，对于单独零散的变量，指针的加减运算并无意义，只有指向连续的同类型数据区域，指针加、减整数才有实际意义，因此指针的加减运算通常出现在数组操作、数据结构中。

### 2. 指针表达式的自增、自减运算

指针类型变量也可以进行自增或自减运算。例如：

```
p++, ++p          //自增运算
p--, --p          //自减运算
```

上述代码中，指针运算可分为自增和自减运算，根据自增和自减运算符的先后可以分为先增（减）和后增（减）运算。自增和自减运算符在前面已经讲解过，在这里使用方法一样，不同的是其增加或减少指的是指针向前或向后移动。

指针的自增自减运算与指针的加减运算含意是相同的，每自增（减）一次都是向后（前）移动一个步长，即p++、++p最终的结果与p+1是相同的。

### 3. 同类型指针相减运算

同类型指针可以进行相减操作。例如：

```
pm-pn
```

上述代码中，pm和pn是两个类型相同的指针变量。同类型指针进行相减运算其结果为两个指针相差的步长。例如，有连续内存空间上的两个int*类型指针pm与pn，若pm与pn之间相差8个字节，则pm-pn结果为2，这是因为int*类型指针的步长为4，两个指针相差8字节，则是2个步长。

**注意：**同类型指针之间只有相减运算，没有相加运算，两个地址相加是没有意义的，此

外，不同类型指针之间不能进行相减运算。

**小提示 指针算术运算的本质**

指针算术运算与一般算术运算的区别是，指针算术运算是一种具有数值和数据类型的运算，即加上或减去整数值是以指针变量类型大小为单位进行的运算。这种运算方式常用于连续内存空间的相关操作，如数组、动态内存分配的空间。

## 5.4 特殊类型指针

特殊类型的指针在C语言中具有特殊的意义和广泛的使用场景。在程序编写过程中容易被忽略，下面对特殊类型指针进行讲解。

### 5.4.1 空指针

NULL是一个宏，是C语言中的保留值，空指针指的是指针变量指向NULL，表明指针指向的地址是不可读取也不可以写入的。C语言标准库中对NULL的定义如下：

```
#define NULL ((void *)0)
```

上述定义表明，NULL是((void*)0)的宏定义，定义指针赋值为NULL与赋值为((vod*) 0)是相同的，都指向同一块地址空间。下面通过一个案例演示空指针的定义，具体如例5-4所示。

【例5-4】 nullPointer.c

```
1 #include <stdio.h>
2 int main()
3 {
4     int *p = NULL;
5     int *pp = ((void*) 0);
6     printf("空指针的值p为：%p\n", p);
7     printf("空指针的值pp为：%p\n",pp);
8     return 0;
9 }
```

程序运行结果如图5-8所示。

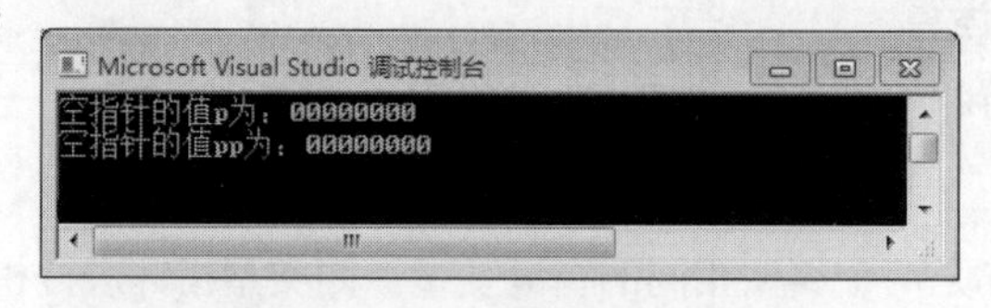


图 5-8 例 5-4 程序运行结果

由图5-8可知，空指针p和pp指向了内存空间地址为0的区域，0地址是一个特殊的地址空间。在程序中，有时可能需要用到指针，但是又不确定指针在何时何处使用，可以先使定义好的指针指向空。

### 5.4.2　野指针

在定义指针变量时，一个指向无效的内存空间的指针称为野指针。野指针的形成原因有两种：

（1）指针变量定义后未初始化。定义的指针变量若没有被初始化，指针变量的值是一个随机值，指向系统中任意一块存储空间，这种未知指向的指针就是野指针，若该指针非法访问内存单元，会出现程序崩溃。

（2）指针指向了一个已释放的内存空间。例如，使用malloc()函数开辟了一块内存空间，使用完成后将该内存空间释放，而指向这个内存空间的指针就变成了野指针。

对未初始化的野指针执行读/写操作会出现错误；对第（2）种形式的野指针，内存空间释放之后，系统可能会把该块内存空间分配给其他程序，而指针却仍然指向原来空间的地址，再通过该指针读/写该内存空间数据，就会发生错误。因此，在编程中应当确保不会出现野指针，最好将未初始化的指针和释放指向内存空间的指针赋值为NULL，防止意外操作野指针。

### 5.4.3　void*指针

void为无类型，“void *”就是无类型指针，也称为空指针。空指针是一种可以指向任意类型的指针，也称为通用指针。通用指针指向的内存可以存放任意类型的数据，但程序无法正确解读该内存中的数据，访问void*指针指向的数据会提示“不允许使用不完整类型”错误，因此，void*指针在使用时需要强制转换为其他类型的指针进行访问。

下面通过一个案例演示void*指针的使用，如例5-5所示。

【例5-5】 addr.c

```
1 #include <stdio.h>
2 int main()
3 {
4     int a = 1;
5     int *p = &a;
6     void *pp = p;
7     printf("int类型的指针变量p的地址为:%p\n",p);
8     printf("void类型的指针变量pp的地址为:%p\n", pp);
9     printf("int指针p地址空间的值为: %d\n", *p);
10    printf("void类型指针pp地址指向空间存储的值为: %d\n",(*(int*)pp));  //强制转换
11    return 0;
12 }
```

程序运行结果如图5-9所示。

图 5-9　例 5-5 程序运行结果

在例5-5中，第5行代码定义了指针变量p存储变量a的地址。第6行代码定义了无类型指针变量pp并使用指针变量p对其进行初始化。第7~8行代码打印指针变量p与pp的值。由图5-9可知，两者指向同一个地址，即变量a的地址。第9~10行代码，打印指针变量p与pp指向地址空间的数据，很容易使用指针p获取变量a的值。使用void*指针获取变量a的值需要强制转换为(*(int*) pp)*类型，即int *类型，然后通过间接访问获取指针pp指向空间的数据。

此外，void *类型的指针不允许进行算术运算，进行自增、自减、加减运算是错误的。void *通常用于函数的返回值类型，这样的函数称为“通用函数”，下一节讲解的内存操作函数，很多都使用了void*作为函数返回值。

# 5.5 内存操作函数

5.1节中讲解了内存的相关知识和程序在内存中的分布；计算机内存中的堆内存可以由程序员自己申请并使用。本节将对C语言相关的内存操作函数进行讲解。

## 5.5.1 堆内存申请函数

本节只需要读者了解内存的操作函数API以及使用内存操作函数需要包含stdlib.h头文件，并牢记使用内存申请函数后必须要使用free( )函数释放内存空间。后续章节中会有具体的案例使用以下所讲的堆内存申请函数。

### 1. malloc()函数

malloc()函数原型如下：

```
void *malloc(size_t  size);
```

malloc()函数返回值类型为void*，函数参数是size_t。size_t是C语言标准库对unsigned int类型的重定义。

malloc()函数的功能是分配size字节大小的内存空间，申请成功后返回指向该内存空间的指针，若申请内存空间失败，则返回值为NULL。通常在申请内存时使用if语句确认内存是否申请成功。

### 2. calloc()函数

calloc()函数函数原型如下：

```
void *calloc(size_t nmemb,size_t size);
```

calloc()函数的返回值类型为void*，第一个参数nmemb代表分配数据类型的个数，第二个参数size代表分配的每个内存单元的大小。

calloc()函数用于申请大小为size的元素，一共有nmemb个元素的连续存储空间。如果calloc()函数调用成功，则返回指向申请内存空间的指针，否则返回NULL。与malloc()函数相比，calloc()函数在申请内存后会自动将申请的内存空间元素的值初始化为0。

### 3. realloc()函数

realloc()函数原型如下：

```
void* realloc(void *ptr, size_t size);
```

realloc()函数返回值类型为void *，第一个参数ptr指向一个已分配好的内存空间，通常指向malloc()函数或calloc()函数分配好的内存空间；第二个参数size表示要申请的内存空间的大小。当malloc()函数或calloc()函数分配的内存空间不够使用时，就可以使用realloc()函数进行内存扩充。

如果ptr为空，则功能与malloc()函数相同。当指向的是一块已经分配的内存时，如果size小于或等于ptr指向内存空间的大小会造成数据丢失；如果size大于ptr指向的内存空间大小，系统将试图从原来内存空间的后面直接扩大内存至size，若能满足需求，则内存空间地址不变，如果不能满足要求，则系统重新从堆上分配一块大小为size的内存空间，同时将原来的内存空间的内容依次复制到新的内存空间上，原来的内存空间被释放；如果size为0，ptr指向的内存空间将会被释放并返回空指针。

### 5.5.2 堆内存释放

由程序员手动申请的堆空间，在使用完毕后，必须由程序员手动释放，free()函数与堆内存申请函数总是“形影不离”，申请的堆内存使用完毕后，必须使用free()函数释放内存，归还内存空间，避免内存泄漏。

free()函数原型如下：

```
void free(void *ptr);
```

free()函数的参数ptr为指向申请使用完毕后的堆内存空间，该函数没有返回值。

对已释放的内存空间再次释放或者释放一个不是由malloc()函数、calloc()函数、realloc()函数申请的空间，程序会发生错误。若在堆内存申请空间后没有释放，则系统无法回收这块内存空间，直到程序结束才能回收，该内存就成了泄漏的内存。内存泄漏会造成系统内存浪费，最终使程序运行速度减慢甚至出现系统崩溃的后果。

### 5.5.3 其他内存操作函数

除了内存申请与释放，C语言还提供了其他内存操作函数，如内存初始化函数memset()，内存复制函数memcpy()、memmove()等，下面对这3个函数分别进行介绍。

#### 1. memset()函数

memset()函数原型如下：

```
void *memset(void *s, int c, size_t n);
```

memset()函数返回值类型为void *，第1个参数s指向填充的内存空间；第2个参数c指的是填充申请的内存空间所使用的常量；第3个参数n指的是填充空间的字节数。memset()函数的功能是填充连续的内存空间。

由于malloc()函数申请内存后未对内存初始化，内存中存储元素的值是没有用的数据或随机值。为了规范操作，通常使用memset()函数初始化malloc()函数申请的堆内存空间。此外，memset()函数也可用于字符数组的初始化。

#### 2. memcpy()函数

memcpy()函数原型如下：

```
void *memcpy(void *dest, const void *src, size_t n);
```

memcpy()函数返回值类型为void *，第一个参数dest指向存放复制数据后的地址空间；第二个参数src指向需要复制的数据；第三个参数n表示要复制的字节数。该函数表示将n字节数据从内存区域src复制到内存区域dest，函数返回指向复制后空间的指针。需要注意的是，dest与src指向的内存区域不能重叠。

3. memmove()函数

memmove()函数原型如下：

```
void *memmove(void *dest, const void *src, size_t n);
```

memmove()函数返回值为void *类型，第一个参数dest指向存放复制数据后的地址空间；第二个参数src指向需要复制数据的地址空间；第三个参数n表示要复制的字节数。memmove()函数表示将n字节数据从内存区域src复制到内存区域dest，函数返回指向复制后空间的指针。

memmove()函数返回值可以处理空间重叠的情况，如果dest和src指向的内存空间发生重叠，memmove()函数能够将src空间的数据在被覆盖之前复制到des目标区域。复制完成之后，src内存区域的数据会被更改。如果dest和src指向的内存空间不重叠，则memmove()函数与memcpy()函数功能一样。

## 5.6 指针与const修饰符

开发一个程序时，为了防止数据被非法篡改，可以使用const限定符修饰变量。const限定符修饰的变量在程序运行中不能被修改，在一定程度上可以提高程序的安全性和可靠性。本节将针对指针与const的作用关系进行讲解。

### 5.6.1 常量指针

常量指针表示指针指向的数据是被const修饰的变量，其定义形式如下：

```
const 指针类型 *指针变量名;
指针类型 const *指针变量名
```

在上述格式中，在定义的指针数据类型前加const关键字，表明该指针指向的数据是只读的，不允许通过该指针修改变量的值，而指针变量可以指向其他对象。例如：

```
int a = 1;
const int b = 2;
const int *p = &a;
p = &b;            //允许修改指向
*p = 2;            //错误，不允许通过指针变量p间接修改变量a的值
```

### 5.6.2 指针常量

指针常量表示指针指向的地址不允许被修改。指针常量的定义形式如下:

```
指针变量类型 *const 指针变量名
```

在上述格式中，const放在指针变量名称前，修饰的是指针变量，指针变量的值不能被更改，但指针变量指向的内存空间的数据可以被更改。

下列代码定义了一些指针常量，具体如下：

```
int a = 1;
int b = 2;
int *const p = &a;
p = &b;            //错误，不允修改指针的指向
*p = 3;            //可以通过指针变量p修改变量a的值
```

上述代码中，指向变量a的指针变量p被const修饰，表明指针p不能指向其他变量，修改指向是不被允许的，但可以通过指针p修改变量a的值。

### 5.6.3 常量的常指针

常量的常指针，意味着不能修改指针的指向，并且不能通过当前指针修改变量的值。常量的常指针定义形式如下：

```
const 指针变量类型 *const 指针变量
```

示例代码如下：

```
int a = 1;
int b = 2;
const int *const p = &a;
*p = 3;            //错误
p = &b;            //错误
```

上述代码中既不允许通过指针p修改变量a的值，也不允许修改指针变量p的指向。

**小提示**

区分指针常量和常量指针时，可以去掉指针类型，观察const关键字修饰的对象，如果修饰的是指针类型则是常量指针，如果修饰的是指针变量则是指针常量。此外，使用一级指针，可以间接修改const修饰的变量的值，二级指针也可以间接修改常量的值。这样做破坏了原来数据作为只读的目的，没有实际的意义。

## 5.7 二级指针

前面几节所学的指针都是一级指针，其实指针还可以指向一个指针，即指针中存储的是另一个指针变量的地址，这样的指针称为二级指针。使用二级指针可以间接修改一级指针的指向，也可以修改一级指针指向的变量的值。

定义二级指针的格式如下：

```
变量类型 **变量名;
```

上述语法格式中，变量类型就是该指针变量指向的指针变量所指变量的数据类型，两个符号“*”，表明这个变量是个二级指针变量。

通过二级指针可以直接修改一级指针指向的变量的值，也可以间接修改一级指针的指向。下面以案例的形式介绍二级指针这两方面的作用。

### 1. 通过二级指针间接修改变量的值

下面通过一个案例来演示如何使用二级指针直接修改变量的值，如例5-6所示。

【例5-6】 addr.c

```
1 #include <stdio.h>
2 int main()
3 {
4     int a = 1;                                    //整型变量
5     int *p = &a;                                  //一级指针p，指向整型变量a
6     int **q = &p;                                 //二级指针q，指向一级指针p
7     printf("变量a的地址：%p\n",&a);
8     printf("一级指针p的地址：%p\n", p);
9     printf("二级指针q存储的值：%p\n", *q);
10    printf("二级指针q的地址：%p\n", q);
11    **q = 2;                                      //二级指针间接改变
12    printf("变量a的值%d\n", a);
13    return 0;
14 }
```

程序运行结果如图5-10所示。

图 5-10 例 5-6 程序运行结果

在例5-6中，指针q是一个二级指针，其中存储一级指针p的地址，而p中存储整型变量a的地址，第11行代码通过间接访问运算符“*”间接修改二级指针变量q中存储的指针所指向的值，从而修改变量a的值。由图5-10可知，变量a的值被修改成功。它们之间的逻辑关系如图5-11所示。

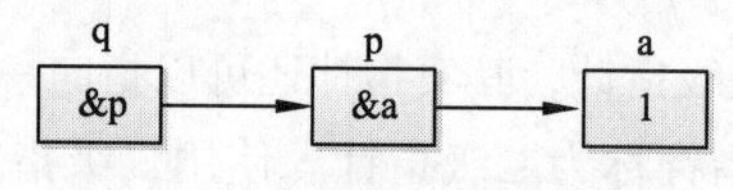


图 5-11 指向指针变量的指针

从图5-10运行结果可以清晰地发现变量a的地址、一级指针p的地址和二级指针存储的地址值是一样的。

### 2. 通过二级指针改变一级指针的指向

二级指针除了直接改变变量的值以外，也可以改变一级指针的指向，下面通过一个案例来演示如何通过二级指针改变一级指针的指向，如例5-7所示。

【例5-7】 poniter.c

```
1 #include <stdio.h>
2 int main()
3 {
4     int a = 1;                              //整型变量
5     int *p = &a;                            //一级指针p，指向整型变量a
6     int **q = &p;                           //二级指针q，指向一级指针p
7     int b = 3;
8     printf("变量a的地址：%p\n", &a);
9     printf("一级指针p的地址：%p\n", p);
10    printf("二级指针q存储的值：%p\n", *q);
11    printf("二级指针q的地址：%p\n", q);
12    printf("================================\n");
13    *q = &b;                                //修改一级指针的指向
14    printf("变量a的地址：%p\n", &a);
15    printf("变量b的地址：%p\n", &b);
16    printf("一级指针p的地址：%p\n", p);
17    printf("二级指针q存储的值：%p\n", *q);
18    printf("二级指针q的地址：%p\n", q);
19    printf("指针p指向地址存储的值%d\n", *p);
20    return 0;
21 }
```

程序运行结果如图5-12所示。

图5-12　例5-7程序运行结果

在例5-7中，第4~5行代码定义int类型变量a，取其地址赋值给一级指针变量p；第6行代码取一级指针变量p的地址赋值给二级指针q，则二级指针q的值是一级指针变量p的内存地址；第8~11行代码分别输出变量a的地址、一级指针p的地址、二级指针q存储的值以及二级指针q的地址。由图5-12可知，二级指针q存储的值与一级指针p的地址以及变量a的地址是相同的。

在例5-7中，通过间接访问运算符“*”，修改二级指针的指向，即第13行代码使二级指针变量q中保存的一级指针变量p指向变量b。它们之间的逻辑关系如图5-13所示。

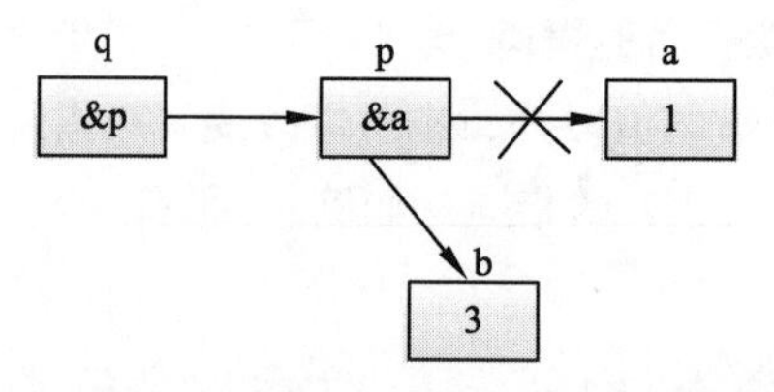


图 5-13　二级指针改变指向关系

第14~19行代码分别输出变量a的地址、变量b的地址、一级指针变量p的地址、二级指针q存储的值及其地址。从图5-12的输出结果可以清晰地看到一级指针变量p、二级指针变量q存储的值和变量b的地址是相同的。

# 小　　结

本章主要讲解了指针的相关知识，首先讲解了指针与内存、计算机内存区域的基本知识，同时讲解了可执行程序在内存空间的布局，作为学习指针的导入知识。其次，讲解了本章的核心内容——指针，包括指针变量的概念与定义、指针的运算、特殊类型的指针等；然后讲解了内存操作函数，包括内存申请、释放与初始化等函数；接着讲解了指针与const修饰符的结合使用；最后讲解了二级指针的使用方法。通过本章的学习，读者应当对指针和内存地址之间的联系有更深入的理解，并对C语言中程序的内存分布以及内存申请函数有初步的了解，为后续学习做好铺垫。

# 习　　题

**一、填空题**

1. 定义变量 int a，*p;p=&a；则使用指针获取变量 a 的值的语句是________。
2. 计算机内存中分为________、________、________、________4 个区域。
3. 定义以下程序，使用指针 pp 输出 a 的值的语句是________。

```
int a=1;
int *p = &a;
void *pp=p;
```

4. 内存申请函数获取的内存空间在________中，使用________函数释放申请的空间。
5. 定义 int a =1，b=2;const int *p=&a；修改指针变量 p 指向变量 b 的语句是________。

**二、判断题**

1. 指针就是内存中的一个地址，指针变量是保存地址的变量。（　　）
2. 指针变量的数据类型决定了指针步长的大小。（　　）
3. 指针变量的大小取决于系统的位数和编译器的位数。（　　）
4. 计算机内存具有线性的特点，且内存中存储的数据有地址编号。（　　）
5. 符号“*”可以用来定义指针变量也可以对指针变量进行间接访问。（　　）

6. 一个指针变量指向一个变量，指针变量的地址和变量的地址是一样的。 (　　)

## 三、选择题

1. 下列关于变量的指针的说法，正确的是（　　）。

   A. 变量的指针指的是变量的值　　B. 变量的指针指的是变量的地址

   C. 变量的指针指的是变量名　　D. 以上说法均不正确

2. 定义变量 int *ptr，a = 4；ptr =&a；下列选项中，结果都是地址的是（　　）。

   A. a，ptr，*&a　　B. &*a,&a,*ptr

   C. *&ptr，*ptr，&a　　D. &a，&*ptr，ptr

3. 下列程序执行的结果是（　　）。

```
int main()
{
    int a = 1, b = 3, c = 5;
    int *p1 = &a, *p2 = &b, *p3 = &c;
    *p3 = *p1 *(*p2);
    printf("%d", c);
    return 0;
}
```

   A. 1　　B. 2　　C. 3　　D. 4

4. 下列关于指针变量赋空值的说法，错误的是（　　）。

   A. 当赋空值的时候，指针变量指向地址为 0 的存储单元

   B. 指针被赋值为 '\0'，表示指针为空指针

   C. 指针被赋值 0，表示指针为空指针

   D. 空指针可以读取

5. 下列程序输出 * 的个数是（　　）。

```
char *s = "\ta\018bc";
for(;*s != '\0';s++)
printf("*");
```

   A. 9　　B. 5　　C. 6　　D. 7

6. 定义变量 char **str，关于变量 str 说法正确的是（　　）。

   A. str 是指向 char 类型变量的指针　　B. str 是指向指针的 char 变量

   C. str 是指向指针的指针　　D. 以上说法都错误

## 四、简答题

1. 简述指针与指针变量的区别，并说明如何通过指针获取变量的值。
2. 简述常量指针与指针常量的区别，以及如何通过指针修改一个 const 修饰的变量。

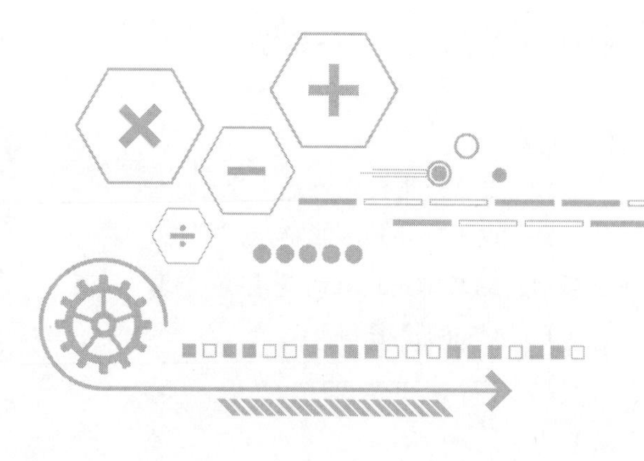

# 第6章 数组

**学习目标**

- ➢掌握一维数组定义与初始化；
- ➢掌握数组三要素的含义；
- ➢掌握数组的内存管理；
- ➢掌握数组的遍历；
- ➢掌握冒泡排序；
- ➢掌握选择排序；
- ➢掌握插入排序；
- ➢掌握二维数组的定义与初始化；
- ➢掌握二维数组的遍历；
- ➢掌握二维数组的内存管理；
- ➢了解变长数组与动态数组；
- ➢了解数组名和指针的区别；
- ➢掌握数组指针的概念与使用；
- ➢掌握指针数组的概念与使用。

在前面所学的章节中，所使用的数据大多为基本数据类型。除了基本数据类型，C语言还提供了构造数据类型，包括数组类型、枚举类型、共用体类型和结构体类型。本章将针对数组进行讲解。

## 6.1 一维数组的定义与初始化

在程序中，经常需要对一批数据进行操作，例如，统计某公司100个员工的工资。如果使用变量存放这些数据，需要定义100个变量，显然这样做很麻烦。这时可以使用数组存放这些数据。数组是一种存储相同数据类型的数据集合，数组的每个成员称为数组的元素。

扫一扫

如果把数组看作是一个用小格子盛放数据的容器，那么，存放数据的小格子编号，可以看作是数组的索引，索引是从0开始的。图6-1所示为一个数组模型。

图6-1所示的数组模型共包含*n*个元素，这些元素依次存储在从0开始编号的“小格子”中。例如，数组salary[100]存储的是100名员工的薪水，可以通过salary[0]，salary[1],…，salary[99]依次访问每个员工的薪水。

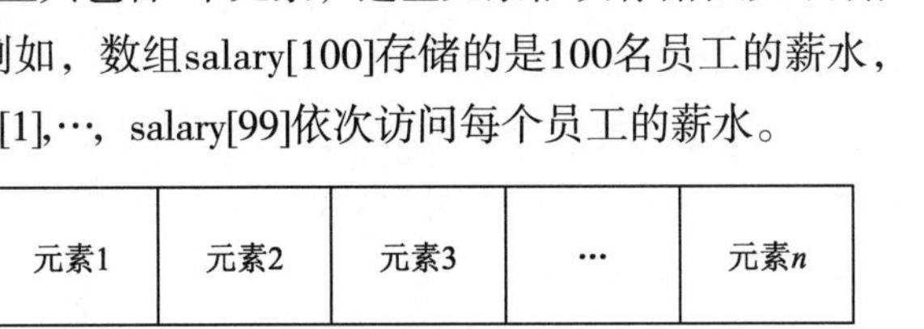


图6-1　数组模型

数组中[]（方括号）的个数称为数组的维数，根据维数的不同，可将数组分为一维数组、二维数组、三维数组等，通常情况下，将二维及以上的数组称为多维数组。例如，数组salary[100]是一维数组，salary[100][100]是二维数组。

在C语言中，一维数组的定义方式如下：

```
数据类型　数组名[常量表达式];
```

在上述语法格式中，数据类型表示数组中所存元素的类型，常量表达式指的是数组的长度，也就是数组中最多可存放元素的个数。

根据上述格式可定义各种类型的数组。例如：

```
int arr1[10];            //定义int类型的数组arr1,大小为10
char arr2[6];            //定义char类型的数组arr2,大小为6
float arr3[8];           //定义float类型的数组arr3，大小为8
```

完成数组的定义之后，如果想通过数组操作数据，还需要对数组进行初始化，数组有3种常见的初始化方式，具体如下：

### 1. 直接对数组中的所有元素赋初值

在定义数组时，直接给数组中的所有元素赋初值。例如：

```
int arr[5]={1,2,3,4,5};
```

上述代码定义了一个长度为5的数组arr，数组中元素的值依次为1、2、3、4、5。

### 2. 只对数组中的一部分元素赋值

只对数组中的一部分元素赋值。例如：

```
int arr[5] = {1,2,3};
```

在上述代码中，定义了一个int类型的数组，但在初始化时，只对数组中的前3个元素进行了赋值，其他元素的值默认设置为0。

### 3. 对数组全部元素赋值，但不指定大小

不指定数组大小，给数组元素赋值。例如：

```
int arr[]={1,2,3,4};
```

在上述代码中，因为数组元素有4个，所以数组的长度是4。

## 6.2 数组三要素

确定一个数组，除了数组名之外，还有3个关键部分：数组索引、数组类型、数组大小，这三部分通常被称为数组三要素。数组类型决定了数组存储数据的类型，数组大小决定了最多可存储的元素个数，数组索引标识了数组元素的位置。

扫一扫

### 6.2.1 数组索引

数组中的元素都是有编号的，这个编号称为数组元素的索引，用于表示元素在数组中的位置。数组元素的索引从0开始，依次递增，直到标记最后一个元素。如果数组中有*n*个元素，则最后一个元素的索引是*n*–1。

通过索引访问数组元素的方式如下：

```
数组名[索引];
```

上述方式中，索引指的是数组元素的位置，通过索引可以访问数组中任意位置的元素。例如：

```
int arr[5] = { 12,6,78,9,20 };        //定义一个int类型数组，数组中有5个元素
arr[0]                                //访问第1个元素12
arr[1]                                //访问第2个元素6
arr[2]                                //访问第3个元素78
arr[3]                                //访问第4个元素9
arr[4]                                //访问第5个元素20
```

上述代码中，定义了一个int类型的数组arr，数组中有5个元素，分别通过索引0、1、2、3、4访问到了每一个元素。由于数组的索引是从0开始的，因此arr[0]访问的是数组arr的第1个元素，arr[4]访问的是数组arr的第5个元素。

通过对某个索引上的数据重新赋值可以更改数组元素的值，例如，将数组arr中的第3个元素78更改为100。例如：

```
arr[2] = 100;                         //更改arr[2]的元素值为100
printf("%d",arr[2]);                  //输出arr[2]，值为100
```

### 6.2.2 数组类型

数组是一组相同类型的数据的集合，数组类型就是所存储元素的类型。数组类型不仅可以是int、float、char等基本类型，也可以是指针以及后续章节将要介绍的结构体类型。

一个指定数据类型的数组，只能存储本数据类型的数据。例如：

```
int arr1[5] = { 1,2,3,4,5 };          //定义int类型数组，元素为1、2、3、4、5
```

```
char arr2[5] = { 'a','b' };        //定义char类型数组，元素为'a'、'b'
float arr3[5] = { 1.2,3.6,9.9 };  //定义float类型的数组，元素为1.2、3.6、9.9
```

上述代码中，数组arr1的类型为int，存储的元素均为int类型；数组arr2的类型为char，存储的元素均为char类型；数组arr3的类型为float，存储的元素均为float类型。

如果在数组中存储不同类型的数据，编译器并不会报错，它会将数据转换为与数组类型相同的数据再存储到数组中。例如，将上述代码中数组arr1的元素1更改为10.8。例如：

```
arr1[0] = 10.8;                   //将arr1[0]位置上的元素更改为10.8
```

在上述代码中，10.8为浮点类型数据，将其存储在int类型的数组中，编译器会将10.8转换为int类型的10，再存储到数组arr1中，当用户读取arr1[0]位置的值时，其值为10。

对于char、float等其他类型的数组，当存储的数据类型不符合规则时，编译器会根据编译规则进行适当转换，保证数组中存储的数据都是相同类型。如果不能完成转换，编译器就会报错，例如，向float类型数组中存储整型数据，编译器会将数据转换为float类型再存储到数组中；如果向float类型数组中存储字符型数据，编译器会将字符对应的ASCII编码转换为float类型数据，再存储到数组中。

对于字符类型数组，如果向其中存储int类型数据，编译器会将其视为ASCII编码；如果存储float类型数据，编译器会将其转换为int类型数据，再将其视为ASCII编码。需要注意的是，如果存储的int类型数据或float类型数据超出了ASCII码表范围，编译器无法正确解读转换，用户在读取数组中元素时就无法得到预期结果。

此外，字符类型数组如果存储了字符串，编译器会将字符串拆解成单个字符存储到字符数组中，且拆解字符串时最后会拆解出一个'\0'字符。例如，有char类型的数组carr，定义如下：

```
char carr[5] = { 'a','b',"sf" };     //char类型数组中存储了一个字符串
```

在数组carr中，存储了两个字符和一个包含两个字符的字符串，在定义数组时，编译器会将字符串"sf"拆分成字符's'、'f'和'\0'存储在数组中，其形式如图6-2所示。

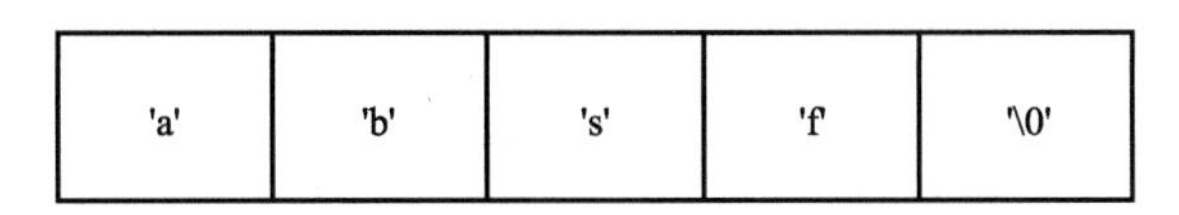


图 6-2　字符数组 carr 的存储形式

在图6-2中，同样可以通过索引访问字符数组carr中的各个字符，包括拆分后的's'、'f'、'\0'字符。

### 6.2.3　数组大小

数组在定义时一般会指定大小，数组大小是指数组最多可存储的元素的个数。例如，定义一个int类型数组arr，该数组最多只能存储5个数据，如果存储数据大于5，编译器会提示“初始项值过多”的错误信息。例如：

```
int arr[5] = { 11,46,9,200,87 };          //存储5个数据
int arr[5] = { 2,349,28,34,99,120 };      //错误，存储数据个数超过了数组大小
```

在6.2.2节中，定义了字符类型数组carr，如果将数组carr初始化为如下形式，编译器就会报

错。初始化代码如下：

```
char carr[5] = { 'a','b',"sft" };            //char类型数组中存储了一个字符串
```

上述代码中，carr包含了一个有3个字符的字符串，编译器在转换时，将"sft"字符串拆分为's'、'f'、't'、'\0'这4个字符，此时数组中有6个字符，但数组大小为5，因此编译器会报“初始项值过多”的错误。

需要注意的是，数组大小与数组元素个数是不相同的，数组大小是数组最多可存储的元素个数，但数组中存储的元素并不一定是最大数目。例如，有如下数组：

```
int arr[5] = { 1,2,3 };
```

上述代码中，数组arr大小为5，但数组元素个数为3。数组元素个数可以是0和不超过数组大小的任意正整数。

数组所占内存的大小由数组类型和数组大小决定，与数组中存储的元素个数无关。对于一个大小为5的int类型数组而言，它所占的内存大小就是这5个元素所占的内存大小，每个元素占4字节内存，5个元素所占内存大小为4 × 5=20字节，数组所占内存大小也就为20字节。

数组所占内存大小可以使用sizeof运算符计算。例如：

```
int arr1[5] = { 11,46,9,200,87 };            //数组arr1存储5个数据
float arr2[5];                               //数组arr2未存储数据
char arr3[5] = { 'a','b','c' };              //数组arr3存储3个数据
printf("%d\n", sizeof(arr1));                //数组arr1占内存大小为20B
printf("%d\n", sizeof(arr2));                //数组arr2占内存大小为20B
printf("%d\n", sizeof(arr3));                //数组arr3占内存大小为5B
```

上述代码中，分别定义了int类型数组arr1、float类型数组arr2、char类型数组arr3，这3个数组大小均为5，使用sizeof运算符计算它们所占内存并输出，则3个数组所占内存分别为20B、20B、5B。

## 6.3 数组内存分析

在程序执行过程中，数组是存储在栈中的，占据的是一块连续的内存空间。由于数组存储的是多个数据，因此它的内存管理与普通变量有所不同，本节将从内存方面对数组进行分析。

### 6.3.1 数组的起始地址

一个变量在内存中占据一块空间，这块空间的地址标识着该变量的存储位置。同样，数组在内存中也占据一块空间，这块空间是连续的多个数据单元块（每个数组元素所占内存）。数组内存空间有地址标识，数组中每个元素也都有地址标识。

例如：

```
char ch = 'a';                          //char类型的变量ch
int num = 1;                            //int类型的变量num
int arr[5] = { 1,2,3,4,5 };             //int类型的数组arr，其大小为5
```

上述代码定义了一个char类型的变量ch，一个int类型的变量num和一个int类型的数组arr，它们在内存中的存储形式如图6-3所示。

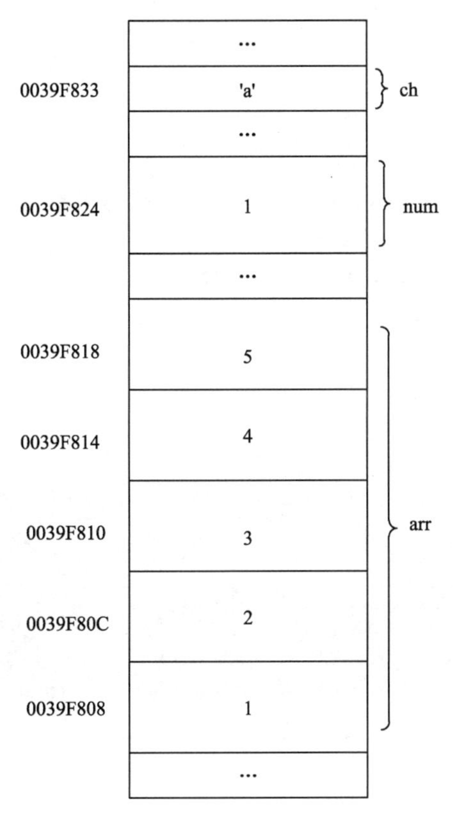


图6-3 变量与数组的内存管理

由图6-3可知，变量ch在内存中占有1字节内存，内存地址为0039F833；变量num在内存中占据4字节内存，内存地址为0039F824；变量ch与num是连续定义的两个变量，但是它们在内存中的地址并不连续，这说明单个变量在内存中是零散存储的。数组arr在内存中占据5个连续的4字节大小的内存单元块，数组元素地址是连续由低到高增长的。

在数组内存中，第一个元素的地址也是数组的起始地址，这个地址由数组名保存，输出数组名就是输出数组的起始地址，对数组名执行取值运算，会输出第一个元素。例如：

```
printf("%p\n", arr);                    //输出数组arr的首地址
printf("%p\n", &arr[0]);                //输出第一个元素的地址，它与数组首地址相同
printf("%d\n", *arr);                   //对数组名执行取值运算，结果为第一个元素1
printf("%d\n", arr[0]);                 //输出第一个元素，值为1
```

### 6.3.2 数组的步长

定义一个数组，例如：

```
int arr[5] = { 1,2,3,4,5 };
```

上述代码定义了一个大小为5的int类型数组，通过索引访问数组元素时，由arr[0]到arr[1]，索引的值增加了1，但在内存中，由第1个元素到第2个元素，内存地址并不是增加了1字节，而是增加了4字节。使用printf()函数输出各元素地址，可以观察各元素地址的变化，具体如例6-1所示。

【例6-1】 stepSize.c

```
1 #include <stdio.h>
2 int main()
3 {
4     int arr[5] = { 1,2,3,4,5 };        //int类型的数组arr，其大小为5
5     for (int i = 0; i < 5; i++)
6         printf("arr[%d]:%p\n", i, &arr[i]);
7     return 0;
8 }
```

程序运行结果如图6-4所示。

图 6-4 例 6-1 程序运行结果

由图6-4可知，数组arr首元素地址为0022FD50，后面4个元素的地址依次递增4（字节）。这表明相邻元素间的地址距离为4字节。4字节就是数组arr各元素之间的内存地址距离，也称为数组arr的步长。

数组步长就是相邻数组元素之间的内存地址距离，由数组类型决定。char类型的数组，由当前元素到下一个元素，跨越了1字节内存，步长为1字节；double类型的数组，由当前元素到下一个元素，跨越了8个字节内存，步长为8字节。

**小提示 内存地址打印**

程序运行结束后，变量所占内存空间会被回收，下一次程序运行时，系统会重新随机分配内存，因此每次运行程序打印的地址一般不会相同。

### 6.3.3 数组边界

在6.2.1节讲解数组索引时，如果一个数组中有$n$个元素，数组索引就为0~（$n$-1），在为数组赋值或访问数组元素时，不能超过这个范围边界。如果超出这个边界，编译器就会报错或得到无法预期的数据。

定义如下数组：

```
int arr[5] = { 1,2,3,4,5 };
```

在上述代码中，数组arr的索引范围为0~4，如果超过范围访问不存在的元素，如arr[-1]、arr[6]，就会得到一个无法预期的数据，即垃圾数据。在这个过程中，编译器虽然不会报错，但会发出警告。例如，访问arr[5]时，Visual Studio 2019发出的警告如图6-5所示。

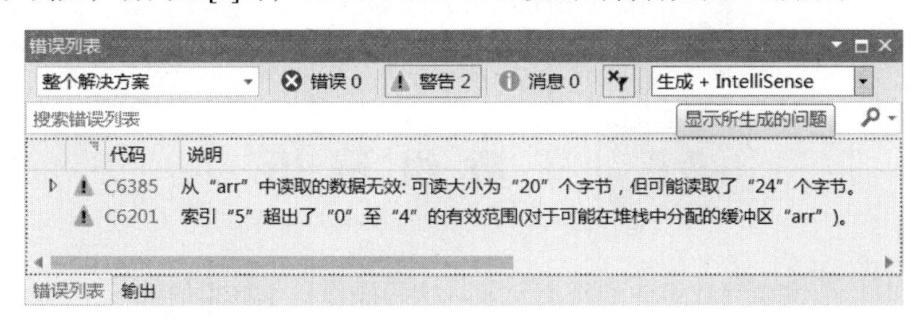


图 6-5　访问 arr[5] 警告

由图6-5可知，当读取arr[5]时，编译器警告：索引“5”超出了“0”至“4”的有效范围。

C语言是不安全的编程语言，访问数组时不进行边界检查，当访问超出范围的数组元素时，虽然编译器会发出警告，但并不会阻止程序运行，程序会按数组步长依次向后（向前）读取内存，如图6-6所示。

| … | … | 1 | 2 | 3 | 4 | 5 | … | … |
|---|---|---|---|---|---|---|---|---|

图 6-6　超范围访问数组元素内存图解

在图6-6中，数组arr大小为5，编译器为数组分配5个连续的int类型数据存储单元，当超出范围访问arr[5]时，编译器会根据数组的规则，移动一个步长连续访问arr[4]后面的4字节内存空间。但是，这个内存空间并不是分配给数组arr的，访问该内存空间时，会获取未知数据。同理，当访问arr[-1]时，编译器会按数组规则向前读取一块内存空间。

**注意：**如果超范围访问的空间正好在被其他程序使用，那么程序在访问时就会出错。

超出范围访问数组元素，编译器只会发出警告，但是如果超出范围对元素赋值，程序会抛出异常，例如对arr[5]进行赋值，再访问，代码如下：

```
arr[5] = 6;                          //超出数组范围赋值
printf("%d\n", arr[5]);              //访问
```

执行上述代码，程序能够成功赋值且成功访问到arr[5]元素的值6，但执行过程中会抛出异常，如图6-7所示。

由图6-7可知，超出范围赋值并访问数组元素，会抛出异常，提示运行时检查失败#2-围绕变量“arr”的堆栈已崩溃。

在使用数组时，读者一定要注意做好边界检查，不要超出范围去访问数组元素，以免程序发生不可预知的错误。

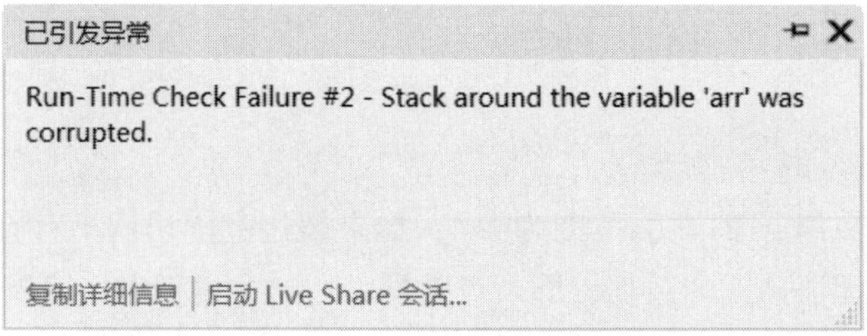

已引发异常

Run-Time Check Failure #2 - Stack around the variable 'arr' was corrupted.

复制详细信息 | 启动 Live Share 会话...

图 6-7　抛出异常

## 6.4 数组遍历

操作数组时，依次访问数组中的每个元素，这种操作称作数组的遍历。通常，遍历数组使用循环语句实现，以数组的索引作为循环条件，只要数组索引有效就可以获取数组元素。下面分别使用for循环与while循环遍历数组，如例6-2所示。

扫一扫

【例6-2】 travers.c

```
1 #include <stdio.h>
2 int main()
3 {
4     int arr[5] = { 1,2,3,4,5 };
5     //for循环遍历数组
6     printf("for循环遍历数组：\n");
7     for(int i = 0; i < 5; i++)
8     {
9         printf("arr[%d]:%d\n", i, arr[i]);
10     }
11    //while循环遍历数组
12    printf("while循环遍历数组：\n");
13    int j = 0;
14    while(j < 5)
15    {
16      printf("arr[%d]:%d\n", j, arr[j]);
17      j++;
18    }
19    return 0;
20 }
```

程序运行结果如图6-8所示。

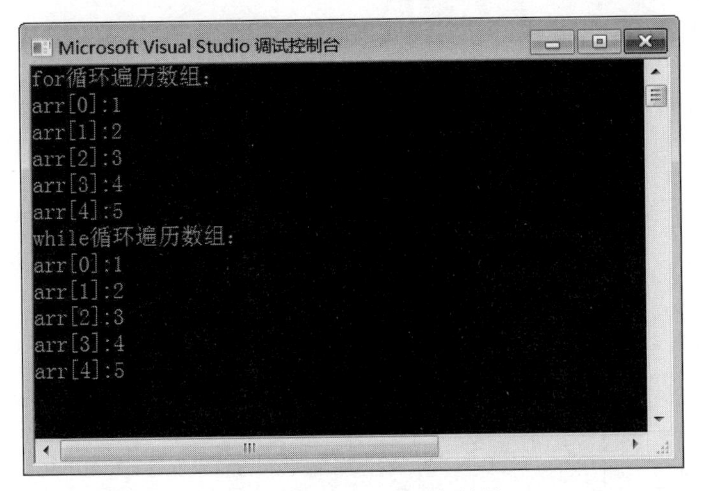


图 6–8　例 6–2 程序运行结果

在例6–2中，第7~10行代码使用for循环遍历数组arr，第14~18行代码使用while循环遍历数组arr。由图6–8可知，使用for循环和while循环都能够成功遍历数组。

## 6.5　数组排序

数组在实际开发中应用非常广泛，尤其是int类型的数组。在int类型的数组中，最常用到的操作就是对数组元素进行排序。数组排序的方法有很多，比较常见的几种排序有冒泡排序、选择排序、插入排序等，本节将针对数组常用的排序方法进行讲解。

### 6.5.1　冒泡排序

在冒泡排序的过程中，以升序排列为例，不断地比较数组中相邻的两个元素，较小者向上浮，较大者往下沉，整个过程和水中气泡上升的原理相似。下面分步骤讲解冒泡排序的整个过程，具体如下：

（1）从第一个元素开始，将相邻的两个元素依次进行比较，如果前一个元素比后一个元素大，则交换它们的位置，直到最后两个元素完成比较。整个过程完成后，数组中最后一个元素自然就是最大值，这样就完成了第一轮的比较。

（2）除了最后一个元素，将剩余的元素继续两两进行比较，过程与第（1）步相似，这样就可以将数组中第二大的元素放在倒数第二个位置。

（3）依此类推，对剩余元素重复以上步骤。

根据上述步骤，冒泡排序的流程可使用图6–9描述。

定义一个数组：int arr[5]={9,8,3,5,2}，以数组arr为例，使用冒泡排序调整数组顺序的过程如图6–10所示。

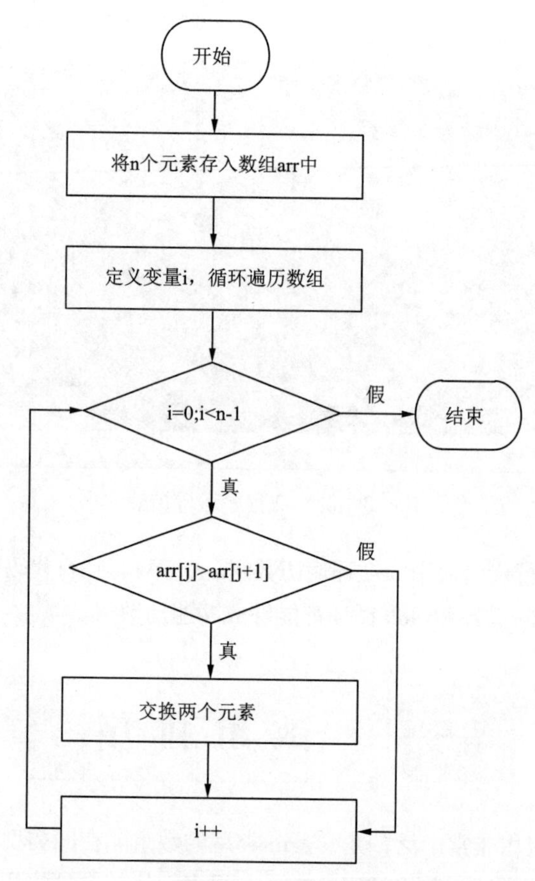


图 6-9　冒泡排序流程图（以升序排列为例）

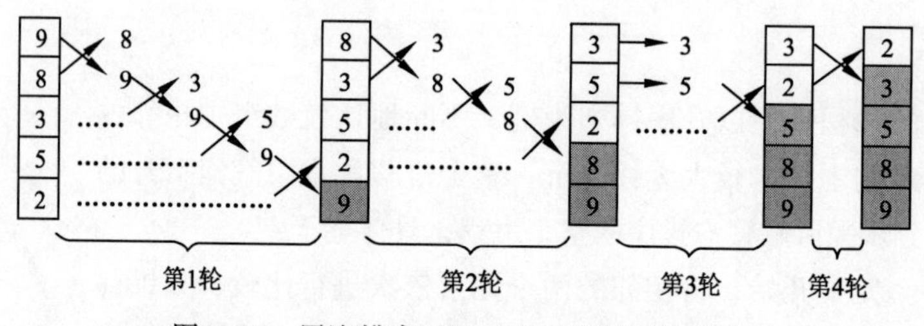


图 6-10　冒泡排序过程（以升序排列为例）

下面结合图6-10介绍数组arr排序过程。

第1轮比较中，第1个元素9为最大值，因此它在每次比较时都会发生位置的交换，最终被放到最后1个位置。

第2轮比较与第1轮过程相似，元素8被放到倒数第2个位置。

第3轮比较中，第1次比较没有发生位置的交换，在第2次比较时才发生位置交换，元素5被放到倒数第3个位置。

第4轮比较仅需比较最后两个值3和2，由于3比2大，3与2交换位置。

至此，数组中所有元素完成排序，获得排序结果{2,3,5,8,9}。

值得一提的是，当在程序中进行元素交换时，会通过一个中间变量temp实现元素交换，首先使用temp记录arr[j]，然后将arr[j+1]赋给arr[j]，最后再将temp赋给arr[j+1]。例如，交换数组元素8和3，其交换过程如图6-11所示。

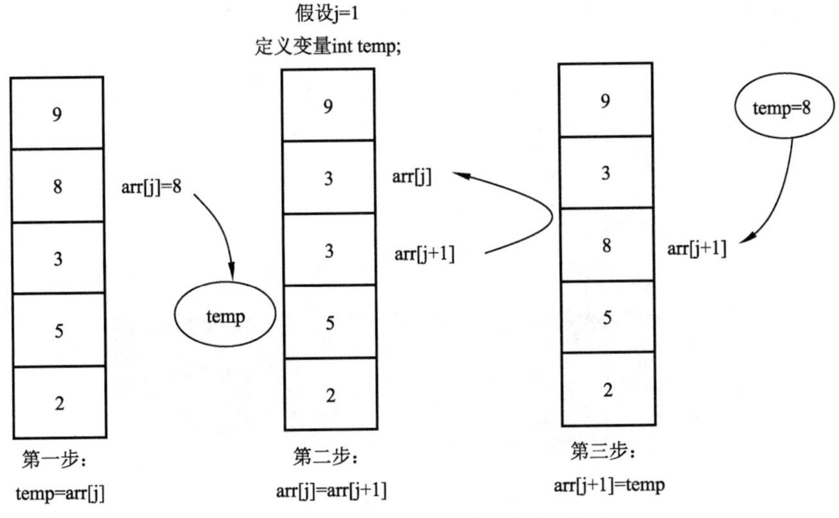


图 6-11　元素 8 与元素 3 交换过程

通过上面的分析可知，可以使用for循环遍历数组元素，因为每一轮数组元素都需要两两比较，所以需要嵌套for循环完成排序过程。其中，外层循环用来控制进行多少轮比较，每一轮比较都可以确定1个元素的位置；内层循环的循环变量用于控制每轮比较的次数，在每次比较时，如果前者小于后者，就交换两个元素的位置。需要注意的是，由于最后1个元素不需要进行比较，外层循环的次数为数组的长度-1。

接下来通过一个案例来演示冒泡排序，具体如例6-3所示。

【例6-3】 bubblingSort.c

```
1 #include <stdio.h>
2 int main()
3 {
4     int arr[5] = { 9,8,3,5,2 };
5     int i, j, temp;
6     printf("排序之前：");
7     for(i = 0; i < 5; i++)
8         printf("%d\t", arr[i]);
9     for(i = 0; i < 5 - 1; i++)          //外层循环控制比较的轮数
10    {
11        for(j = 0; j < 5 - 1 - i; j++) //内层循环控制比较的次数
12        {
13            if(arr[j] > arr[j + 1])    //如果前面的元素大于后面的元素
14            {                          //就交换两个元素的位置
15                temp = arr[j];
16                arr[j] = arr[j + 1];
```

```
17                  arr[j + 1] = temp;
18              }
19          }
20      }
21      printf("\n排序之后：");
22      for (i = 0; i < 5; i++)
23          printf("%d\t", arr[i]);
24      return 0;
25  }
```

程序运行结果如图6-12所示。

图 6-12　例 6-3 程序运行结果

### 6.5.2　选择排序

选择排序的原理与冒泡排序不同，它是指通过每一趟排序过程，从待排序记录中选择出最大（小）的元素，将其依次放在数组的最前或最后端，最终实现数组的排序。下面以升序排列为例分步骤讲解选择排序的整个过程，具体如下：

（1）在数组中选择出最小的元素，将它与0索引元素交换，即放在开头第1位。

（2）除0索引元素外，在剩下的待排序元素中选择出最小的元素，将它与1索引元素交换，即放在第2位。

（3）依此类推，直到完成最后两个元素的排序交换，就完成了升序排列。

根据上述步骤，选择排序的流程可使用图6-13描述。

同样以数组{9,8,3,5,2}为例，使用选择排序调整数组顺序的过程如图6-14所示。

在图6-14中，一共经历四轮循环完成数组的排序。每一轮循环的作用如下：

第1轮：循环找出最小值2，将它与第一个元素9进行交换。

第2轮：循环找出剩下的4个元素中的最小值3，将它与第二个元素8交换。

第3轮：循环找出剩下的3个元素中的最小值5，将它与第三个元素8交换。

第4轮：对最后两个元素进行比较，比较后发现不需要交换，则排序完成。

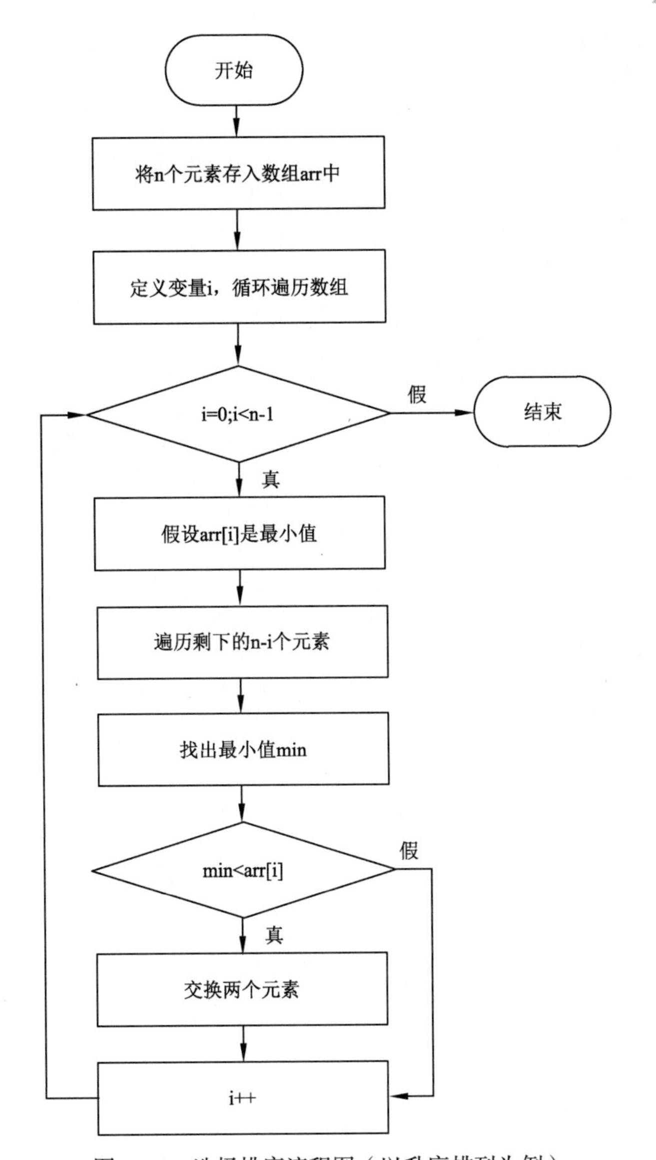


图 6–13　选择排序流程图（以升序排列为例）

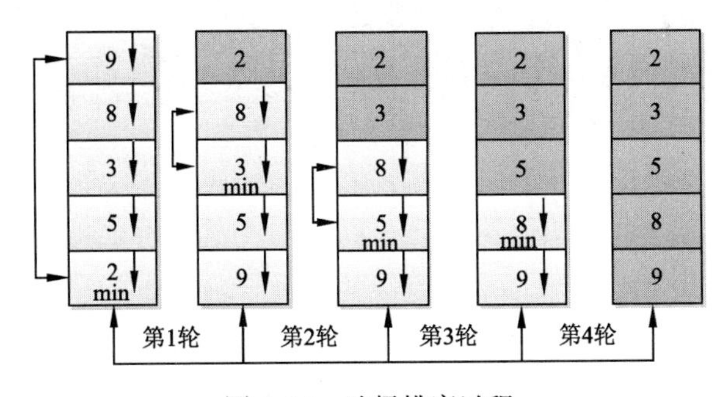


图 6–14　选择排序过程

选择排序的代码如例6–4所示。

【例6-4】 selectSort.c

```
1 #include <stdio.h>
2 int main()
3 {
4     int arr[5] = { 9,8,3,5,2 };
5     int i, j, temp, min;
6     printf("排序之前：");
7     for(i = 0; i < 5; i++)
8         printf("%d\t", arr[i]);
9     for(i = 0; i < 5 - 1; i++) //外层循环控制比较的轮数
10    {
11        min = i; //暂定i索引处的元素是最小的，用min记录其索引
12        for(j = i + 1; j < 5; j++)    //内层循环在剩下的元素中找出最小的元素
13        {
14            if (arr[j] < arr[min])
15                min = j;
16        }
17        if(min != i)                  //交换两个元素的位置
18        {
19            temp = arr[i];
20            arr[i] = arr[min];
21            arr[min] = temp;
22        }
23    }
24    printf("\n排序之后：");
25    for(i = 0; i < 5; i++)
26        printf("%d\t", arr[i]);
27    return 0;
28 }
```

程序运行结果如图6-15所示。

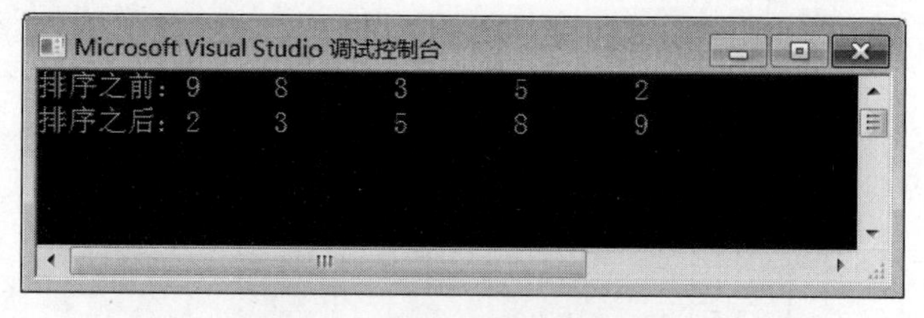


图 6-15　例 6-4 程序运行结果

### 6.5.3　插入排序

所谓插入排序法，就是每一步将一个待排序元素插入到已经排序元素序列中的适当位置，直到全部插入完毕。插入排序针对的是有序序列，对于杂乱无序的数组来说，首先要构建一个有序序列，将未排序的元素插入到有序序列的特定位置，构成一个新的有序序列，再次将未排序的元素插入到有序序列的特定位置，依此类推，直到所有元素都插入到有序的序列中，就完

成了排序。下面以升序排列为例，分步骤讲解插入排序的过程。

（1）从第1个元素开始，将其视为已排序的元素。

（2）取下一个元素（待排序元素），与左边已排序的元素相比较，如果已排序元素大于待排序元素，则将已排序元素向后移动，将待排序元素插入到已排序元素的前面。

（3）如果已有多个元素有序，则将待排序元素自右向左逐个与有序元素进行比较，直到有序元素小于待排序元素，然后将有序元素向后移动，将待排序元素插入到小于它的元素后面。

（4）再取下一个待排序元素，重复上述步骤，直到所有元素都排序完毕。

插入排序的过程类似于打扑克摸牌过程，摸到第1张牌时，将其看作一个有序序列；摸到第2张牌时，如果它比第一张牌大就将其插入到第1张牌后面，否则插入到第1张牌前面；摸到第3张牌，就扫描前两张牌，选择适当的位置插入，依此类推，直到摸牌完毕，手里的牌就是一个有序序列。

插入排序的流程如图6-16所示。

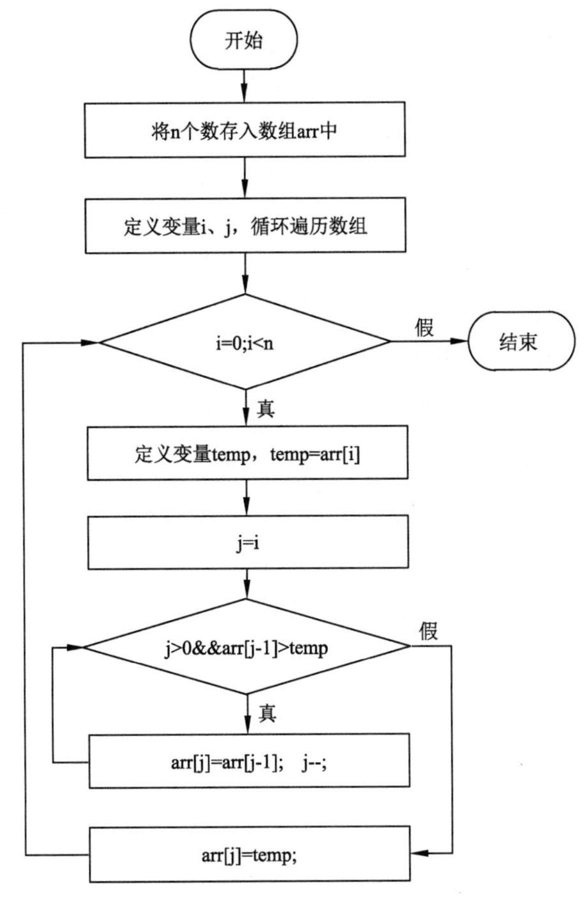


图6-16 插入排序（以升序排列为例）

仍旧以数组{9,8,3,5,2}为例，使用插入排序调整数组顺序的过程如图6-17所示。

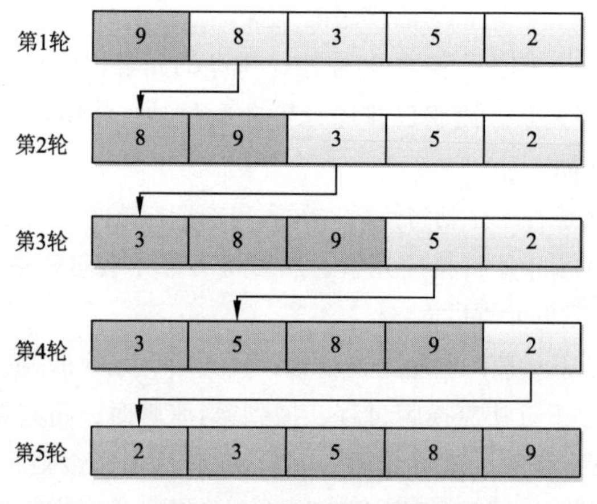


图 6-17　插入排序过程

在图6-17中，以数组的第1个元素9为基准，取下一个元素8与之比较，因为8<9，则将8插入到9的前面，即将9与8互换位置，这样，构建了一个新的有序序列。再取下一个元素3，与9比较，因为3<9，则将9向后移动，将9的位置空出来，然后再将3与8比较，因为3<8，则将8向后移动，将3插入到8所在的位置，这样前3个元素又构成一个新的有序序列。依此类推，直到整个序列排序完成。

需要注意的是，当有元素向后移动时，只是有序元素向后移动，要插入的元素一直保存在临时变量中。例如，在图6-17中，将元素3插入到8、9构成的有序序列中，3与9比较之后，由于3<9，因此元素9向后移动，空出位置，此时3并不是插入到元素9空出的位置中，而是继续与前面的元素8比较，由于3<8，因此元素8向后移动到元素9之前所在的位置，元素3插入到元素8空出的位置中。该过程如图6-18所示。

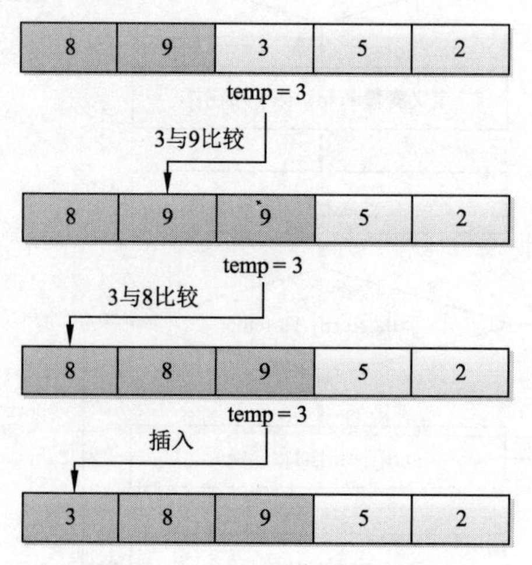


图 6-18　元素 3 插入排序过程

理解了插入排序的原理与过程，代码实现就很容易了，插入排序的代码实现如例6-5所示。

【例6-5】 intsertSort.c

```
1 #include <stdio.h>
2 int main()
3 {
4     int arr[5] = { 9,8,3,5,2 };
5     int i, j, temp;
6     printf("排序之前: ");
7     for (i = 0; i < 5; i++)
8         printf("%d\t", arr[i]);
9     for(i = 1; i < 5; i++)               //i从1开始，假设0角标上的元素是有序的
10    {
11        temp = arr[i];                   //用temp记录i位置上的元素
12        j = i;                           //j记录i角标
13        //如果有序元素大于i元素，就将有序元素下移
14        while(j > 0 && arr[j - 1] > temp)
15        {
16            arr[j] = arr[j - 1];         //有序元素下移
17            j--; //j自减，但要保证j>0,判断左边是否有多个有序元素
18        }
19        arr[j] = temp;                   //将i元素插入到适当位置j
20    }
21    printf("\n排序之后: ");
22    for(i = 0; i < 5; i++)
23        printf("%d\t", arr[i]);
24    return 0;
25 }
```

程序运行结果如图6-19所示。

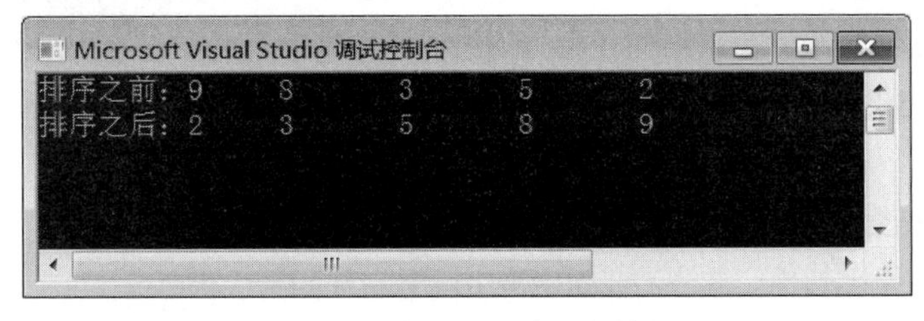


图 6-19　例 6-5 程序运行结果

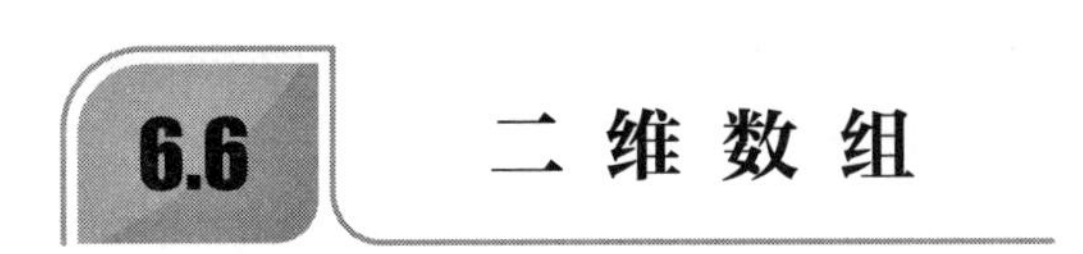

## 6.6 二维数组

在实际的工作中，仅仅使用一维数组是远远不够的，例如，一个学习小组有5个人，每个人有3门课的考试成绩，现在要用数组记录这5个人的15门课成绩，如果使用一维数组解决是很

麻烦的。这时，可以使用二维数组。二维数组可以解决逻辑更复杂的问题，本节将针对二维数组进行详细讲解。

扫一扫

### 6.6.1 二维数组定义与初始化

二维数组是指维数为2的数组，即数组有两个索引，二维数组的定义方式与一维数组类似，其语法格式如下：

```
数据类型 数组名[常量表达式1][常量表达式2];
```

在上述语法格式中，“常量表达式1”是行的长度，称为行索引；“常量表达式2”是列的长度，称为列索引。

例如，定义一个3行4列的二维数组，代码如下：

```
int arr[3][4];
```

上述定义的二维数组，其大小为3×4=12，即数组最多可存放12个元素。下面通过一张图来描述二维数组arr的逻辑存储形式，如图6-20所示。

| arr[0][0] | arr[0][1] | arr[0][2] | arr[0][3] |
|---|---|---|---|
| arr[1][0] | arr[1][1] | arr[1][2] | arr[1][3] |
| arr[2][0] | arr[2][1] | arr[2][2] | arr[2][3] |

图 6-20 arr[3][4] 二维数组逻辑存储形式

从图6-20中可以看出，二维数组arr是按行进行存放的，先存放第1行，再存放第2行，最后存放第3行，并且每行有4个元素，也是依次存放的。在第1行中，所有元素的行索引都是arr[0]，在第2行的行索引都是arr[1]，第3行的行索引都是arr[2]。二维数组写成行和列的排列形式，有助于形象化地理解二维数组的逻辑结构，由行列组成的二维数组通常也称为矩阵。

完成二维数组的定义后，对二维数组进行初始化。初始化二维数组的方式有4种，具体如下：

#### 1. 按行给二维数组赋初值

按行给二维数组赋初值，每一行的元素使用一对{}括起来。例如：

```
int arr1[2][3] = {{ 1,2,3 },{ 4,5,6 }};
```

在上述代码中，等号后面最外层的一对大括号{}表示数组arr1的边界，该对大括号中的第1对{}括号代表的是第1行的数组元素，第2对{}括号代表的是第2行的数组元素。

#### 2. 将所有的数组元素按顺序写在一个大括号内

将数组所有元素按顺序写在一个大括号中，这种方式初始化类似于一维数组，将所有元素写在一对{}内，编译器会根据行列索引的大小自动划分行和列。例如：

```
int arr2[2][3] = {1,2,3,4,5,6};
```

在上述代码中，二维数组arr2共有两行，每行有3个元素，编译器在存储数组元素时，会根据元素的个数自动将元素从前往后划分为2行3列，第1行的元素依次为1、2、3，第2行元素依次为4、5、6。

### 3. 对部分数组元素赋初值

二维数组可以只对一部分元素赋初值，例如：

```
int arr3[3][4] = {{1},{4,3},{2,1,2}};
```

在上述代码中，数组arr3可以存储3 × 4=12个元素，但在初始化时只对部分元素进行了赋值，对于没有赋值的元素，系统会自动赋值为0，数组arr3的逻辑存储形式如图6–21所示。

| | | | |
|---|---|---|---|
| 1 | 0 | 0 | 0 |
| 4 | 3 | 0 | 0 |
| 2 | 1 | 2 | 0 |

图 6–21　数组 arr3 的逻辑存储形式

在图6–21中，二维数组中没有赋值的元素，系统自动为其赋值为0。需要注意的是，二维数组中表示行列范围的{}符号作用很大。在数组arr3中，如果每行的元素值没有使用{}括起来，则编译器会根据行列大小优先分配给前面的行。例如：

```
int arr4[3][4] = {1,4,3,2,1,2};
```

上述代码中，数组arr4只对一部分元素赋值，但是没有使用{}指定行，则元素1、4、3、2优先分配给第1行；元素1、2分配给第2行，剩余的元素默认初始化为0。数组arr4的逻辑存储形式如图6–22所示。

| | | | |
|---|---|---|---|
| 1 | 4 | 3 | 2 |
| 1 | 2 | 0 | 0 |
| 0 | 0 | 0 | 0 |

图 6–22　数组 arr4 的逻辑存储形式

### 4. 省略行索引的初始化

如果对二维数组全部数组元素初始化，则二维数组的行索引可省略，但列索引不能省略。例如：

```
int arr5[2][3] = {1,2,3,4,5,6};
```

可以写为：

```
int arr5[][3] = {1,2,3,4,5,6};
```

系统会根据固定的列数，将元素值进行划分，自动将行数定为2。

### 6.6.2 二维数组元素访问

与一维数组相同，二维数组的访问也包括读取指定元素和遍历数组元素，下面分别对二维数组元素的两种访问方式进行介绍。

#### 1. 读取指定元素

二维数组元素的访问方式同一维数组元素的访问方式一样，也是通过数组名和索引的方式来访问数组元素，其语法格式如下：

```
数组名[行][列];
```

上述语法格式中，行索引应该在所定义的二维数组中的行索引范围内，列索引应该在其列索引范围内。例如，定义二维数组int arr[3][4] = {12,3,4,13,45,0,100,98,72,660,2,88}，在读取该数组元素时，行索引的取值范围为0~2，列索引的取值范围为0~3。例如：

```
a[0][0]         //读取第1行第1列的元素12
a[0][1]         //读取第1行第2列的元素3
...
a[1][0]         //读取第2行第1列的元素45
...
a[2][0]         //读取第3行第1列的元素 72
```

二维数组的索引也是从0开始的，因此a[0][0]是读取第1行第1列的元素，即12。

#### 2. 遍历二维数组

二维数组的遍历也通过循环语句实现，由于二维数组有两个维数，遍历二维数组需要使用双层循环。下面分别使用双层for循环嵌套和双层while循环嵌套遍历二维数组，如例6-6所示。

【例6-6】 test.c

```
1  #include <stdio.h>
2  int main()
3  {
4      int arr[3][4] = { 12,3,4,13,45,0,100,98,72,660,2,88 };
5      //for循环遍历二维数组
6      printf("使用for循环遍历:\n");
7      for(int i = 0; i < 3; i++)                   //循环遍历行
8      {
9          for(int j = 0; j < 4; j++)               //循环遍历列
10         {
11             printf("%5d",  arr[i][j]);
12         }
13         printf("\n");                            //每一行的末尾添加换行符
14     }
15     //while循环遍历二维数组
16     printf("使用while循环遍历:\n");
17     int i = 0, j = 0;
18     while(i < 3)                                 //循环遍历行
```

```
19     {
20         while(j < 4)                          //循环遍历列
21         {
22             printf("%5d",arr[i][j]);
23             j++;                              //在行固定的情况下，列值依次增加
24         }
25         j = 0;                                //将j归0，以便进行下一轮循环
26         printf("\n");
27         i++;                                  //遍历完一行后，行值加1
28     }
29     return 0;
30 }
```

程序运行结果如图6–23所示。

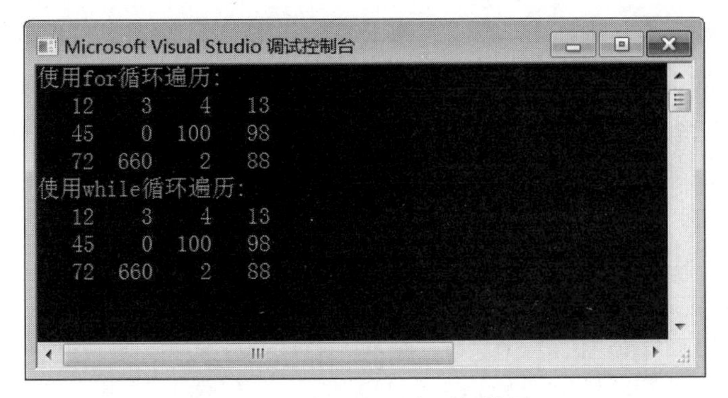


图 6–23 例 6–6 程序运行结果

## 6.7 二维数组内存分析

二维数组的逻辑结构是按行列排列的，但实际上二维数组在内存中还是占据一块连续的内存空间，其排列也是线性的，只是编译器在解读二维数组时会按照指定的行列去解读二维数组。

定义一个2行3列的二维数组，例如：

```
int arr[2][3]={{ 1,2,3},{4,5,6 }};
```

上述代码中，arr是二维数组的数组名，该数组中包含两行数据，分别为{1,2,3}和{4,5,6}。从其形式上可以看出，这两行数据又分别为一个一维数组，所以二维数组又可视为数组元素为一维数组的一维数组。二维数组arr的逻辑结构与内存图解如图6–24所示。

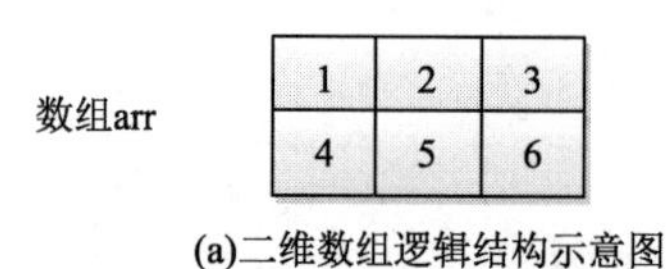


(a)二维数组逻辑结构示意图

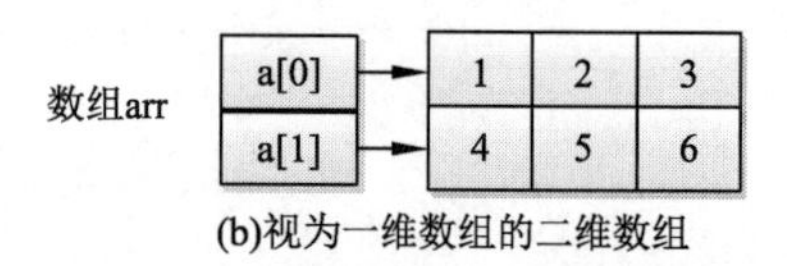


(b)视为一维数组的二维数组

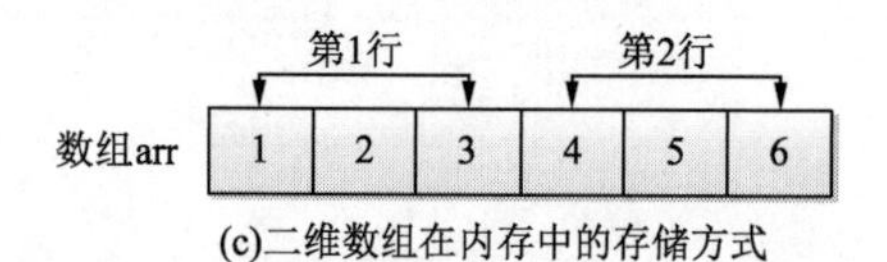


(c)二维数组在内存中的存储方式

图 6-24　二维数组的逻辑结构与内存图解

由图6-24(c)可知，与一维数组一样，二维数组在内存中也是线性存储的。二维数组名是数组的起始地址，同时也是第1行元素的首地址和第1个元素的地址。但与一维数组名不同的是，二维数组名是一个二级指针，对二维数组名执行取值运算，其结果还是一个地址，这个地址与数组起始地址相同，对数组名执行两次取值操作才可以取到第1个元素。例如：

```
printf("arr:%p\n", arr);                    //数组起始地址
printf("*arr:%p\n", *arr);                  //数组起始地址
printf("**arr:%d\n", **arr);                //执行两次取值运算，取到数组首元素
printf("arr[0]:%p\n", arr[0]);              //数组起始地址
printf("arr[0][0]:%d\n", arr[0][0]);        //数组首元素
printf("&arr[0][0]:%p\n", &arr[0][0]);      //数组起始地址
```

要理解二维数组起始地址、首行地址、首元素地址之间的关系。这里首先将二维数组arr看作元素是arr[0]、arr[1]的一维数组，数组名arr与各数组元素之间的关系如下：

- 将arr看作一维数组，arr就是该一维数组的数组名，代表该一维数组的首元素地址，即第一个元素arr[0]的地址。
- 表达式arr+1表示第2个元素的地址，即arr[1]的地址。

其次，将arr[0]、arr[1]两个元素分别看成是由3个int类型元素组成的一维数组。数组arr[0]与各数组元素之间的关系如下：

- arr[0]是一维数组的数组名，代表该一维数组的首元素地址，即第一个元素arr[0][0]的地址。
- 表达式arr[0]+1代表下一个元素arr[0][1]的地址。
- 表达式arr[0]+2代表arr[0][2]的地址。

数组arr的行地址与列地址之间的关系如图6-25所示。

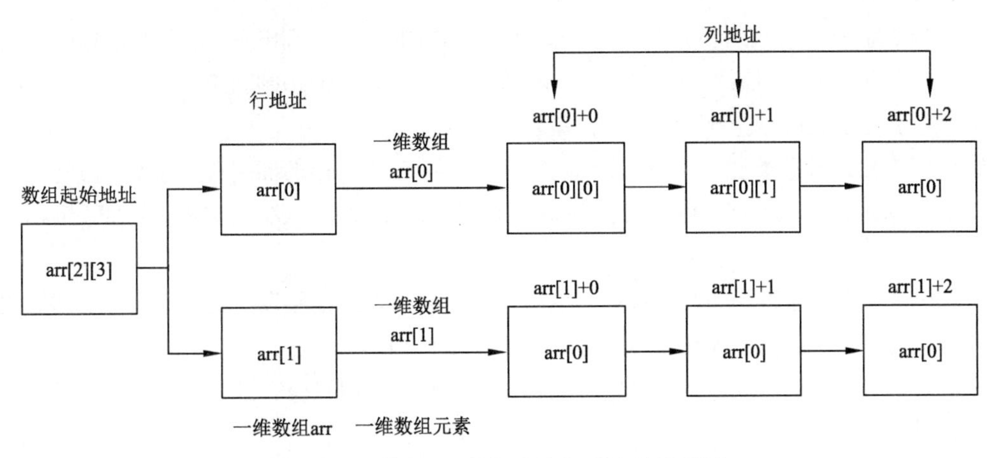


图 6-25 数组 arr 的行地址与列地址示意图

根据上面的分析，可推导出如下结论：

➢ arr[i]（即*(arr+i)）可以看成是一维数组arr的索引为i的元素，同时又可以看成是由arr[i][0]、arr[i][1]、arr[i][2]等元素组成的一维数组的数组名，代表这个一维数组的首元素地址，即第一个元素arr[i][0]的地址。

➢ arr[i]+j（即*(arr+i)+j）代表这个数组中索引为j的元素的地址，即arr[i][j]的地址。

➢ *(arr[i]+j)即*(*(arr+i)+j)就代表这个地址所指向的元素的值，即数组索引为j的元素arr[i][j]的值。

因此，下面表示元素arr[i][j]的5种形式是等价的：

```
arr[i][j]
*(arr[i]+j)
*(*(arr+i)+j)
(*(arr+i))[j]
*(*(arr+i)[j])
```

二维数组的数组名与第1行地址相同，即arr的值与arr[0]的值相同，按照这个逻辑思路，二维数组名arr+0表示第1行地址，则arr+i代表二维数组arr的第i+1行的地址；arr[0]+0可看成第1行第1列地址，那么arr[i]+j就表示第i+1行第j+1列的地址。行地址arr每次加1，表示指向下一行，列地址arr[i]每次加1，表示指向下一列，即该行的下一个元素。经过上述分析，可按如下方式理解表达式“*(*(arr+i)+j)”的含义：

```
arr                         // 第1行的地址
arr+i                       // 第（i+1）行的地址
*(arr+i)                    // 即arr[i],第（i+1）行第1列的地址
*(arr+i)+j                  // 即&arr[i][j],数组arr[i]的第（j+1）列的地址
*(*(arr+i)+j)               // 即arr[i][j],数组arr[i]的第（j+1）列的元素
```

做个类比，二维数组的行地址好比一座旅馆的楼层号，列地址好比旅馆每一层的房间号，如果用编号0412代表该旅馆第4层门牌号12，那么要想找到这间房间，应该先上第4层楼，再找第4层楼上门牌号是12的房间。

在二维数组中，数组列步长与数组类型相同，在同一行中，相邻元素间的地址间距就是元素所占的内存大小。例如，在二维数组arr的第一行，元素arr[0][0]到元素arr[0][1]，步长是4字节，即列索引每增加1，其步长是4字节，是数据类型的大小。

数组行步长是数据类型大小与该行元素个数的乘积，从arr[0]到arr[1]跨越了一整行，如图6-24(b)和(c)所示，从元素1到元素4，其间跨越了3个元素，地址距离为12字节，即数组arr的行步长为12字节。

这就相当于查找旅馆房间时，假如一层有20个房间，如果楼层号不变，那么相邻房间之间的距离是房间大小，但如果从4层到5层，则跨越了20个房间。

相对于一维数组，二维数组的逻辑存储形式稍显复杂，但只要掌握了数组的本质结构，学习起来会很容易。

## 6.8 变长数组与动态数组

数组定义时会指定数组大小或者通过初始化成员的个数决定数组大小，且数组大小都是一个常量，不可更改。这就限制了数组的灵活性，因为很多情况下程序员并不知道到底到分配多大的数组合适，如果数组分配过大，会造成资源浪费，如果分配过小又会造成存储空间不够用的情况。为此，C语言提供了变长数组和动态数组，这两种数组都可以更改数组大小。

### 6.8.1 变长数组

变长数组是C99标准提出的概念，它是指数组的大小可以是变量，而不用必须是常量。例如：

```
int n = 10;                          //定义整型变量
int arr[n];                          //定义数组arr，数组大小为n
```

上述代码中，首先定义了一个整型变量n，其大小为10，然后定义了一个int类型数组，使用变量n标识数组大小。如果需要更改数组的大小，就可以通过改变变量n的大小实现。需要注意的是，变长数组只是在程序运行前可以改变其大小，在程序运行过程中其长度还是固定的。

使用变量定义的数组，数组不能在定义时初始化，只能在定义之后初始化。如果在定义时初始化变长数组，编译器会报错：变长数组无法完成初始化。例如：

```
int n = 10;
int arr[n];
//方式一：
memset(arr,0,sizeof(arr));         //对数组进行初始化
// 方式二：
for(int i = 0; i < n; i++)         //初始化变长数组
   arr[i] = i;
//int arr[n] = {1,2,3,4,5,6};      //变长数组在定义时初始化，错误
```

**注意**：不同的编译器对使用变量定义的变长数组的支持程度也不同，Visual Studio 2019对

变量定义的变长数组并不支持，读者在使用Visual Studio 2019定义变长数组时会提示“arr：未知大小”的错误信息，而使用Dev-C++、gcc等编译器可以通过编译。

除了使用变量定义变长数组，还可以使用宏定义变长数组。例如：

```
#define N 10                       //定义宏N
int arr[N];                        //定义数组arr，其大小为N
```

上述代码中，使用#define定义了一个宏N，其值为10，接着定义了int类型的数组arr，数组大小为N。当需要改变数组大小时，只需要改变N的值即可。#define是宏定义标识，宏定义将会在第10章讲解，这里读者只需要知道利用宏可以定义变长数组即可。

与普通变量定义变长数组不同的是，使用宏定义变长数组，所有编译器均支持。

### 6.8.2 动态数组

前面学习的数组，无论是普通数组还是变长数组都是在栈上分配的内存，数组一旦定义就不再由程序员掌控，为其分配内存、回收内存都由系统决定。这些数组需要的内存空间，包括大小与数据类型，在编译时期就已经被确定，在程序执行期间不可改变。但是，有时候仅依靠系统申请的内存空间并不能满足需求，程序在执行过程中可能临时需要一块内存存储数据并完成数据处理，这时就需要程序员自己去堆上申请内存空间。

5.5节讲解了堆内存空间操作函数，其中malloc()、calloc()函数、realloc()函数用于向堆内存申请空间，它们申请的内存空间是一段指定数据类型和大小的连续空间，且可以在程序执行时随时使用随时申请，这些函数在程序执行过程中申请的连续空间称为动态数组。相应的在栈上的数组称为静态数组。

相比于静态数组，动态数组可以根据用户需要，有效利用存储空间，但其定义方式复杂，且内存申请后需要程序员手动释放，否则会造成内存泄漏。

下面通过一个案例演示动态数组的使用，如例6-7所示。

【例6-7】 dynamicarray1.c

```
1 #include <stdio.h>
2 #include <stdlib.h>
3 #include <memory.h>
4 int main()
5 {
6     int arr_len = 10;                                    //指定生成的数组的长度
7     int * parr;                                          //定义int类型的指针
8     //申请内存空间作为整型数组，空间大小是sizeof(int) * arr_len个字节
9     parr = (int *)malloc(sizeof(int) * arr_len);
10    memset(parr, 0, sizeof(int) * arr_len); //将这块内存空间全部初始化为0
11    for (int i = 0; i < arr_len; i++)             //为整型数组的元素赋值
12    {
13        parr[i] = i;
14    }
15    for (int i = 0; i < arr_len; i++)             //打印整型数组的元素的值
16    {
```

```
17          printf("%d", parr[i]);
18      }
19      printf("\n");
20      free(parr);                                     //释放内存空间
21      return 0;
22 }
```

程序运行结果如图6-26所示。

图 6-26　例 6-7 程序运行结果

在例6-7中，第9行代码调用malloc()函数向堆空间申请了一个40字节（10个4字节）的空间，malloc()返回一个void*类型的指针，将该指针强制转换为int*类型后赋值给int*类型指针parr。第10行代码调用memset()函数将动态数组parr全部元素初始化为0。第11~14行代码使用for循环为动态数组parr赋值。第15~18行代码使用for循环打印出数组中的元素。第20行代码调用free()函数释放动态数组空间。由图6-26可知，程序成功输出了动态数组中的数据。

通过内存申请函数也可以创建动态二维数组，在创建动态二维数组时，要牢记一个原则是创建动态二维数组时，从外层到里层，逐层创建；释放的时候，从里层到外层，逐层释放内存空间。假如通过malloc()函数创建动态二维数组，首先调用malloc()函数申请一段堆内存空间，每个数据单元块中都存储一个指针，然后再调用malloc()函数为每个指针申请一块堆内存空间，即让指针指向一块堆内存空间，该动态二维数组逻辑示意图可用图6-27表示。

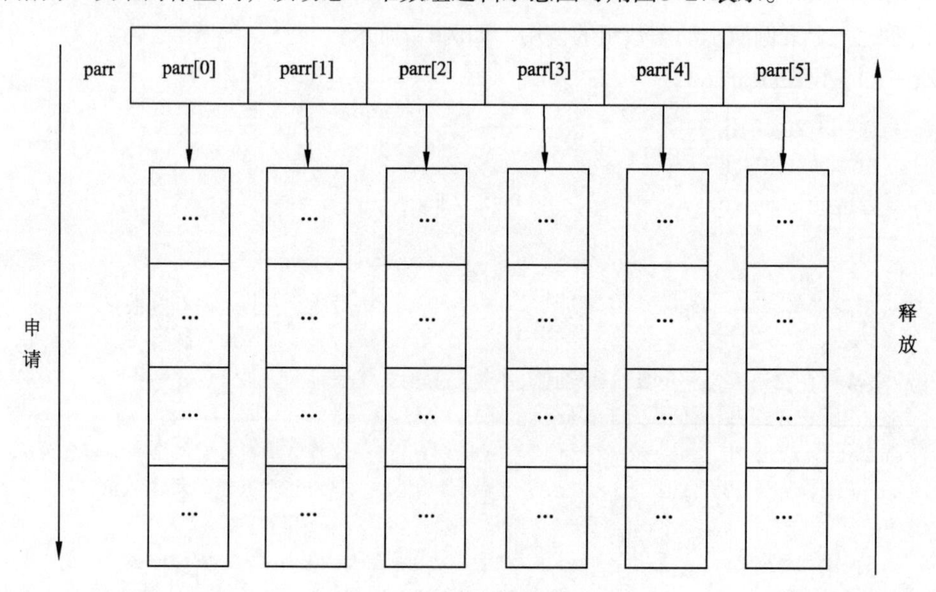


图 6-27　动态二维数组 arr

在图6-27中，parr是一个二维数组，在创建动态二维数组parr时，先创建存储指针的一维数组，即为parr[0]~parr[5]元素申请一段连续内存空间；再创建每个指针指向的一维数组，即为每一行申请连续内存空间。释放内存时，先释放指针parr[0]~parr[5]指向的内存空间，再释放指针parr指向的指针数组的内存空间。如果先释放指针parr指向的空间，则parr[0]~parr[5]指向的空间没有了指针标识，就无法释放，造成内存泄漏。

动态二维数组的创建与使用如例6-8所示。

【例6-8】 dynamicArray2.c

```
1 #include <stdio.h>
2 #include <stdlib.h>
3 int main()
4 {
5     int n1 = 6, n2 = 4;                              //定义两个变量
6     int **parr;                                      //定义一个二级指针
7     //申请一段堆内存空间，存储int*类型的指针
8     parr = (int**)malloc(sizeof(int*) * n1);
9     //使用for循环为每个指针分配一段内存空间
10    for (int i = 0; i < n1; i++)
11        parr[i] = (int*)malloc(sizeof(int) * n2);
12    //使用for循环初始化动态二维数组
13    for (int i = 0; i < n1; i++)
14    {
15        for (int j = 0; j < n2; j++)
16        {
17            parr[i][j] = i;                          //为动态二维数组赋值
18            printf("%3d", parr[i][j]);               //输出元素
19        }
20        printf("\n");
21    }
22    //循环释放指针指向的内存空间
23    for (int i = 0; i < n1; i++)
24        free(parr[i]);
25    free(parr);                                      //释放parr指针的空间
26    return 0;
27 }
```

程序运行结果如图6-28所示。

图 6-28 例 6-8 程序运行结果

在例6-8中，第5行代码定义了两个变量n1和n2，分别用于标识动态二维数组的行和列。第6~8行代码定义了一个二级指针parr，调用malloc()函数申请一块堆内存空间，该空间用于存储n1个int*类型的指针数组的首地址。第10~11行代码，通过for循环调用malloc()函数为指针数组的每一个元素申请一块堆内存空间，这块堆内存空间是元素个数为n2的一维数组；第13~21行代码使用for循环嵌套为动态二维数组赋值并输出元素值。第23~24行代码释放parr[0]~parr[n1-1]指向的空间，即指向二维数组每行所占的内存空间。第25行代码释放parr指向的空间。由图6-28可知，程序成功创建了一个动态二维数组，并成功赋值输出。

需要注意的是，动态二维数组与静态二维数组的内存存储方式并不相同，静态二维数组在栈上是线性存储，但动态二维数组在内存中并不是线性存储的，其每一行是连续的，但行与行之间是不连续的。例6-8中动态二维数组内存空间分布可用图6-29描述。

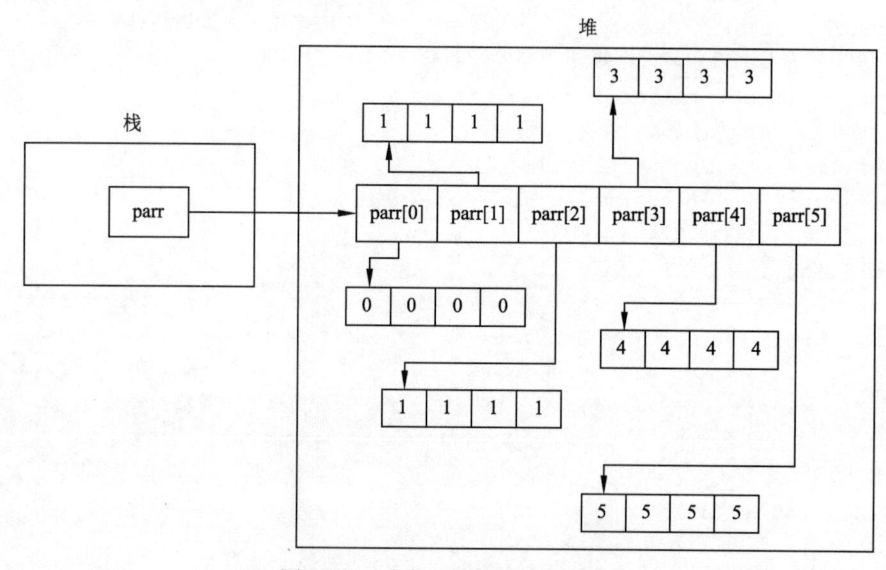


图6-29 动态二维数组内存分布

# 6.9 数组和指针

之前使用到的数组有整型数组、字符型数组或由其他基本数据类型的数据组成的数组。指针变量也是C语言中的一种变量，也可以构成数组。若一个数组中的所有元素都是指针类型，那么这个数组就是指针数组，该数组中的每一个元素都存放一个指针。同样，指针变量不仅可以指向普通变量，也可以指向一个数组，若一个指针变量指向数组，该指针就称为数组指针。数组和指针之间有着千丝万缕的联系，本节将针对数组和指针的相关知识进行详细讲解。

## 6.9.1 数组名和指针

数组名用于记录数组的起始地址，它是一个指针。但它与普通指针又有不同，其值不能更改，即数组名不可以被赋为其他值，只能存储数组的起始地址，由此表明数组名是一个指针常量。

数组名是一个指针常量，它具有指针常量的所有特性，但又具备一些特殊的属性，不能像操作其他指针常量一样操作数组名。有些操作对数组名来说是不合理或非法的，具体如下：

#### 1. 数组与数组不能进行比较操作

例如：

```
int arr1[3] = {1,2,3};
int arr2[3] = {4,5,6};
if(arr1 < arr2){…}                    //不合理操作
```

上述代码定义了两个int类型的数组，使用if条件结构语句对两个数组名进行比较操作。虽然该比较操作不会报错，但这样的操作却不合理。数组名记录的是数组起始地址，两个数组地址比较没有任何意义。

#### 2. 数组与数组不能进行算术运算

例如：

```
int arr1[5] = {5,6,7,8,9};
int arr2[5] = {2,3,4,5,6};
arr1+=arr2;                           //错误操作
```

上述代码中，两个数组名相加就是两个地址相加，是非法的。

#### 3. 使用sizeof运算符计算数组名，无法获取数组名（指针常量）的大小

使用sizeof运算符计算数组名，会得到整个数组所占内存空间的大小，而不是数组名这个指针常量所占的内存空间。例如：

```
int arr[5];
printf("%d\n", sizeof(arr));          //结果为20，不是4
```

#### 4. 对数组名执行取地址运算，结果为数组首地址

数组名是一个特殊的指针，对其执行取地址运算，结果还是数组的起始地址。例如：

```
int arr[6];
printf("%p\n", arr);                  //数组起始地址
printf("%p\n", &arr);                 //数组起始地址
```

上述代码运行后得到同一个地址，即数组起始地址。二维数组名与一维数组名相同，也是一个指针常量，只是二维数组名是一个二级指针常量，对二维数组名执行上述操作得到二维数组起始地址。

### 6.9.2 数组指针

数组指针是指向数组的指针，在C语言中，常用的数组指针为一维数组指针和二维数组指针，下面分别进行介绍。

#### 1. 一维数组指针

数组在内存中占据一段连续的空间，对于一维数组来说，数组名默认保存了数组在内存中的起始地址，而一维数组的第一个元素与一维数组的起始地址是相同的，因此在定义指向数组的指针时，可以直接将数

组名赋值给指针变量，也可以取第一个元素的地址赋值给指针变量。

以int类型数组为例，假设有一个int类型的数组，定义如下：

```
int arr[5]={3,5,4,7,9};
```

指向数组的指针变量的类型与数组元素的类型是相同的，定义一个指向该数组的指针，例如：

```
int *p1 = arr;                //将数组名arr赋值给指针变量p1
int *p2 = &arr[0];            //取第1个元素的地址赋值给指针变量p2
```

上述代码中，指针p1与指针p2都指向数组arr。

数组指针可以像数组名一样，使用索引取值法对数组中的元素进行访问，格式如下：

```
p[索引]                        //索引取值法
```

例如，通过指针p1访问数组arr的元素，代码如下：

```
p1[0]                         //获取数组第1个元素3，相当于arr[0]
p1[1]                         //获取数组第2个元素5，相当于arr[1]
```

数组指针除了通过索引访问数组元素之外，还可以通过取值运算符“*”访问数组元素。例如，通过*p1可以访问到数组的第1个元素。如果访问数组后面的元素，如访问第3个元素arr[2]，则有以下两种方式：

（1）移动指针，使指针指向arr[2]，获取指针指向元素的值，代码如下：

```
p1 = p1+2;                    //将指针加2，使指针指向arr[2]
*p1;                          //通过*运算符获取arr[2]元素
```

在上述代码中，指针p1从数组首地址后移动了2个步长，指向了数组第3个元素。由于数组是一段连续的内存空间，因此指针可以在这段内存空间进行加减运算，在执行p1=p1+2之后，指针p1向后移动，从第1个元素指向第3个元素。其内存图解如图6-30所示。

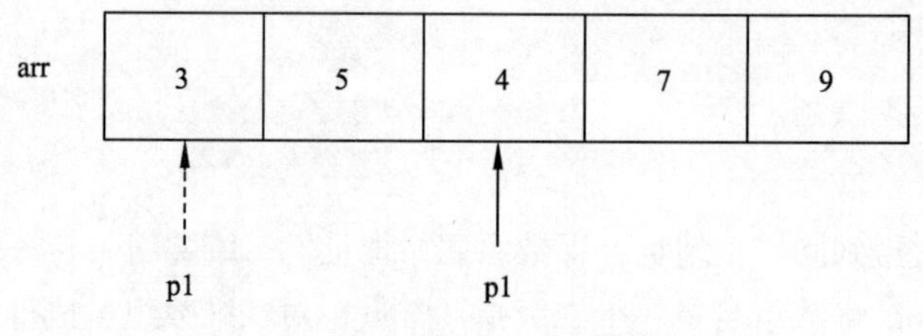


图6-30 移动指针p1访问数组元素

（2）不移动指针，通过数组元素指针间的关系运算取值：

```
*(p1+2)                       //获取元素arr[2]
```

上述代码中，指针p1还是指向数组首地址，以指针p1为基准，取后面两个步长处的元素，即arr[2]，其内存图解如图6-31所示。

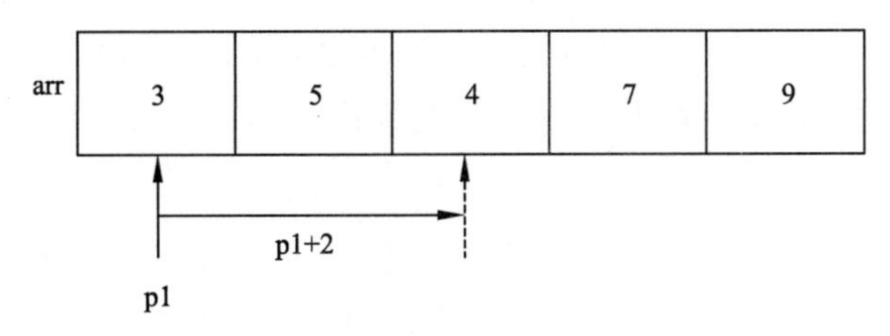


图 6-31　不移动指针 p1 访问数组元素

在图6-31中，指针p1仍旧指向数组起始地址，而在图6-30中，指针p1被移动到了元素4的位置。

当指针指向数组时，指针与整数加减表示指针向后或向前移动整数个元素，同样指针每自增或自减一次，表示向后或向前移动一个元素。当有两个指针分别指向数组不同元素时，两个指针还可以进行相减运算，运算结果为两个指针之间的数组元素个数，其内存图解如图6-32所示。

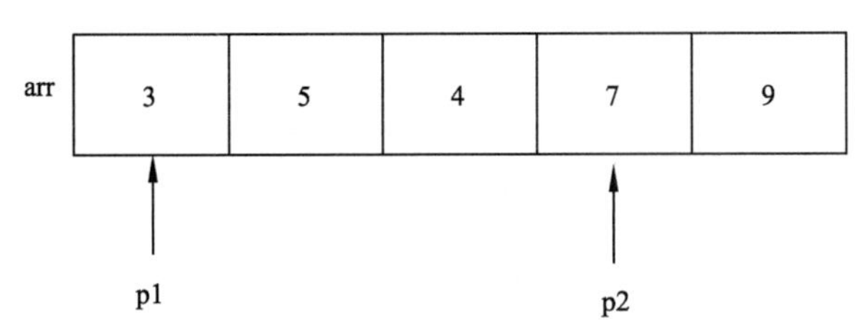


图 6-32　数组指针相减内存图解

在图6-32中，指针p1指向数组首元素，指针p2指向数组第4个元素，则执行p2-p1，结果为3，表示两个指针之间相差3个元素。这是因为指针之间的运算单位是步长，其实p1与p2之间的相差12个字节，即相差3个sizeof(int)。

### 2. 二维数组指针

二维数组指针的定义要比一维数组复杂一些，定义二维数组指针时需指定列的个数，定义格式如下：

```
数组元素类型 (*数组指针变量名)[列数];
```

上述语法格式中，“*数组指针变量名”使用了一个括号括起来，这样做是因为“[]”的优先级高于“*”，如果不括起来编译器就会将“数组指针变量名”和“[列数]”先进行运算，构成一个元素都是指针类型数据的数组，而不是定义指向数组的指针。

假设定义一个2行3列的二维数组arr，代码如下：

```
int arr[2][3] = {{ 1,2,3},{4,5,6 }};
```

按照上述格式定义指向数组arr的指针，代码如下：

```
int (*p1)[3] = arr;             //二维数组名赋值给指针p1
int (*p2)[3] = &arr[0][0];      //取第一个元素的地址赋值给p2
```

上述代码中，指针p1与指针p2都指向二维数组arr，这与一维数组指针赋值方式是相同的，但二维数组的每一行可以看作一维数组，参见图6-24(b)。在数组arr中，arr[0]是个一维数组，表示二维数组的第1行，它保存的也是一个地址，这个地址就是二维数组的首地址，因此在定义二维数组指针时，也可以将二维数组的第1行地址赋值给指针。例如：

```
int (*p3)[3] = arr[0];                //取第一行地址赋值给 p3
```

上述代码中，指针p3也是指向二维数组arr，对p1、p2、p3指针执行取值运算，结果都是二维数组的第1个元素。虽然可以通过多种方式定义二维数组指针，但平常使用最多的还是直接使用二维数组名定义二维数组指针。

使用二维数组指针访问数组元素可以通过索引的方式。例如：

```
p1[0][0];                             //访问第一个元素
```

除此之外，还可以通过移动指针访问二维数组中的元素，但指针在二维数组中的运算与一维数组不同。在一维数组中，指向数组的指针每加1，指针移动步长等于一个数组元素的大小；而在二维数组中，指针每加1，指针将移动一行。以数组arr为例，若定义了指向数组的指针p，则p初始时指向数组首地址，即数组的第1行元素，若执行p+1，则p将指向数组中的第2行元素，其逻辑结构与内存图解如图6-33所示。

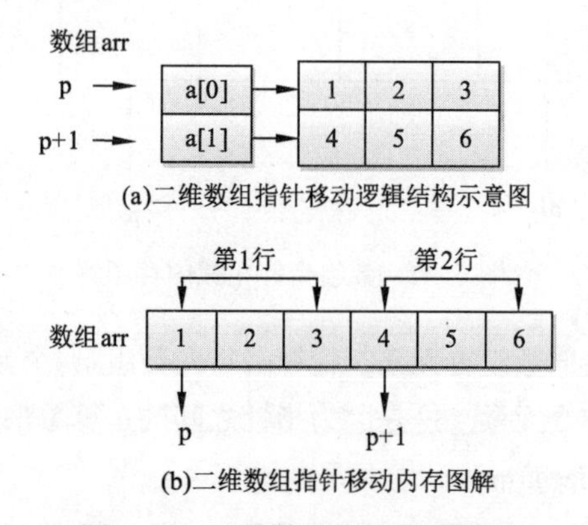


图 6-33　二维数组指针移动图解

由图6-33可知，在二维数组arr中，指针p加1，是从第1行移动到了第2行；在内存中，则是从第1个元素移动到了第4个元素，即跳过了一行（3个元素）的距离。综上所述，二维数组指针每加1，就移动1行。

了解了二维数组指针的移动过程，就可以很容易地通过移动二维数组指针访问二维数组中的元素。例如，通过p访问二维数组arr中的第2行第2列的元素，代码如下：

```
*(p[1]+1)
*(*(p+1)+1)
```

### 6.9.3 指针数组

指针数组就是数组中存储的元素都是指针，即类型相同的指针变量。定义一维指针数组的语法格式如下：

```
类型名 * 数组名[常量表达式];
```

上述语法格式中，类型名表示该指针数组的数组元素指向的变量的数据类型，符号“*”表示数组元素是指针变量。

根据上述语法格式，假设要定义一个包含5个整型指针的指针数组，代码如下：

```
int* parr[5];
```

上述代码定义了一个长度为5的指针数组parr，数组中元素的数据类型都是int*。由于“[]”的优先级比“*”高，数组名parr优先和“[]”结合，表示这是一个长度为5的数组，之后数组名与“*”结合，表示该数组中元素的数据类型都是指针类型。parr数组中的每个元素都指向一个int类型变量。

指针数组的数组名是一个地址，它是指针数组的起始地址，同时也是第一个元素的地址。由于指针数组存储的元素是一个地址，即指针数组名指向一个地址，因此指针数组的数组名实质是一个二级指针。

指针数组在C语言编程中非常重要，为了让读者能够更好地掌握指针数组的应用，下面带领读者使用指针数组处理一组数据。

有一个float类型的数组存储了学生的成绩，其定义如下：

```
float arr[10] = {88.5,90,76,89.5,94,98,65,77,99.5,68};
```

定义一个指针数组str，将数组arr中的元素取地址赋给str中的元素，代码如下：

```
float *str[10];                          //定义一个float类型的指针数组
for(i = 0; i < 10; i++)
{
    str[i] = &arr[i];                    //将arr数组中的元素取地址赋予str数组元素
}
```

上述代码中，首先定义了一个float类型指针数组str，然后使用for循环将arr数组中的元素地址赋给了str数组元素，则数组arr与数组str之间的关系如图6-34所示。

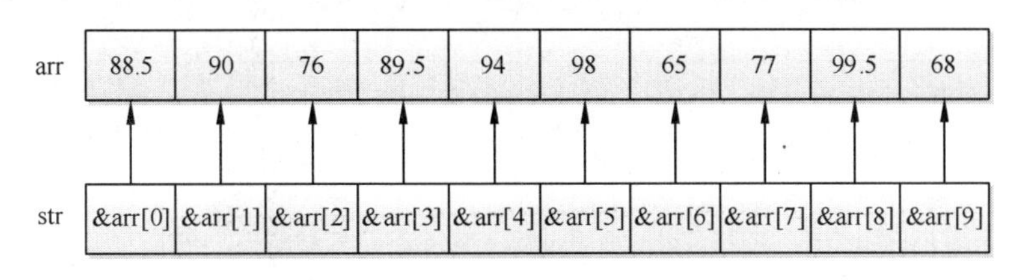


图6-34　数组arr与数组str的关系

指针数组str中存储的是数组arr中的数组元素地址，可以通过操作指针数组str对这一组成绩进行排序，而不改变原数组arr。例如，使用冒泡排序对数组str进行从大到小的排序，代码如下：

```
for(i = 0; i < 10-1; i++)
{
    float *pTm;                          //定义临时指针用于交换
    for(j = 0; j < 10-1-i; j++)
    {
        if(*str[j] < *str[j+1])
```

```
        {
            pTm = str[j];
            str[j] = str[j+1];
            str[j+1] = pTm;
        }
    }
}
```

上述代码使用冒泡排序对指针数组str从大到小排序，在str数组中，每个元素都是一个指针，因此，在比较元素大小时，使用“*”符号取值进行比较。

排序完成之后，数组arr并没有改变，只是指针数组str中的指针指向发生了改变，此时数组str与数组arr之间的关系如图6-35所示。

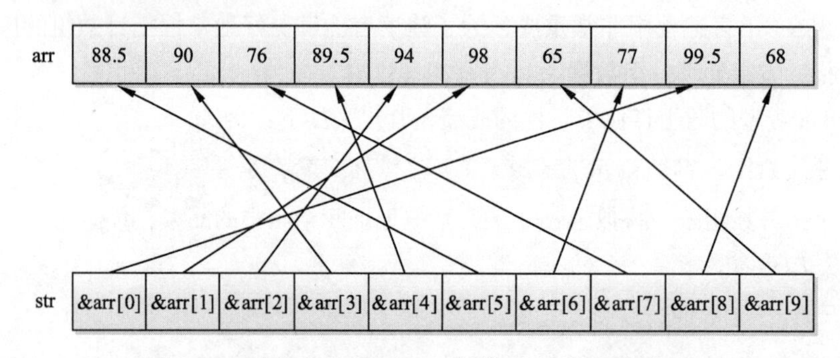


图 6-35　排序完成后数组 str 与数组 arr 之间的关系

当然，如果在排序过程中，不交换指针数组str中的指针，而交换指针指向的数据，则数组arr就会被改变。交换str中指针指向的数据，代码如下：

```
for(i = 0; i < 10-1; i++)
{
    float tpm;                              //定义一个float的类型的临时变量
    for(j = 0; j < 10-1-i; j++)
    {
        if(*str[j] < *str[j+1])             //交换指针指向的数据
        {
            tpm = *str[j];
            *str[j] = *str[j+1];
            *str[j+1] = tpm;
        }
    }
}
```

上述代码在排序时交换了str数组中指针指向的数据，排序完成之后，指针数组str与数组arr之间的关系如图6-36所示。

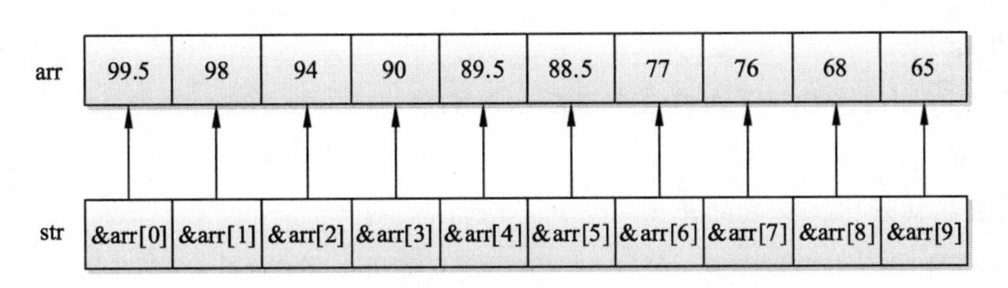

图 6-36　交换 str 数组中指针指向的数据

由图6-36可知，在排序中交换了指针指向的数据，则arr数组改变，而指针数组str中指针的指向并没有改变，但其指向的位置处数据发生了改变，因此指针数组str也相当于完成了排序。

由上述示例可知，使用指针数组处理数据更加灵活，正因如此，指针数组的应用很广泛，特别是在操作后续章节学习的字符串、结构体、文件等数据时应用更加广泛。

# 小　结

本章主要讲解了数组的相关知识，首先讲解了一维数组的相关知识，包括一维数组的定义与初始化、数组三要素及其内存分析、数组遍历与常用的排序方法等；然后讲解了二维数组的相关知识，包括二维数组的定义、初始化、二维数组元素访问、二维数组内存分析等；接着讲解了变长数组与动态数组；最后讲解了数组与指针的相关知识，包括数组名和指针、数组指针、指针数组等。数组是C语言中非常重要的一个知识点，掌握好数组对后面的学习及以后的C语言开发都非常有帮助。

# 习　题

**一、填空题**

1. C 语言中，数组元素索引是从________开始的。
2. 若定义语句 int a[4]={1,2,3,4}，*p；p=&a[2]；则 *--p 的值是________。
3. 阅读下面的代码，*(p+1) 的结果是________。

```
int a[2][3]={1,2,3,4,5,6},**p;
p = a;
```

4. 定义数组 int a[2][3]，则数组 a 中可存放________类型数据。

**二、判断题**

1. 数组可以存放不同类型的数据。（　　）
2. 数组在内存中是连续存储的，因此可以使用 memset() 函数进行初始化。（　　）
3. 数组在初始化时不可以赋值一部分，必须全部初始化。（　　）
4. 数组指针存储的元素是指针类型。（　　）
5. 数组名是数组的起始地址，可以直接赋值给数组类型的指针。（　　）

**三、选择题**

1. 若定义 int a[6]；则以下表达式中不能代表元素 a[1] 地址的是（　　）。

A. &a[0]+1　　B. &a[1]　　C. &a[0]++　　D. a+1

2. 下列数组初始化，正确的是（　　）。(多选)

A. int a[10]=(0,0,0,0)　　B. int a[10]={}

C. int a[]={0}　　D. int a[10]={10*10}

3. 对下列数组定义描述，正确的是（　　）。

```
char s1[] = "abcd";
char s2[] = {'a','b','c','d' };
```

A. 数组 s1 和数组 s2 等价　　B. 数组 s1 和数组 s2 等价

C. 数组 s1 的长度大于数组 s2 的长度　　D. 数组 s1 的长度小于数组 s2 的长度

4. 若定义 int a[][3]={1,2,3,4,5,6,7,8}；则数组的行长度是（　　）。

A. 3　　B. 2　　C. 无法确定　　D. 1

5. 若有定义：int x[5]，*p=x；，则不能代表 x 数组首地址的是（　　）。

A. x　　B. &x[0]　　C. &x　　D. &p

6. 若有定义 int a[2][3],(*p)[3]=a，则对 a 数组元素的正确引用是（　　）。

A. (p+1)[0]　　B. *(*（p+2）+1）

C. *(p[1]+1)　　D. p[1]+2

**四、简答题**

1. 简述对数组三要素的理解。

2. 简述数组指针和指针数组的区别。

**五、编程题**

1. 定义数组 char str[12]={ 'a','b','c','d','e','f'}；将数组中的元素逆序保存到数组 s 并逆序输出。

2. 矩阵转置是线性代数的基本运算，就是将矩阵的行列进行交换，即行变成列，列变成行。要求输入一个四行四列的矩阵，将矩阵转置后输出。

**六、拓展阅读**

高铁拉近城市之间的距离。

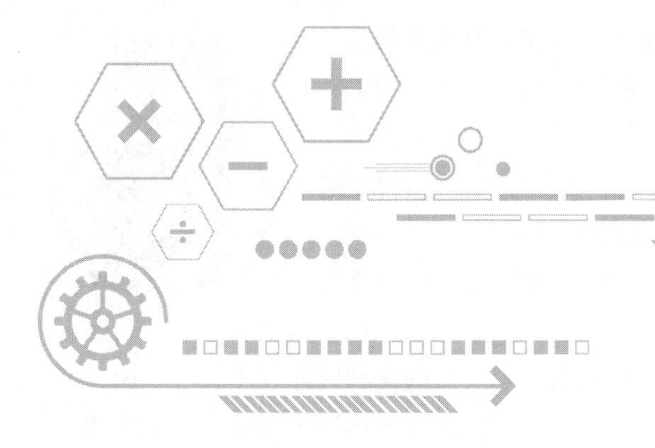

# 第7章 函 数

**学习目标**

- ➢了解函数的概念；
- ➢掌握函数的定义；
- ➢掌握函数的三要素；
- ➢掌握函数的调用过程与调用方式；
- ➢掌握有参数函数调用时的参数传递；
- ➢掌握递归函数；
- ➢了解内联函数；
- ➢掌握变量的作用域；
- ➢掌握多文件之间的变量引用和函数调用；
- ➢掌握函数指针、回调函数与指针函数；
- ➢了解C语言常用的标准库。

通过前面几章的学习，相信大家会编写一些简单的C语言程序了，但是，随着程序功能的增多，main()函数中的代码也会越来越多，导致main()函数中的代码繁杂、可读性太差，维护也变得很困难。此时，可以将功能相同的代码提取出来，将这些代码模块化，在程序需要时直接调用。这就好比组装机器，需要什么直接装上即可。C语言的函数类似于机器的组装部件，它用于实现某些特定的功能，本章将针对函数的相关知识进行详细讲解。

## 7.1 函数的概念

日常生活中解决实际问题时，经常把一个大任务分解为多个较小任务，由多人分工协作完成。用C语言编写程序时也采用类似的方法，当要完成的任务需要编写成千上万行代码时，一般先将任务划分为若干程序模块，每个模块用来实现一个特定的功能；然后再分别实现各个模块；最后将实现的所有模块组成一个完整的程序。这样的思路不仅易于理解、便于操作，而且“好”的模块能够重复使用，可以大量减少编写重复代码的工作量，提高编程效率。

例如，战斗类游戏程序，需要多次发射炮弹、转换方向、统计战绩，那么设计程序时，可以考虑模块化设计，将发射炮弹功能、转向功能、统计战绩功能分别看作是一个模块进行设计，并编写代码实现对应的功能。

如果发射炮弹的动作需要编写100行代码，在每次实现发射炮弹的地方重复编写这100行代码，程序会变得很“臃肿”，可读性也非常差。为了解决代码重复编写的问题，可以将发射炮弹的代码提取出来放在一个{}中，并为这段代码起个名字，这样每次发射炮弹时只需通过这个名字调用发射炮弹的代码即可。上述过程中提取出来用于实现某项特定功能的代码可以看作是程序中定义的一个函数。

在C语言中，函数是最简单的程序模块。函数被视为程序设计的基本逻辑单位，一个C程序是由一个main()函数和若干个其他函数组成的。程序执行从main()函数开始，由main()函数调用其他函数实现相应功能，直到程序结束。

C语言中的函数可分为库函数与自定义函数。库函数由系统提供，在文件头部包含相应的库之后就可以直接调用库中的函数。例如，前面学习的格式化输出/输入函数printf()与scanf()，这两个函数就是库函数，它们定义在标准库stdio.h中。如果文件头部包含stdio.h标准库，那么该文件就可以直接调用库中的函数。自定义函数是用户自行定义的函数，是为了解决用户自己的业务问题。

在C语言中，定义和调用函数时，要注意以下几个问题：

（1）C程序的执行是从main()函数开始的。

（2）一个C程序由一个或多个程序模块组成，每一个程序模块都是一个源程序文件。一个源程序文件由一个或多个函数以及其他有关内容（如指令、数据声明与定义等）组成。

（3）所有函数都是平行的，即函数定义是分别进行的，是互相独立的。一个函数并不从属于另一个函数，即函数不能嵌套定义。

## 7.2 函数的定义

在C语言中，定义一个函数的具体语法格式如下：

```
返回值类型 函数名(参数类型 参数名1,参数类型 参数名2,…,参数类型 参数名n)
{
    执行语句
    …
    return 返回值;
}
```

上述语法格式中，各项的含义如下：

➢ 返回值类型：用于限定函数返回值的数据类型。例如，当函数返回一个int类型的数据时，返回值类型就是int。
➢ 函数名：表示函数的名称，该名称可以根据标识符命名规范来定义。
➢ 参数类型：用于限定函数调用时传入函数中的参数数据类型。
➢ 参数名：函数被调用时，用于接收传入的数据，参数名可以根据标识符命名规范来定义。
➢ return关键字：用于结束函数，将函数的返回值返回到函数调用处。
➢ 返回值：被return语句返回的值，会返回给函数调用者。

根据上述函数定义格式，下面定义一个函数，用于实现两个int类型数据的求和功能，并将求和结果返回给调用者。例如：

```
int add(int a, int b)
{
    int sum;
    sum = a + b;
    return sum;
}
```

上述代码中，add()函数的返回值类型为int，有两个int类型的参数a与b。在函数体内，首先定义了一个int类型的变量sum，然后将参数a与b相加的结果赋值给sum，最后使用return关键字将sum返回。当有调用者调用add()函数时，传入相应的参数值，就会得到相应的求和结果。在main()函数中调用add()函数，具体如例7-1所示。

【例7-1】 add.c

```
1 #include <stdio.h>
2 int add(int a, int b)
3 {
4     int sum;
5     sum = a + b;
6     return sum;
7 }
8 int main()
9 {
10    int ret1 = add(1, 3);       //调用add()函数，传入数据1、3
11    int ret2 = add(5, 6);       //调用add()函数，传入数据5、6
12    int ret3 = add(12, 100);    //调用add()函数，传入数据12、100
13    printf("ret1 = %d\n", ret1);
14    printf("ret2 = %d\n", ret2);
15    printf("ret3 = %d\n", ret3);
16    return 0;
17 }
```

程序运行结果如图7-1所示。

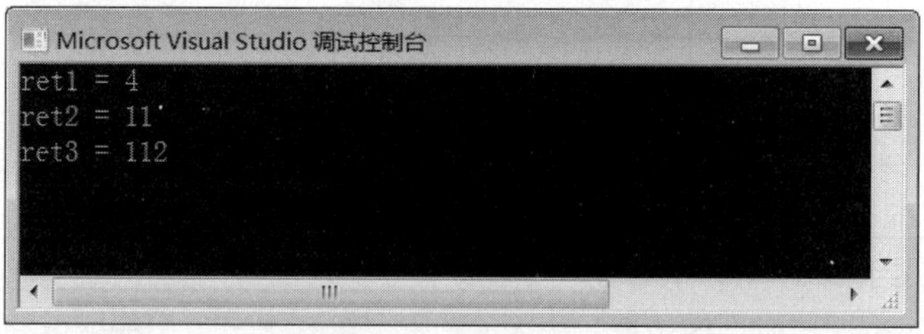

Microsoft Visual Studio 调试控制台

```
ret1 = 4
ret2 = 11
ret3 = 112
```

图 7-1　例 7-1 程序运行结果

在例7-1中，第2~7行代码定义了add()函数；第10~12行代码调用了三次add()函数，每次传入不同的数据，并将结果分别赋值给变量ret1、ret2、ret3。第13~15行代码调用printf()函数将结果输出。由图7-1可知，程序输出结果正确无误，表明add()函数成功调用。

函数不能嵌套定义，即不能在一个函数中再定义另外的函数，错误示例代码如下：

```
int add(int a, int b)                    //定义add()函数
{
   int sum;
   sum = a + b;
   return sum;
   char sub(int x, int y)                //在add()函数内部定义sub()函数，错误
   {
       int sum = x - y;
       return sum;
   }
}
```

另外，需要注意的是，函数的“定义”与“声明”并不是一个意思，“定义”是指对函数功能的确立，函数的定义是一个完整的、独立的函数单位。函数的声明则是把函数名、参数列表、返回值类型通知编译系统，以便在调用时系统按照此声明进行对照检查。通俗的说法，函数定义有函数体，函数声明没有函数体。

在C语言中，函数声明有两种形式，具体如下：

```
返回值类型 函数名(参数类型1 参数名1,参数类型2 参数名2,…,参数类型n 参数名n);
返回值类型 函数名(参数类型1,参数类型2,…,参数类型n);
```

上述两种方式都可以声明函数，第一种声明方式，参数列表有参数类型和参数名；第二种声明方式，参数列表中只有参数类型，没有参数名。有些编程人员喜欢用第二种形式，格式精炼；有些人则更愿意用第一种形式，不易出错，并且用有意义的参数名增加了代码的可读性。

例如，声明例7-1中的add()函数，代码如下：

```
int add(int a,int b);
int add(int, int);
```

# 7.3 函数三要素

当用户调用函数时，需要确定三部分内容：函数名、参数列表、返回值类型，这三部分也称为函数三要素。自定义函数时，同样需要先确定这三部分。本节将针对函数三要素进行详细讲解。

## 7.3.1 函数名

函数名是一个标识符，根据标识符的命名规范定义。在C语言中，函数名不仅仅是一个标识符，它还是一个指针常量，记录了函数代码在内存中的地址。函数代码存储在内存代码区，函数代码的起始地址就是函数的入口地址，这个入口地址就保存在函数名当中。当有调用者调用函数时，函数名负责告诉调用者函数的入口地址，实现函数的调用。

7.2节定义了函数add()，输出add()函数的函数名，其结果是一个地址。例如：

```
printf("%p\n", add);              //输出add()函数代码的存储地址
```

函数名是记录函数入口地址的指针常量，有些操作对函数名是非法的、不合理的，例如，给函数名赋值、比较两个函数名大小、使用sizeof运算符计算函数大小等。在C语言实际开发中，除了调用函数，一般不会将函数名用于其他操作。在此，读者只要了解函数名保存了函数的入口地址即可。

**小提示** 函数名后面的小括号

在书面用语中，函数名后面的小括号不能丢失，例如，add()函数，不能写作add函数。

## 7.3.2 参数列表

在函数的定义格式中，函数中的“(参数类型 参数名1,参数类型 参数名2,…,参数类型 参数名*n*)”称作参数列表，用于描述函数在被调用时需要接收的参数。如果函数不需要接收任何参数，则参数列表为空，这样的函数称为无参函数。相反，参数列表不为空的函数就是有参函数。

### 1. 无参函数

在C语言中，无参函数的定义很简单，先来看一个定义无参函数的示例代码，具体如下：

```
void func()
{
    printf("这是一个无参函数! \n");
}
```

上述示例代码中，func()函数就是一个无参函数，参数列表为空。要想执行这个函数，只需要在main()函数中调用它，具体如例7-2所示。

【例7-2】 noPara.c

```
1 #include <stdio.h>
```

```
2 void func()
3 {
4     printf("这是一个无参函数! \n");
5 }
6 int main()
7 {
8     func();
9     return 0;
10 }
```

程序运行结果如图7-2所示。

图 7-2　例 7-2 程序运行结果

从图7-2可以看出，func()函数被成功调用。在程序中，第2~5行代码定义了一个无参函数func()；第3~5行代码是func()函数的函数体；第8行代码在main()函数中调用该无参函数。

**注意**：定义无参函数时，即便函数参数列表为空，函数名后面的小括号也不能省略。小括号是函数的标识，没有小括号，编译器会报错。

错误示例代码如下：

```
void func                                          //错误，func后面缺少()
{
    printf("这是一个无参函数! \n");
}
```

上述代码中，定义func()函数时省略了小括号，编译器不认为func是一个函数，会提示在后面添加小括号。

**2. 有参函数**

与无参函数相比，定义有参函数时，需要在函数名称后面的括号中填写参数，所谓的参数相当于一个变量，用于接收调用者传入的数据。但是，函数参数在定义时只是一个形式上的变量，并不真实存在，即编译器不会为其分配内存，因此参数列表中的参数名称为形式参数，简称形参。调用有参函数时，调用者会向函数传入具体的数据，这些数据是实际存在的，也称为实际参数，简称为实参。

下面定义一个有参函数swap()，该函数用于实现大小写字母转换，在main()函数中调用swap()函数完成字母大小写转换，具体如例7-3所示。

【例7-3】 swap.c

```
1 #include <stdio.h>
2 char swap(char ch)
```

```
3 {
4     char c;
5     if (97 <= ch && ch <= 122)          //小写英文字母的ASCII码值为97~122
6         c = ch - 32;     //大写英文字母ASCII码值比对应小写字母的ASCII码值小32
7     else if (65 <= ch && ch <= 90)
8         c = ch + 32;
9     else
10        printf("传入的字符不是英文字母!\n");
11    return c;
12 }
13 int main()
14 {
15    char c = swap('a');                 //调用swap()函数,将返回值保存到变量c中
16    printf("%c\n", c);                  //输出转换后的结果
17    return 0;
18 }
```

程序运行结果如图7-3所示。

图7-3　例7-3程序运行结果

在例7-3中，自定义函数swap()是一个有参函数，它有一个参数ch，ch就是形式参数。第15行代码在main()函数中调用swap()函数，传入了字符'a'，则字符'a'就是实际参数。由图7-3可知，程序成功调用了swap()函数将小写字符'a'转换为了大写。

**注意：**形参和实参之间的数据传递是单向的，即只能由实参传递给形参，不能由形参传递给实参。

### 7.3.3　返回值类型

通过前面的讲解可知，函数的返回值是指函数被调用之后，返回给调用者的值。函数返回值的具体语法格式如下：

```
return 表达式;
```

return后面表达式的类型和函数定义返回值的类型应保持一致。如果不一致，就有可能会报错。如果函数没有返回值，可以直接在return语句后面加分号或省略return语句。

**注意：**如果函数没有返回值，函数返回值类型要定义为void。

return语句将函数调用结果返回给调用者，函数调用就结束了，因此return语句的深层含义就是结束函数的执行。在函数体内，无论代码实现多么复杂，只要函数在执行时遇到return语

句，函数执行就会立即结束，return语句后面的代码不会再执行。

下面通过一个案例演示return语句的作用，该案例要求定义一个函数，用于比较两个整数大小并返回较大的数据。如果两个整数相等，则返回0，具体如例7-4所示。

【例7-4】 return.c

```
1 #define _CRT_SECURE_NO_WARNINGS
2 #include <stdio.h>
3 int compare(int x, int y)                      //定义compare()函数
4 {
5    if(x > y)
6        return x;                              //调用return语句
7    else if(x < y)
8        return y;                              //调用return语句
9    else
10       return 0;                              //调用return语句
11 }
12 int main()
13 {
14    int a, b,ret;
15    printf("请输入两个整数：");
16    scanf("%d%d", &a, &b);
17    ret = compare(a, b);
18    printf("%d\n", ret);
19    return 0;
20 }
```

程序运行结果如图7-4所示。

图 7-4　例 7-4 程序运行结果

在例7-4中，第3~11行代码实现了比较两个整数大小的compare()函数，该函数通过if...else if...else选择结构语句比较两个整数大小，如果满足条件就通过return语句返回结果。第14~16行代码，定义了程序需要的变量，并调用scanf()函数从键盘输入两个整数并赋值给变量a、b；第17~18行代码调用compare()函数比较a和b的大小，将返回结果赋值给ret变量，并调用printf()函数输出ret的值。

由图7-4可知，当从屏幕上输入56、48时，返回结果为56。在compare()函数调用过程中，会

先执行第5行代码，满足条件之后执行第6行代码，通过return语句返回较大值，函数调用结束，后面第7~10行代码不再执行。

## 7.4 函数调用

在C语言中，一个良好的应用程序不应在一个函数中实现所有的功能，通常程序由若干功能不同的函数组成，函数之间会存在互相调用的情况。本节将针对函数的调用过程和调用方式进行详细讲解。

### 7.4.1 函数调用过程

程序在编译或运行时调用某个函数以实现某种功能的过程称为函数调用。在C语言程序中，遇到一个函数调用，系统就会跳转到函数内部执行这个函数，执行完毕后再跳转回来接着执行下一条指令。系统在函数调用之前可以保护好当前程序的执行“现场”，去执行函数，函数执行完毕后，再恢复当前程序的执行“现场”，这个过程类似于视频软件中的暂停与播放。

例如，定义一个函数func()，代码如下：

```
int func(int x, int y)
{
   return x+y;
}
```

如果在main()函数中调用func()函数，传入实参3和5，则func()函数的调用过程如图7-5所示。

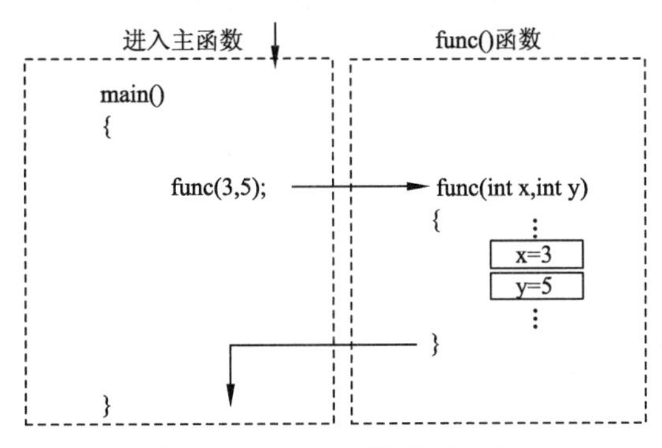


图 7-5　func() 函数调用过程

图7-5描述了func()函数的调用过程，在这个调用过程中，编译器在背后做了很多工作：func()函数代码存储在代码区，编译器根据函数名找到函数入口地址，读取函数代码，根据函数代码在栈上分配相应的内存空间，将函数中的变量、数据、指令等存储在相应的内存区域。例如，func()函数中的形参x和y，编译器会在栈上为x与y分配相应的内存空间，这时x和y由形参变量变成了真正的变量。调用者传入的具体的数据“3”和“5”分别被存储到x和y标识的内存块中，即在函数调用时，形参获取实参的数据（相当于发生了赋值），该数据在本次函数调用中

有效，一旦调用的函数执行完毕，形参的值占用的内存空间就会自动释放。

如果函数中有其他数据、指令等，编译器也会根据上下文环境为其分配适当的内存空间完成计算。函数所有代码执行完毕之后，编译器会收回为函数代码分配的空间，并清理现场，将函数返回结果通过指定的寄存器返回给调用者，调用者获取结果之后继续执行程序。

上面所述只是函数调用的大致过程，函数的调用过程非常复杂，涉及内存管理、汇编、硬件等很多知识，在这里读者只需要了解函数调用大致过程即可，有兴趣的读者可以阅读程序运行原理相关书籍更进一步学习。

### 7.4.2 函数调用方式

函数可以在main()函数中调用，也可以被其他函数调用。在调用函数时，要求实参与形参必须满足3个条件：个数相等、顺序对应、类型匹配。

根据函数在程序中出现的位置，其调用方式可以分为以下4种：

#### 1. 将函数作为表达式调用

将函数作为表达式调用时，函数的返回值参与表达式的运算，此时要求函数必须有返回值。例如：

```
int a=max(10,20);
```

此行代码中，函数max()为表达式的一部分，max()函数的返回值被赋给整型变量a。

#### 2. 将函数作为语句调用

函数以语句的形式出现时，可以将函数作为一条语句进行调用。例如：

```
printf("hello world!\n");
```

此行代码调用了输出函数printf()，此时不要求函数有返回值，只要求函数完成一定的功能。

#### 3. 将函数作为实参调用

将函数作为实参调用时，其实就是将函数返回值作为函数参数，此时要求函数必须有返回值。例如：

```
printf("%d\n",max(10,20));
```

此行代码将max()函数的返回值作为printf()函数的实参来使用。

#### 4. 函数嵌套调用

C语言中函数的定义是独立的，即不能在一个函数中定义另一个函数。但在调用函数时，可以在一个函数中调用另一个函数，这就是函数的嵌套调用。

下面通过一个案例演示函数的嵌套调用，具体如例7-5所示。

【例7-5】 nest.c

```
1 #include <stdio.h>
2 void printArr(int arr[])                    //显示数组元素，函数参数是int类型的数组名
3 {
4     int i;
5     for(i = 0; i < 10; i++)
6     {
7         printf("%3d", arr[i]);
```

```
8      }
9 }
10 void initArr()                                        //数组元素填充
11 {
12     int arr[10], i;
13     for(i = 0; i < 10; i++)
14     {
15         arr[i] = i;
16     }
17     printArr(arr);                                    //调用printArr()函数
18 }
19 int main()
20 {
21     initArr();
22     return 0;
23 }
```

程序运行结果如图7-6所示。

图 7-6　例 7-5 程序运行结果

在例7-5中，第2~9行代码定义了printArr()函数，用于打印数组元素；第10~18行代码定义了initArr()函数，用于初始化数组；在initArr()函数中，第17行代码调用了printArr()函数；在main()函数中，第21行代码调用了initArr()函数。main()函数调用了initArr()函数，initArr()函数调用了printArr()函数，这就是函数嵌套调用。

图7-7所示为例7-5中的函数嵌套调用过程。

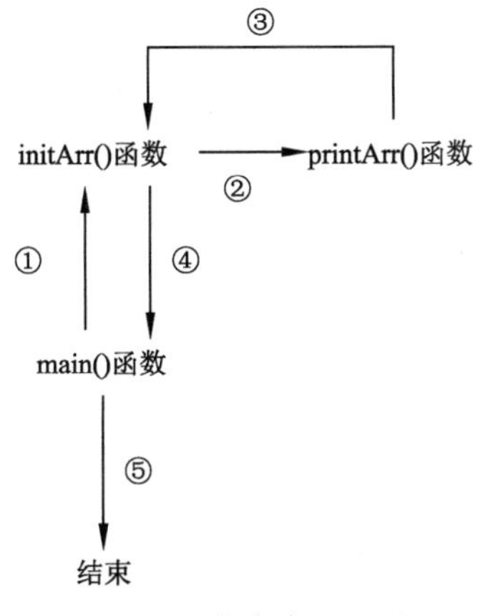


图 7-7　函数嵌套调用过程

图7-7所示为程序中含有3层函数调用嵌套的情形，总共分为5个步骤，具体如下：

① 程序执行main()函数开头部分，遇到函数调用语句，调用initArr()函数，流程转向initArr()函数入口。

② 在initArr()函数体中遇到printArr()函数的调用，流程转向printArr ()函数入口。

③ printArr()函数调用完毕回到initArr()函数调用点。

④ initArr()函数调用完毕，跳转至main()函数部分。

⑤ 继续执行main()函数的剩余部分，直到程序执行结束。

# 7.5 函数的参数传递

调用有参数函数时，最重要的就是参数传递，函数的参数可以是普通变量也可以是指针类型。函数的参数可以被关键字修饰。有时函数的参数并不固定，参数个数是可变的，调用者可以根据需要传递不同个数的参数。总之，在函数调用中，函数参数传递是一个很复杂的过程，本节将针对函数参数的传递进行详细讲解。

## 7.5.1 值传递

函数的形参如果是一个普通变量，实际参数到形式参数的数据传递过程就称为值传递。值传递是将实际参数复制一份副本传递到函数中，在函数内部对参数进行修改，而不会影响到实际参数。

下面通过一个案例演示函数参数的值传递，具体如例7-6所示。

【例7-6】 value.c

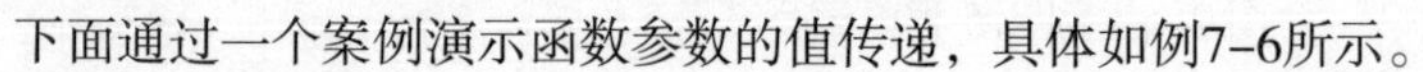

```
1 #include <stdio.h>
2 void func(int a,int b)                    //函数功能：交换两个整型数据
3 {
4     int temp;
5     temp = a;
6     a = b;
7     b = temp;
8     printf("a=%d b=%d\n", a, b);          //输出交换之后的数据
9 }
10 int main()
11 {
12    int x = 10, y = 20;                   //定义实际参数
13    func(x, y);                           //调用func()函数
14    printf("x=%d y=%d\n", x, y);          //输出main()函数的实际参数变量
15    return 0;
16 }
```

程序运行结果如图7-8所示。

```
Microsoft Visual Studio 调试控制台
a=20 b=10
x=10 y=20
```

图 7-8　例 7-6 程序运行结果

在例7-6中，第2~9行代码定义了一个函数func()，该函数有两个参数a和b，在函数内部交换两个参数的值，并打印输出交换后的变量值。第12行代码在main()函数中定义了两个变量x和y，其值分别为10和20。第13行代码调用func()函数，并将变量x、y作为参数传递给func()。第14行代码打印变量x、y的值。由图7-8可知，func()函数中变量a、b的值交换成功，而main()函数中变量x、y的值并没有交换。

在值传递过程中，实际参数在栈中有独立的内存空间，形式参数变量在栈中也有独立的内存空间，将实际参数传递给形式参数，就是用实际参数的值初始化形式参数变量，在形式参数内存中改变这个数值，实际参数不会受到影响。例如，在例7-6中，调用func()函数时，编译器会在栈中为参数a、b分别分配一块内存空间，然后用变量x和y的值初始化变量a和b，在func()函数内部交换a、b的值，变量x、y的值并不受影响。形参变量a、b与实参变量x、y在内存中的状态如图7-9所示。

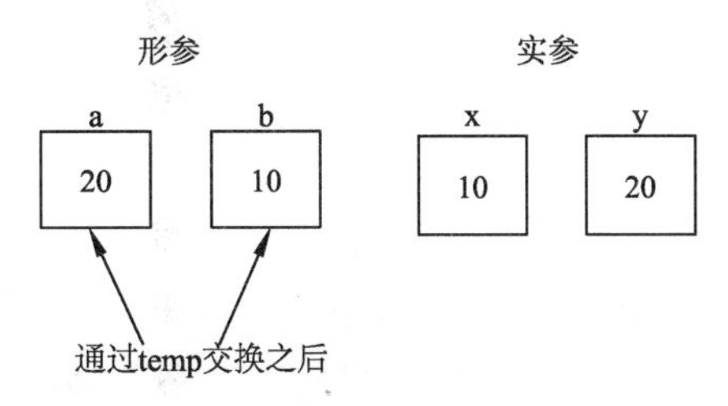


图 7-9　形参变量 a、b 与实参变量 x、y 在内存中的状态

### 7.5.2　址传递

在函数调用过程中，并非所有传入函数的参数都不需要改变，但是仅仅依靠值传递，无法实现在函数内部更改函数参数。为此，可以通过传递地址，使形参和实参都指向主调函数中数据所在的内存，从而使被调函数可以对调用函数中的数据进行更改操作。

与值传递不同，地址传递的是变量的地址，函数形式参数与实际参数指向同一块内存地址，即都指向实际参数所在的内存空间。在函数中通过地址修改变量的值，就是修改实际参数的值。下面修改例7-6，将func()函数的形参类型修改为int*类型，再次在main()函数中调用，具体如例7-7所示。

【例7-7】 addr.c

```
1 #include <stdio.h>
2 void func(int *a,int *b )                    //参数类型为int*类型
3 {
```

```
4     int temp;
5     temp = *a;                                   //通过指针修改变量的值
6     *a = *b;
7     *b = temp;
8     printf("*a=%d *b=%d\n", *a, *b);             //输出交换之后的数据
9 }
10 int main()
11 {
12    int x = 10, y = 20;
13    func(&x, &y);                                //调用func()函数，传递变量地址
14    printf("x=%d y=%d\n", x, y);                 //输出main()函数中的变量
15    return 0;
16 }
```

程序运行结果如图7-10所示。

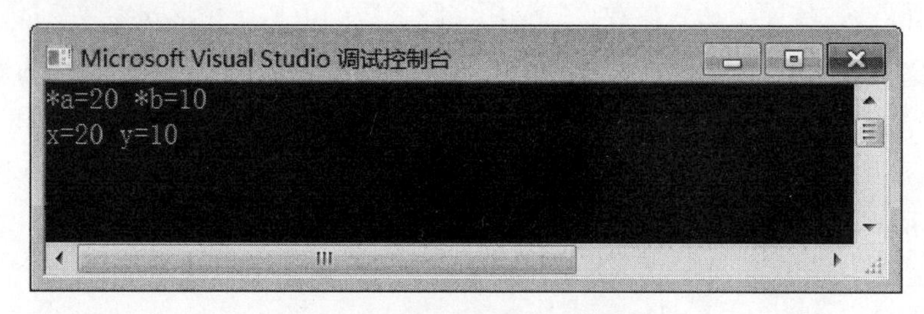


图 7-10　例 7-7 程序运行结果

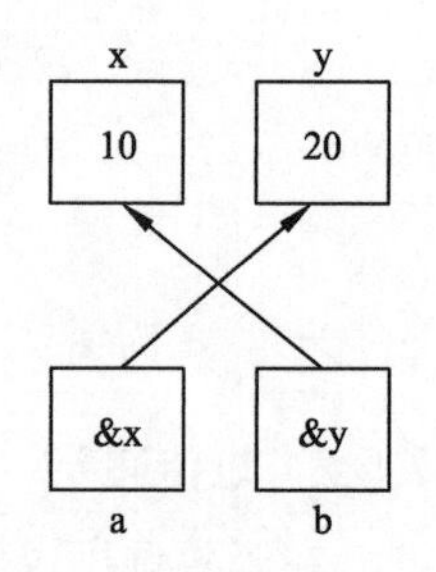


图 7-11　址传递过程

在例7-7中，第2~9行代码定义了func()函数，它有两个int*类型的形式参数，在func()函数内部，交换指针a和指针b指向的内存空间的数据；第13行代码，在main()函数中调用func()函数，并将变量x、y的地址传递给func()函数；第14行代码输出变量x、y的值。由图7-10可知，指针a和指针b指向的数据交换成功，变量x、y的数据也进行了交换。

址传递过程相当于定义一个指向变量的指针，通过指针操作变量，变量的值就会发生改变。图7-11所示为例7-7中地址传递的过程。

### 7.5.3 const修饰参数

有时在定义函数时，在函数内部，只想让参数参与某种运算，不想改变参数的值，这时可以使用const关键字修饰形式参数。例如，定义一个函数：void even(int num)，用于判断传入的整数是否是偶数，但在函数内部并不想参数num发生任何改变，这时可以使用const关键字修饰num。下面通过一个案例演示const修饰参数的使用，具体如例7-8所示。

【例7-8】 const.c

```
1 #define _CRT_SECURE_NO_WARNINGS          //关闭安全检查
2 #include <stdio.h>
3 void even(const int num )                //使用const修饰num
```

```
4 {
5     if (num % 2 == 0)
6         printf("%d是偶数! ",num);
7     else
8         printf("%d是奇数!",num);
9 }
10 int main()
11 {
12    int n;
13    printf("请输入一个整数: ");
14    scanf("%d", &n);
15    even(n);
16    return 0;
17 }
```

程序运行结果如图7-12所示。

图7-12　例7-8程序运行结果

在例7-8中，第3~9行代码定义了even()函数，用于判断传入的数据是奇数还是偶数；第12~14行代码定义整型变量n，并调用scanf()函数从键盘读取数据赋值给变量n；第15行代码调用even()函数，将n作为参数传入函数。由图7-12可知，当输入11时，even()函数判断11是奇数。

在even()函数中，参数num被const关键字修饰，则num在even()函数内部不能被更改，否则编译器会报错。在even()函数中修改num的值，代码如下：

```
void func(const int num )                       //使用const修饰num
{
    num += 10;                                   //修改num的值
    if (num % 2 == 0)
        printf("%d是偶数! ",num);
    else
        printf("%d是奇数!",num);
}
```

再次在main()函数中调用even()函数，编译器会报错，如图7-13所示。

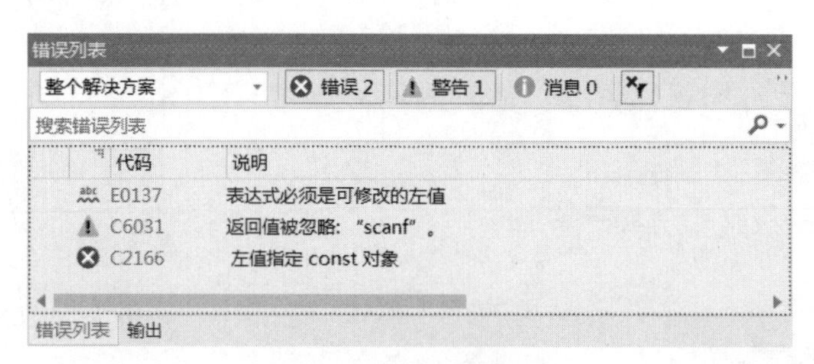


图 7-13　编译器报错

由图7-13可知，num被const关键字修饰，是不可更改的。但是const修饰的变量，虽然无法通过变量本身修改其值，却可以通过指针进行修改。定义一个指向num的指针，通过指针可以修改num的值，代码如下：

```
int *p = &num;                  //定义指向num的指针
*p += 10;                       //通过指针改变num的值
```

### 7.5.4 可变参数函数

可变参数函数顾名思义是参数可变的函数，参数可变是指参数的数量可变。前面章节使用过的可变参数函数，最经典的就是printf()函数与scanf()函数，它们可以根据用户的需要传入数量不等的参数。

除了库函数，C语言还允许用户自定义可变参数函数。定义可变参数函数时，第一个参数是固定强制的int类型，用于指定参数个数；定义好固定参数之后，再定义可选参数，可选参数使用3个点号（…）表示。

定义可变参数需要包含stdarg.h标准库文件，该标准库定义了实现可变参数函数需要的变量和宏。下面分步骤介绍C语言可变参数函数的定义。

（1）在程序顶部包含stdarg.h标准库文件。

（2）定义函数，指定固定的参数，最后一个参数用省略号表示。

（3）在函数中定义一个va_list类型变量，该类型在stdarg.h中定义。

（4）使用int类型参数（参数个数）和宏va_start初始化va_list变量，使其成为一个参数列表。宏va_start在stdarg.h标准库文件中定义。

（5）使用宏va_arg和va_list变量访问参数列表中的每一项。

（6）使用宏va_end清理va_list变量的内存。

根据上述步骤，定义一个可变参数函数，具体如例7-9所示。

【例7-9】 var.c

```
1 #include <stdio.h>
2 #include <stdarg.h>
3 void func(int n, ...)          //定义可变参函数
4 {
5     va_list valist;            //定义va_list类型变量
6     va_start(valist, n);       //宏va_start和参数n初始化valist为参数列表
```

```
7     for (int i = 0; i < n; i++) //通过for循环访问参数列表
8         printf("%d", va_arg(valist, int)); //访问到每一个参数后将其输出
9     va_end(valist);                  //使用宏va_end清理valist的内存
10 }
11 int main()
12 {
13    func(1,1);                       //调用func()函数，传入2个参数
14    printf("\n");
15    func(2, 6, 9);                   //调用func()函数，传入3个参数
16    printf("\n");
17    func(3, 100, 24, 88);            //调用func()函数，传入4个参数
18    printf("\n");
19    return 0;
20 }
```

程序运行结果如图7-14所示。

图 7-14　例 7-9 程序运行结果

在例7-9中，第3~10行代码定义了可变参数函数func()，在func()中，参数n是固定的参数，用于指定后面可变参数的个数。第13~18行代码分别传入不同个数的参数来调用func()函数，第13代码调用func()函数，传入2个参数，第一个参数1表示有一个可变参数，第二个参数1为实际参数；第15行代码调用func()函数，传入3个参数，2表示有两个可变参数，6和9是实际可变参数；第17行代码有4个参数，第一个参数3表示有三个可变参数，100、24、88是实际可变参数。由图7-14可知，三次函数调用均成功。

需要注意的是，调用可变参数函数时，传入的参数会存储在可变参数列表中，函数从参数列表中获取每一个参数参与运算，该参数列表实质上就是一个动态数组，使用完毕后，需要使用宏va_end进行释放，否则会造成内存泄漏。

### 多学一招 带参数的main()函数

前面使用的main()函数都是无参的，实际上main()函数是一个可变参数函数。main()函数是程序的入口，通常用来接收来自系统的参数。带参数main()函数的完整定义方式有以下两种:

```
int main(int argc, char *argv[]);
```

或

```
int main(int argc, char **argv);
```

从上述代码中可以看出，main()函数有两个参数，argc参数表示在命令行中输入的参数个数，argv参数是字符串指针数组，其各元素值为命令行中各字符串的首地址。数组第一个元素指向当前运行程序文件名的字符串。指针数组的长度即为参数个数，数组元素初值由系统自动赋予。

假设有一个main.exe程序，在命令行中输入命令main.exe arg1 arg2 arg3来调用该程序，程序中main()函数的形参argc被赋值为4，形参argv指向长度为4的指针数组，该指针数组存入了指向4个字符串的指针，这4个字符串分别是"main.exe"、"arg1"、"arg2"和"arg3"。

为了让读者更好地掌握main()函数参数传递的使用方法，接下来通过一个具体案例演示带参main()函数的调用，如例7-10所示。

【例7-10】 show_args.c

```
1 #include <stdio.h>
2 int main(int argc, char *argv[])      //带参main()函数
3 {
4     int i = 0;
5     printf("程序的参数列表如下：\n");
6     for (i = 0; i < argc; i++)         //使用for循环输出参数列表的参数值
7     {
8        printf("%s", argv[i]);
9     }
10    return 0;
11 }
```

需要注意的是，main()函数接收的参数是系统参数。使用Visual Studio 2019传递系统参数的方法如下：在菜单栏中选择“项目”→“show_args属性”命令，弹出“show_args属性页”对话框，如图7-15所示。

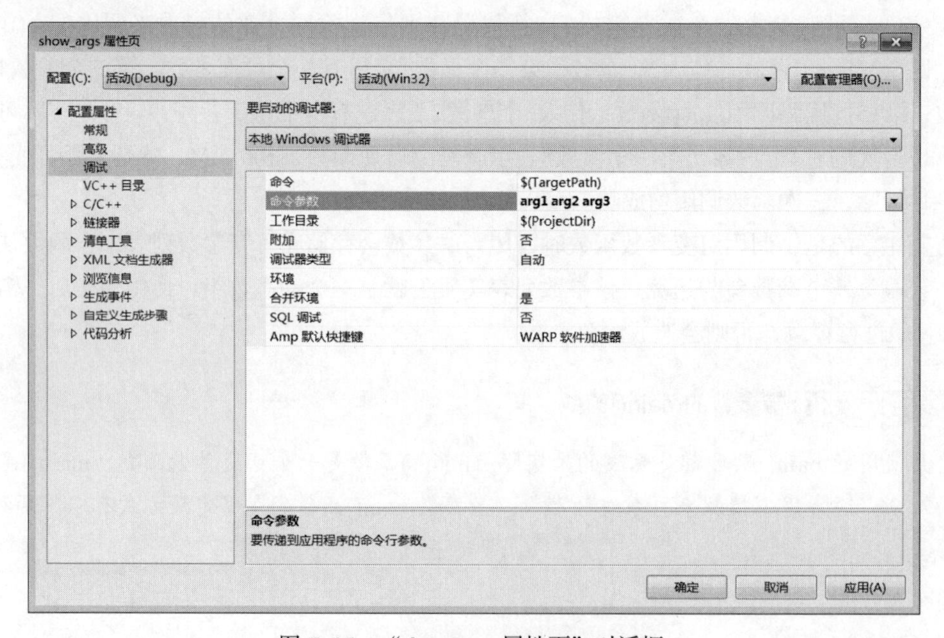


图 7-15 “show_args 属性页”对话框

在图7–15中，单击左侧栏中的“调试”选项，在右侧栏“命令参数”后面的空格中输入要传递的参数：arg1、arg2、arg3，参数之间用空格隔开。参数输入完毕，单击下方的“确定”按钮。

运行例7–10程序，结果如图7–16所示。

图 7–16 例 7–10 程序运行结果

从图7–16中可以看出，在控制台运行程序后，输出的第一个参数为当前运行文件的文件名，后面为输入的系统参数。关于main()函数中的参数，读者只需要了解即可。

# 7.6 递归函数

在前面几节的学习中，函数的调用一般都是借助main()函数调用其他函数，或者其他函数相互调用。其实，函数也可以调用本身，函数直接或者间接调用函数本身，这样的函数称为递归函数。本节将针对递归函数进行详细讲解。

扫一扫

## 7.6.1 递归函数的概念

一种计算过程，如果其中每一步都要用到前一步或前几步的结果，这个计算就是可递归的。用递归过程定义的函数，称为递归函数。在数学运算中，经常会遇到计算多个连续自然数之间的和的情况，例如，要计算1~n之间自然数之和，就需要先计算1加2的结果，用这个结果加3再得到一个结果，用新得到的结果加4，依此类推，直到用1~(n–1)之间所有数的和加n，就得到了1~n之间的自然数之和。

在程序开发中，要想完成上述功能，除了使用循环，还可以通过函数的递归调用实现。所谓递归调用就是函数内部调用本身的过程。定义计算1~n之间自然数之和的递归函数，代码如下：

```
int getsum(int n)
{
    int sum=0;
    sum = getsum(n - 1);              //调用函数本身
    return sum + n;                   //返回sum+n结果，即getsum(n-1)+n结果
}
```

上述代码定义了getsum()函数，用于计算1~n自然数之和，在函数内部定义了变量sum，并在函数内部调用了函数本身，将求和结果赋值给sum。需要注意的是，getsum()函数的参数为n，在函数内部调用本身时，函数参数为n–1，它表明先计算1~(n–1)之间的自然数之和，最后将

（sum+n）的结果返回，这就完成了1~n自然数求和。

定义好getsum()函数之后，在main()函数中调用，系统却抛出“栈溢出”异常，仔细分析程序发现，getsum()函数是一个无止境的函数调用，即没有调用结束条件。例如，传入参数4，计算getsum(4)时，函数会先计算getsum(3)；计算getsum(3)时会先计算getsum(2)……该过程如图7–17所示。

getsum(4)
sum = getsum(3)
sum = getsum(2)
sum = getsum(1)
sum = getsum(0)
sum= getsum(-1)
⋮

图 7–17　getsum(4) 无止境递归过程

由图7–17可知，getsum()函数会从4开始递减，一直递归调用下去，因为函数调用开销较大，很快就会占满栈内存，造成栈溢出导致程序崩溃。程序是求算1~n之间的自然数之和，应当在n递减至1时就停止函数递归调用。如果没有停止条件，递归就是一个内存开销较大的无限循环。由此可以得出，递归函数要满足两个条件：

（1）函数调用本身，且每一次调用本身时，必须是（在某种意义上）更接近于解。

（2）递归必须有结束条件。

通过上述分析，可以修改getsum()函数的定义，添加终止条件，具体如例7–11所示。

【例7–11】 getsum.c

```
1 #include <stdio.h>
2 int getsum(int n)
3 {
4     if (n == 1)                      //终止条件：n=1
5         return 1;                    //n=1时，和为1
6     int temp = getsum(n - 1);        //调用函数本身
7     return temp + n;                 //返回sum+n结果，即getsum(n-1)+n结果
8 }
9 int main()
10 {
11     int sum = getsum(4);            //调用递归函数，获得1~4的和
12     printf("sum = %d\n",sum);       //打印结果
13     return 0;
14 }
```

程序运行结果如图7–18所示。

图 7–18　例 7–11 程序运行结果

在例7-11中，第2~8行代码定义了getsum()函数；第11行代码调用getsum()函数计算1~4之间的自然数之和，并赋值给变量sum。第12行代码调用printf()函数输出sum的值。由图7-18可知，调用getsum()函数计算的1~4之间的自然数之和为10。

在本例中，getsum()函数添加了递归结束条件：n=1，当n从4递减至1时，函数递归结束。下面结合例7-11代码分析getsum(4)的递归调用过程。

（1）n=4，getsum(4)=temp+4=getsum(3)+4。

（2）n=3，getsum(3)=temp+3=getsum(2)+3。

（3）n=2，getsum(2)=temp+2=getsum(1)+2。

（4）n=1，getsum(1)=1，即temp值为1。

递归到n=1时，getsum(1)值为1，将上述过程反推，如下所示：

（1）getsum(2)=getsum(1)+2=1+2=3。

（2）getsum(3)=getsum(2)+3=3+3=6。

（3）getsum(4)=getsum(3)+4=6+4=10。

最终得出1~4之间的自然数之和为10。由于函数的递归调用过程比较复杂，下面通过一个图例来分析整个调用过程，如图7-19所示。

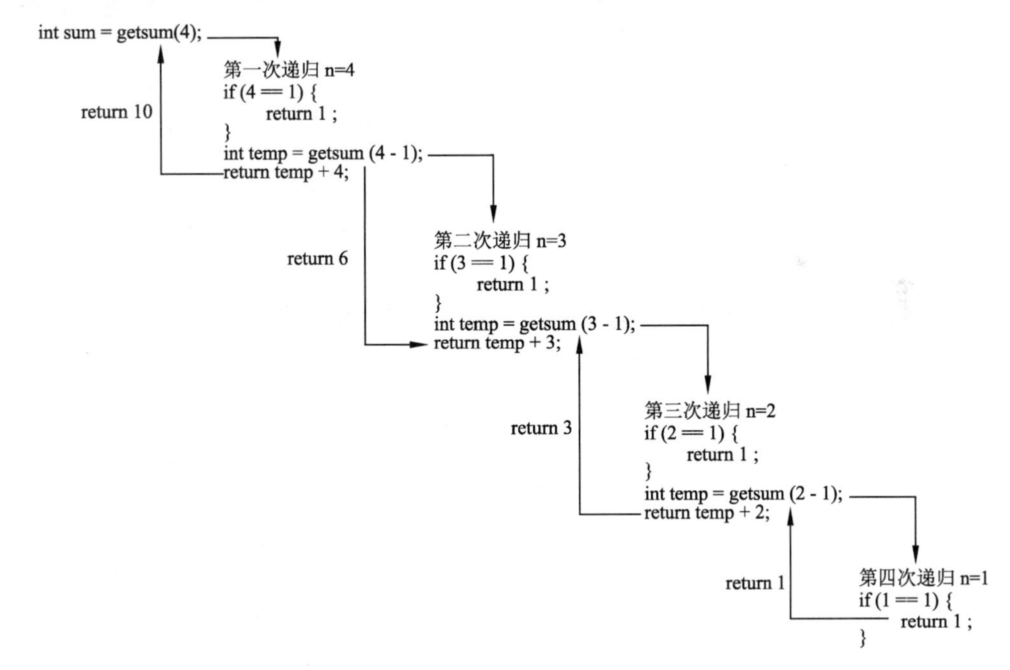


图 7-19 getsum(4) 递归调用

图7-19所示为递归调用的过程，整个递归过程中getsum()函数被调用了4次，每次调用时，n的值都会递减。当n的值为1时，所有递归调用的函数都会以相反的顺序相继结束，所有的返回值会进行累加，最终得到的结果为10。

### 7.6.2 递归函数的应用

递归在C语言开发中并不常用，但有些数学问题，使用递归解决非常简单方便。递归是建立在数学计算基础之上的，要求本次计算结果与上一次计算结果相关联，数学中的连加、阶乘等问题，都可以使用递归解决。与循环相比，递归代码更简洁，但却难以理解，而且递归效率要低于循环。

为了增加读者对递归函数地理解与掌握，下面通过一个案例——汉诺塔，更深入地学习递归函数。汉诺塔是一个可以使用递归解决的经典问题，有三根柱子，一根柱子从下往上按照从大到小的顺序摞着64个圆盘，把圆盘从下面开始按照从大到小的顺序重新摆放在另一根柱子上，并规定，在移动过程中，小圆盘上不能放大圆盘，三根柱子之间一次只能移动一个圆盘。问：一共需要移动多少次，才能按照要求移完这些圆盘？三根金刚柱子与圆盘摆放方式如图7–20所示。

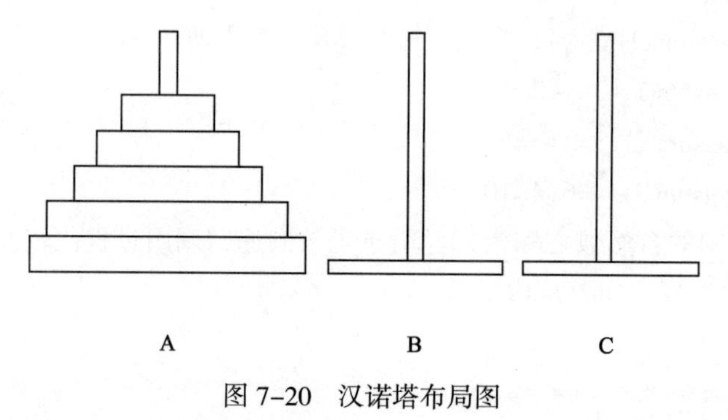


图 7–20　汉诺塔布局图

下面做一下推算，假设有$n$个圆盘，移动次数是$f(n)$。

（1）当$n = 1$时，只需要将圆盘从A座移动到C座，$f(1) = 1$。

（2）当$n = 2$时，将上面的圆盘移动到B座，A座上第二个圆盘移动到C座，B座上的圆盘再移动到C座，则$f(2) = 3$。

（3）当$n = 3$时，将A座上第一个圆盘移动到C座，第二个圆盘移动到B座，C座上的圆盘移动到B座，A座上的圆盘移动到C座，B座上的第一个圆盘移动到A座，第二个圆盘移动到C座，A座上的圆盘移动到C座，一共移动了7次，$f(3) = 7$。

……

依此类推，可以得出规律：$f(n)=2*f(n-1)+1$。

在汉诺塔移动过程中，每一次计算结果都与上一次计算结果有关，可以定义递归函数实现结果计算，如例7–12所示。

【例7–12】 hanoi.c

```
1 #define _CRT_SECURE_NO_WARNINGS        //关闭安全检查
2 #include <stdio.h>
3 int hanoi(int n)
4 {
5     //如果只有一个圆盘，那么只需移动一次即可
6     if(n == 1)
7         return 1;
8     else
```

```
9          return 2 * hanoi(n - 1) + 1;  //当n >= 2时, f(n) = 2f(n - 1) + 1
10 }
11 int main()
12 {
13     int n, num;
14     printf("请输入汉诺塔的圆盘个数: ");
15     scanf("%d", &n);
16     num = hanoi(n);
17     printf("%d个圆盘共需移动 %d 次\n", n, num);
18     return 0;
19 }
```

程序运行结果如图7–21所示。

图 7–21　例 7–12 程序运行结果

在例7–12中，第3~10行代码定义了递归函数hanoi()；第13~15行代码定义了两个变量n和num，并调用scanf()函数从键盘输入一个整数赋值给变量n；第16行代码调用hanoi()函数，将变量n作为参数传递，计算n个圆盘的移动次数，并将结果赋值给变量num。第17行代码调用printf()函数输出num的值。由图7–21可知，当输入10时，10个圆盘的移动次数为1 023次。这是一道典型的函数递归调用问题，推算出上下结果之间的规律，利用函数调用本身解决问题。

## 7.7 内联函数

函数的调用有利于代码重用，提高效率，但有时频繁地调用函数会增加时间与空间的开销反而造成效率低下。因为调用函数是将程序执行顺序从函数调用处跳转到函数所在内存中的入口地址，将调用现场保留，跳转到函数入口地址执行函数，函数调用结束后再回到调用现场，所以频繁地函数调用会增加程序开销。

为了解决这个问题，C语言提供了内联（inline）函数，在编译时将函数体嵌入到函数调用处。内联函数其实只是在函数定义前面加上inline关键字，其格式如下：

```
inline 返回值类型  函数名(参数列表)
{
    函数体;
}
```

上述格式中，inline是定义内联函数的关键字，这样就将函数定义成了内联函数，当调用内联函数时，编译器就会把该函数体代码插入到调用位置，省去了函数调用的开销。内联函数只是在定义时加上inline关键字，在调用时与普通函数相同。下面通过一个案例演示内联函数的调用，具体如例7-13所示。

【例7-13】 inline.c

```
1 #include <stdio.h>
2 inline void func()                          //内联函数
3 {
4     printf("这是一个内联函数\n");
5     //其他功能代码
6 }
7 int main()
8 {
9     func();                                 //调用内联函数func()
10    return 0;
11 }
```

程序运行结果如图7-22所示。

图7-22　例7-13程序运行结果

在编译时，编译器看到func()函数是一个内联函数，就会将func()函数代码插入到func()函数的调用处，编译后的代码如下：

```
int main()
{
   printf("这是一个内联函数\n");
   return 0;
}
```

内联函数虽然节省了开销，但是过多的内联函数又会造成代码膨胀，因此一般都将结构简单、语句少的函数定义为内联函数，内联函数中不可以包含复杂的控制语句。递归函数不可以定义成内联函数。

**注意**：inline只是建议编译器将函数嵌入到调用处，但在实际编译过程中，编译器会根据函数的长度、复杂度等自行决定是否把函数作为内联函数来调用。

# 7.8 变量作用域

通过前面的学习可知，变量既可以定义在函数内，也可以定义在函数外。定义在不同位置的变量，其作用域也是不同的。C语言中的变量，按作用域范围可分为局部变量和全局变量。

## 7.8.1 局部变量

定义在函数内部的变量称为局部变量，这些变量的作用域仅限于函数内部，函数执行完毕之后，这些变量就失去作用。假设有如下一段代码：

```
int fun()
{
    int a = 10;           //func()函数中的局部变量
    return a;
}
int main()
{
    int a = 5;            //main()函数中的局部变量
    int b = fun();
    printf("a = %d,b = %d\n",a,b);
    return 0;
}
```

在该段代码中，main()函数和fun()函数中都有一个变量a，这两个变量都是局部变量，main()函数中变量a的作用域为main()函数范围，fun()函数中变量a的作用域为从func()函数被调用处到调用结束。所以，此段代码输出的结果为：a=5，b=10。

{}可以起到划分代码块的作用，假设要在某一个函数中使用同名的变量，可以用{}进行划分。例如，在main()函数中定义了两个同名变量：

```
int main()
{
    //代码段1
    {
        int a = 10;                    //作用域在本代码块内，即它所属的{}范围
        printf("a = %d\n",a);
    }
    //代码段2
    {
        int a = 5;                     //作用域在本代码块内，即它所属的{}范围
        printf("a = %d\n",a);
    }
```

```
    return 0;
}
```

上述代码中，变量a定义了两次，但是每次都定义在由大括号划分的代码段中，因此此段程序可以正常运行，输出的结果为：a=10，a=5。每个代码段中的a都从定义处生效，到本代码块的“}”处失效。

### 7.8.2 全局变量

扫一扫

在所有函数（包括main()函数）外部定义的变量称为全局变量，它不属于某个函数，而是属于源程序，因此全局变量可以被程序中的所有函数共用，它的有效范围为从源程序定义开始处到源程序结束。

若在同一个文件中，局部变量和全局变量同名，则全局变量会被屏蔽，在程序的局部使用局部变量保存数据。例如：

```
int a = 10;                                  //全局变量a
int main()
{
    {
        int a = 5;                           //局部变量a
        printf("a = %d",a);                  //全局变量a被屏蔽
    }                                        //局部变量a失效
    printf("a = %d\n",a);                    //全局变量a生效
    return 0;
}                                            //全局变量a失效
```

以上代码中，全局变量a从定义处开始生效，直到程序运行结束才失效，在main()函数内部的{}代码段中，全局变量a被main()函数中的局部变量a屏蔽，局部变量a生效；在{}代码段外部，全局变量a生效。

## 7.9 多文件之间变量引用与函数调用

前面关于变量的引用、函数的调用都是在同一个源文件中实现的，但是在实际开发中，项目功能大多比较复杂，一个源文件不可能实现全部代码，大而复杂的项目通常划分成多个模块，在多个源文件中实现。当一个程序由多个源文件组成时，避免不了要引用其他源文件中的变量、调用其他源文件中的函数。跨文件的变量引用和函数调用与同一个源文件中的相互调用是有区别的。本节将针对多文件之间的变量引用与函数调用进行详细讲解。

扫一扫

### 7.9.1 多文件之间的变量引用

局部变量是无法跨文件引用的，能跨文件引用的都是全局变量。在源文件中定义一个全局变量，如果想要该变量可以被其他源文件引用，需要在前面加上extern关键字。而引用该全局

变量的源文件，在引用之前，需要使用extern关键字引入全局变量。例如，有一个程序中有两个源文件demo.c和test.c，test.c源文件中定义了一个全局变量a，可以被其他源文件引用，则test.c中定义全局变量a的代码如下：

```
extern int a = 100;          //全局变量a可以被其他源文件引用
```

demo.c源文件要引用test.c源文件中的全局变量a，则需要使用extern关键字引入变量a。例如：

```
extern a;                    //引入其他源文件中的全局变量a
int main()
{
   printf("%d\n", a);        //使用变量a
   return 0;
}
```

现在编译器默认源文件中的全局变量可以被其他源文件引用，因此在定义时可以不加extern关键字。test.c源文件中的全局变量a，可以省略extern关键字。例如：

```
int a = 100;          //省略extern关键字，全局变量a默认可以被其他源文件引用
```

但是，有些情况下，在本文件中定义的全局变量只是为了辅助完成本模块的功能，而不想让其他源文件引用，这时可以使用static关键字修饰全局变量，这样其他源文件就无法引用该全局变量。例如，在test.c源文件中定义一个全局变量count，count只在本文件中有效，不能被其他源文件引用。例如：

```
static int count = 0;        //count为静态全局变量
```

test.c源文件中的count被static修饰，称为静态全局变量。静态全局变量不能被其他源文件引用。在demo.c中引用count，代码如下：

```
extern count;                //引用test.c源文件中的静态全局变量count
int main()
{
   printf("%d\n", count);    //输出count的值
   return 0;
}
```

在编译demo.c文件中的代码时，编译器会报错，错误提示如图7-23所示。

图 7-23 demo.c 引用静态全局变量 count 的错误提示

由图7-23可知，在demo.c源文件中引用test.c源文件中的静态全局变量是非法的。static除了保护全局变量不被其他源文件引用之外，还可以解决变量重名问题，如果有两个源文件都定义了全局变量count，在demo.c源文件中使用extern引入count，就会发生重名错误，而使用static修饰其中一个全局变量，就能很好地解决重名问题。

### 7.9.2 多文件之间的函数调用

多文件之间也可以进行函数的相互调用，根据函数能否被其他源文件调用，可以将函数分为外部函数和内部函数。

#### 1. 外部函数

在实际开发中，一个项目的所有代码不可能在一个源文件中实现，而是把项目拆分成多个模块，在不同的源文件中分别实现，最终再把它们整合在一起。为了减少重复代码，一个源文件有时需要调用其他源文件中定义的函数。在C语言中，可以被其他源文件调用的函数称为外部函数。

外部函数的定义方式是在函数的返回值类型前面添加extern关键字，表明该函数可以被其他的源文件调用。当有源文件要调用其他源文件中的外部函数时，需要在本文件中使用extern关键字声明要调用的外部函数。例如：

```
extern int add(int x,int y); //add()函数是定义在其他源文件中的外部函数
```

在上述示例代码中，编译器会通过extern关键字判知add()函数是定义在其他文件中的外部函数。

为了帮助大家理解外部函数的概念，下面通过一个例子演示外部函数的调用，该例中有first.c与second.c两个源文件。first.c文件中定义了一个外部函数add()，second.c文件中需要调用add()函数，则first.c文件与second.c文件的代码如例7-14所示。

【例7-14】first.c和second.c

first.c

```
1 extern int add(int x,int y)    //定义外部函数add()
2 {
3    return x+y;
4 }
```

second.c

```
1 extern int add(int x,int y);   //使用 extern 关键字声明要调用的外部函数add()
2 int main()
3 {
4    printf("%d",add(1,2));      //调用外部函数add()
5    return 0;
6 }
```

程序运行结果如图7-24所示。

在例7-14中，first.c文件使用extern关键字定义了外部函数add()，表明add()函数可以被其他

源文件调用。second.c文件中，第1行代码使用extern关键字声明add()函数；第4行代码调用add()函数，并传入参数1和2。由图7-24可知，成功输出结果3。

图7-24　例7-14程序运行结果

**注意**：在使用extern关键字声明外部函数时，函数的返回值类型、函数名与参数列表都需要与原函数保持一致。

上面讲解的内容是外部函数的标准定义与调用方式，但随着编译器的发展，编译器默认用户定义的函数都是外部函数，因此用户在定义函数时即使不写extern关键字，定义的函数也可以被其他源文件调用。调用外部函数的源文件也不必在本文件中使用extern关键字声明外部函数。例如，例7-14中first.c文件中的代码可以简化如下：

```
int add(int x,int y)            //编译器默认add()函数为外部函数
{
   return x + y;
}
```

second.c文件中代码可以简化如下：

```
int main()
{
   printf("%d",add(1,2));       //在 second.c 文件中可以直接调用 add()函数
   return 0;
}
```

### 2. 内部函数

在C语言程序中，只要在当前文件中声明一个函数，该函数就能够被其他文件调用。但是，当多人参与开发一个项目时，很有可能会出现函数重名的情况，这样，不同源文件中重名的函数就会互相干扰。此时，就需要一些特殊函数，这些函数只在它的定义文件中有效，不能被其他源文件调用，该类函数称为内部函数。

在定义内部函数时，需要在函数的返回值类型前面添加static关键字（又称静态函数）。声明为静态函数后，函数只能在本文件中调用。内部函数定义示例代码如下：

```
static  void show(int x)        //添加static关键字定义内部函数
{
   printf("%d",x);
}
```

为了让读者熟悉内部函数的作用，下面通过一个案例演示内部函数的用法。该案例包含first.c、second.c和main.c三个文件，在first.c和second.c文件中都定义了一个show()函数，只是second.c文件将show()函数声明为了内部函数。在main.c文件中调用show()函数。first.c、second.c和main.c文件代码如例7-15所示。

【例7-15】 first.c、second.c和main.c

first.c

```
1 void show()
2 {
3     printf("%s \n","first.c" );
4 }
```

second.c

```
1 static void show()                              //show()函数为内部函数
2 {
3     printf("%s \n","second.c");
4 }
```

main.c

```
1 int main()
2 {
3     show();                                     //调用show()函数
4     return 0;
5 }
```

程序运行结果如图7-25所示。

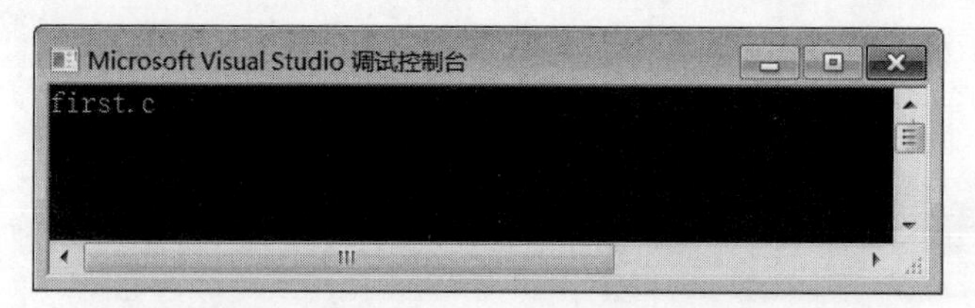


图 7-25 例 7-15 程序运行结果

在例7-15中，first.c文件与second.c文件中分别定义了show()函数，second.c文件中的show()函数定义成了静态函数。在main.c文件中调用show()函数，从图7-25可以看出，first.c中的show()函数被调用成功了，而second.c文件中的show()函数未被调用，因此说明内部函数只在second.c文件中有效，无法在别的文件中调用。

## 脚下留心 多文件中的函数重名

在例7-15中，如果将second.c中修饰show()函数的关键字static删除，运行时程序会提示错误，如图7-26所示。

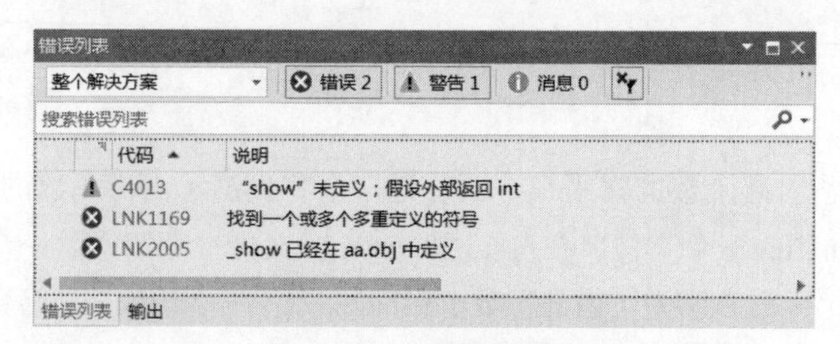


图 7-26 程序提示错误

从图7-26中的错误结果可以看出，多个源文件中出现同名函数，在调用时会发生重定义错误。

## 7.10 函数与指针

函数与指针也存在千丝万缕的联系，在程序中，可以定义一个指向函数的指针，也可以定义一个返回指针的函数。一个指向函数的指针称为函数指针，返回指针的函数称为指针函数。本节将针对指针函数与函数指针进行详细讲解。

扫一扫

### 7.10.1 函数指针

由7.3.1节的学习可知，定义一个函数，函数代码会存储在代码区一块内存空间中，由函数名记录这块内存空间的起始地址。既然函数存储空间有地址编号，那么就可以定义一个指针指向存放函数代码的存储空间，这样的指针称为函数指针。

函数指针的定义格式如下：

```
返回值类型(*变量名)(参数列表)
```

在上述格式中，返回值类型表示指针指向的函数的返回值类型，“*”表示这是一个指针变量，参数列表表示该指针所指函数的参数列表。需要注意的是，由于优先级的关系，“*变量名”要用圆括号括起来。

假设定义一个参数列表为两个int类型变量，返回值类型为int的函数指针，则其定义如下：

```
int(*p)(int,int);                    //定义一个函数指针变量p
```

上述代码定义了函数指针变量p，该指针变量只能指向返回值类型为int且有两个int类型参数的函数。在程序中，可以将函数的地址（即函数名）赋值给该指针变量。但要注意，函数指针的类型应与它所指向的函数原型相同，即函数必须有两个int类型的参数，且返回一个int类型的数据。假设有一个函数func()，其声明格式如下：

```
int func(int a,int b);
```

可以使用上面定义的函数指针指向该函数，即使用该函数的地址为函数指针赋值。赋值代码如下：

```
p = func;
```

由此也可以看出，函数名类似于数组名，也是一个指针。如果有函数声明如下：

```
int func1(char ch);
```

p=func1的赋值是错误的，因为函数指针p与func1()函数参数类型不匹配。

函数指针的调用方式与函数名类似，将函数名替换为指针名即可。假设要调用指针p指向的函数，其形式如下：

```
p(3,5);
```

上述代码与func(3,5)的效果相同。需要注意的是，函数指针不能进行算术运算，如p+n、p++、--p等，这些运算是无意义的。

### 7.10.2 回调函数

函数指针一个非常重要的作用就是回调函数，回调函数是通过函数指针调用的函数。如果把函数指针（函数的地址）作为参数传递给另一个函数，当这个指针被用来调用其所指向的函数时，就说这是回调函数。回调函数不是由该函数的调用者直接调用，而是在特定的事件或条件发生时由另外一方调用，用于对该事件或条件进行响应。

回调函数的使用示例代码如下：

```
void func(int(*p)(int,int),int b,int c);
```

上述代码中，func()函数的第一个参数p是一个函数指针，它作为函数func()的参数使用，在func()函数内部可以回调p指向的函数。

回调函数在大型的工程和一些系统框架中很常见，如在服务器领域使用的Reactor架构、MFC编程中使用的“句柄”等都是回调函数的应用。回调函数存在的意义是在特定条件发生时，调用方对该条件的即时响应处理。

下面通过一个案例演示回调函数的使用，具体如例7-16所示。

【例7-16】 callback.c

```
1 #include <stdio.h>
2 int plus(int a, int b)                              //定义相加函数
3 {
4    return a + b;
5 }
6 int minus(int a, int b)                             //定义相减函数
7 {
8    return a - b;
9 }
10 int times(int a, int b)                            //定义相乘函数
11 {
12    return a * b;
13 }
14 // 定义函数，通过函数指针参数调用函数（回调）
15 int func(int(*p)(int, int), int b, int n)
16 {
17    int result = 0;
18    for(int i = 0; i < n; i++)
19    {
20        result += p(i, b);                          //回调函数指针p指向的函数
21    }
22    return result;
```

```
23 }
24 int main()
25 {
26     int result;
27     //定义指向plus()、minus()、times()函数的函数指针
28     int (*pplus)(int, int) = plus;
29     int (*pminus)(int, int) = minus;
30     int (*ptimes)(int, int) = times;
31     //调用func()函数，分别传入不同的函数指针，回调不同的函数
32     result = func(pplus, 1, 10);                //回调plus()函数
33     printf("1+2+3+...+10  = %d\n", result);
34     result = func(pminus, 10, 10);              //回调minus()函数
35     printf("-10-9-8-...-1 = %d\n", result);
36     result = func(ptimes, 2, 6);                //回调times()函数
37     printf("0+2+4+...+10  = %d\n", result);
38     return 0;
39 }
```

程序运行结果如图7-27所示。

图 7-27　例 7-16 程序运行结果

在例7-16中，第2~13行代码分别定义了plus()、minus()、times()函数，实现两个整数的加减乘运算；第15~23行代码定义了一个func()函数，该函数接收一个函数指针和两个整型数据作为参数，在函数内部，通过for循环获取数据，将获取的数据传递给函数指针p作为参数，实现相应运算，这个过程就是回调p指向的函数。在main()函数中，第28~30行代码分别定义了指向plus()函数、minus()函数、times()函数的指针；第32~33行代码，调用func()函数，传入pplus函数指针，在func()内部回调plus()函数实现1~10之间的自然数相加；第34~35行代码，调用func()函数，传入pminus函数指针，在func()函数内部回调minus()函数实现（-10）~（-1）之间的整数相加；第36~37行代码，调用func()函数，传入ptimes函数指针，在函数内部回调times()函数，实现0~10之间的偶数相加。

由图7-27可知，三次func()函数调用均成功，这表明func()函数内部的回调函数也调用成功。

### 7.10.3　指针函数

函数的返回值可以是整型值、浮点类型值、字符类型值等，在C语言中还允许一个函数的返回值是一个指针（地址），这种返回指针的函数称为指针函数。

指针函数的声明格式如下：

```
基类型 *函数名(参数列表);
```

从上面的声明格式可以看出，函数名之前加了符号“*”表明函数的返回值是一个指针，基类型表示了返回的指针所指向的数据类型。

下面通过一段代码演示如何定义指针函数。

```
int *func(int x, int y)
{
    /* 函数体 */
}
```

上面的代码定义了func()函数，该函数是一个返回指针的函数，它返回的指针指向一个整型变量。指针函数的应用非常广泛，如第5章学习的内存申请函数，这些函数的返回值均为指针类型。

下面通过一个例子来了解指针函数如何使用，该例要求计算一个int类型数组的最大值，并返回其地址，具体实现如例7-17所示。

【例7-17】 ptrfunc.c

```
1 #include <stdio.h>
2 int *func(int *arr, int size)
3 {
4     int *p = arr;
5     for(int i = 0; i < size; i++)        //通过for循环查找数组中最大值
6     {
7         if(*(arr + i) > *p)              //判断找到的元素是否是最大值
8         {
9             p = arr + i;                 //移动指针
10        }
11    }
12    return p;                            //将最大元素的地址返回
13 }
14 int main()
15 {
16    int arr[5] = { 9, 8, 3, 5, 2 };
17    int *p = func(arr, 5);               //调用func()函数
18    printf("数组中最大的元素是 %d, 其地址是 %p\n", *p, p);
19    return 0;
20 }
```

程序运行结果如图7-28所示。

图 7-28　例 7-17 程序运行结果

在例7-17中，第2~13行代码定义了func()函数，该函数的功能是从数组中找出最大的元素，返回该元素的地址；第16行代码定义并初始化了数组arr；第17行代码定义了指针变量p，并将

func()函数的返回值赋给p；第18行代码调用printf()函数输出数组最大元素及其地址。从图7-28可以看出，数组arr中最大的元素的值及其地址都被打印出来，说明函数可以用指针作为其返回值。

# 7.11 C语言常用的标准库

C标准库是一组C语言内置函数、常量和宏的集合，如stdio.h、stdlib.h、math.h等，如果在C语言程序中引入这些标准库，用户就可以调用标准库中的函数、使用标准库中定义的宏和变量等实现某些功能，而不必关心它们的具体实现方法。C语言的标准库有很多，本节将介绍一些常用的标准库。

## 7.11.1 stdio.h

stdio.h标准库是一个实现输入/输出功能的库，该库定义了三部分内容：变量类型、宏和执行输入/输出的函数。

stdio.h标准库中定义的变量类型如表7-1所示。

表 7-1 stdio.h 标准库中定义的变量类型

| 变　量 | 含　义 |
| --- | --- |
| size_t | 无符号整数类型，sizeof 运算符的计算结果类型 |
| FILE | 存储文件流信息的结构体类型 |
| fpos_t | 存储文件位置指针的结构体类型 |

stdio.h标准库中定义的宏如表7-2所示。

表 7-2 stdio.h 标准库中定义的宏

| 变　量 | 含　义 |
| --- | --- |
| NULL | 空指针常量 |
| _IOFBF/_IOLBF/_IONBF | setvbuf() 函数第 3 个参数，表示缓冲区的缓冲方式 |
| BUFSIZ | 表示 setbuf() 函数使用的缓冲区大小 |
| EOF | 标志文件结尾 |
| FOPEN_MAX | 表示系统可以同时打开的最大文件数量 |
| FILENAME_MAX | 表示字符数组可以存储的文件名的最大长度 |
| L_tmpnam | 表示字符数组可以存储的由 tmpnam() 函数创建的临时文件名的最大长度 |
| SEEK_CUR/SEEK_END/SEEK_SET | fseek() 函数的第 2 个参数，标志文件位置指针的位置 |
| TMP_MAX | tmpnam() 函数可生成的独特文件名的最大数量 |
| stderr/stdin/stdout | 标准错误流 / 标准输入流 / 标准输出流 |

stdio.h标准库中定义的输入/输出函数有很多，读者可参阅附录B进行学习。

### 7.11.2 stdlib.h

stdlib.h标准库定义了三部分内容：变量类型、宏和功能函数。stdlib.h标准库定义的变量类型如表7–3所示。

表 7–3 stdlib.h 标准库中定义的变量类型

| 变　量 | 含　义 |
|---|---|
| size_t | 无符号整数类型，sizeof 运算符的计算结果类型 |
| wchar_t | 宽字符常量 |
| div_t | div() 函数返回结构 |
| ldiv_t | ldiv() 函数返回结构 |

stdlib.h标准库中定义的宏如表7–4所示。

表 7–4 stdlib.h 标准库中定义的宏

| 变　量 | 含　义 |
|---|---|
| NULL | 空指针常量 |
| EXIT_FAILURE | exit() 函数调用失败的返回值 |
| EXIT_SUCCESS | exit() 函数调用成功的返回值 |
| RAND_MAX | rand() 函数返回的最大值 |
| MB_CUR_MAX | 在多字节字符集中的最大字符数，不能大于 MB_LEN_MAX |

stdlib.h标准库中定义了很多种类的功能函数，如数值转换类函数、执行控制函数、与执行环境交互函数等，读者可参阅附录C进行学习。

### 7.11.3 stddef.h

stddef.h标准库定义了各种变量类型和宏，并没有定义函数。其他标准库都包含了stddef.h标准库，无论包含哪个标准库，stddef.h都会被包含进来。

stddef.h标准库中定义的变量类型如表7–5所示。

表 7–5 stddef.h 标准库中定义的变量类型

| 变　量 | 含　义 |
|---|---|
| ptrdiff_t | 有符号整数类型，它是两个指针相减的结果 |
| size_t | 无符号整数类型，sizeof 运算符的计算结果类型 |
| wchar_t | 宽字符常量 |

stddef.h标准库中定义的宏如表7–6所示。

表 7–6 stddef.h 标准库中定义的宏

| 变　量 | 含　义 |
|---|---|
| NULL | 空指针常量 |
| offsetof | 结构成员相对于结构开头的字节偏移量 |

### 7.11.4　string.h

string.h标准库定义了一个变量类型、一个宏和很多字符串操作函数。string.h标准库定义的变量类型为size_t，定义的宏为NULL。此外，它还定义了很多字符串操作函数，读者可参阅附录D进行学习。

### 7.11.5　math.h

math.h标准库定义了一个宏和各种数学函数，其中，定义的宏为HUGE_VAL，它表示当函数返回结果不可以表示为浮点数，且结果值又比较大时，函数会返回一个HUGE_VAL（或-HUGE_VAL）表示一个很大的值。

此外，math.h头文件还定义了各种数学函数，读者可参阅附录E进行学习。需要注意的是，math.h标准库中所有可用的功能函数都带有一个double类型的参数，且都返回double类型的结果。

### 7.11.6　time.h

time.h标准库定义了4个变量类型、两个宏和各种操作日期、时间的函数。time.h标准库中定义的变量类型如表7-7所示。

**表 7-7　time.h 标准库中定义的变量类型**

| 变　量 | 含　义 |
| --- | --- |
| size_t | 无符号整数类型，sizeof 运算符的计算结果类型 |
| clock_t | 存储处理器时间的类型 |
| time_t is | 存储日历时间类型 |
| struct tm | 保存时间和日期的结构体 |

在表7-7中，struct tm是保存时间和日期的结构体，其定义如下：

```
struct tm {
   int tm_sec;          // 秒，范围为0~59
   int tm_min;          // 分，范围为0~59
   int tm_hour;         // 小时，范围为0~23
   int tm_mday;         // 一月中的第几天，范围为1~31
   int tm_mon;          // 月，范围为0~11
   int tm_year;         // 自1900年起的年数
   int tm_wday;         // 一周中的第几天，范围为0~6
   int tm_yday;         // 一年中的第几天，范围为0~365
   int tm_isdst;        // 夏令时
};
```

关于time.h标准库定义的操作日期时间的函数，读者可参阅附录F进行学习。

### 7.11.7　ctype.h

ctype.h标准库定义了一批C语言字符分类函数，用于测试字符是否属于特定的字符类别，如字母字符、数字字符、控制字符等。这些函数既支持单字节字符，也支持宽字符。关于ctype.h标准库中定义的函数，读者可参阅附录G进行学习。

前面几节介绍了几个C语言常用的标准库，除了标准库，C语言还有很多第三方库，使C语言更加完善易用。有兴趣的读者可以查阅相关资料进一步学习。

# 小　结

本章主要讲解了函数的相关知识，学习内容大致可分为六部分：第一部分学习了函数的概念、定义与函数三要素；第二部分学习了函数的调用，包括函数调用原理、调用过程及函数调用过程中的参数传递；第三部分学习了递归函数与内联函数；第四部分学习了局部变量和全局变量、多文件之间的变量引用与函数调用；第五部分学习了函数与指针的相关知识，包括函数指针与指针函数；第六部分学习了几个常用的C语言标准库。

通过本章的学习，读者应能掌握模块化思想，熟练封装功能代码，并以函数的形式进行调用，从而简化代码，提高代码可读性。

# 习　题

**一、填空题**

1. C 语言函数的三要素是________、________、________。
2. C 语言程序从________函数开始执行。
3. C 语言中的变量按作用域可以分为________变量和________变量。
4. 函数内部调用自身的过程称为________调用。
5. 用于结束函数并返回函数值的关键字是________。

**二、判断题**

1. 数组名不能作为函数参数。　　（　　）
2. 被 const 修饰的函数参数，函数体内部无法修改该参数的值。　　（　　）
3. 频繁使用且代码段较少的函数模块，使用内联函数可以减少程序调用的开销。（　　）
4. 递归调用必须要有结束条件，否则会陷入无限递归状态。　　（　　）
5. C 语言中的标准库中的函数，在包含头文件后可以直接使用。　　（　　）

**三、选择题**

1. 关于 C 语言函数参数，下列说法正确的是（　　）。

   A. 函数必须要有参数　　B. 有参函数参数列表不能省略参数名

   C. 无参函数调用时不能省略 ()　　D. 指针不能作为函数参数

2. 关于函数，以下说法不正确的是（　　）。

   A. 在不同的函数中可以使用相同名字的变量

   B. 函数中的形式参数是局部变量

   C. 一个函数内部定义的变量在本文件其他函数中可以使用

   D. 函数的运算结果可以通过返回值传递给其他函数使用

3. 如果限制一个变量只能在本文件中使用，必须使用（　　）来实现。

A. 外部变量　　B. 静态局部变量

C. 静态全局变量　　D. 局部变量

4. 下列函数返回值类型是（　　）。

```
int func(float x)
{
    float y;
    y=x*x;
    return y;
}
```

A. int　　B. 不确定　　C. float　　D. 编译错误

5. 关于C语言函数调用，下列说法中正确的是（　　）。

A. 函数不可以嵌套定义　　B. 函数不可以嵌套调用

C. 函数不可以递归调用　　D. 以上说法均错误

6. 下列选项中，属于函数指针的是（　　）。

A. (int*)p(int, int)　　B. int *p(int, int)

C. 两者都是　　D. 两者都不是

**四、简答题**

1. 简述什么是全局变量和局部变量，全局变量和局部变量使用static、extern、const修饰后发生了什么变化。

2. 简述什么是函数指针以及函数指针在回调函数中的应用。

**五、编程题**

1. 请编程实现函数replace()，以实现下列功能：

（1）将用户输入的字符串中的字符大小写字母t都替换为对应的大小写字母e。

（2）返回替换字符的个数。

2. 从键盘输入一个数，求这个数的阶乘，使用递归函数实现。

**六、拓展阅读**

柯晓宾的精益求精。

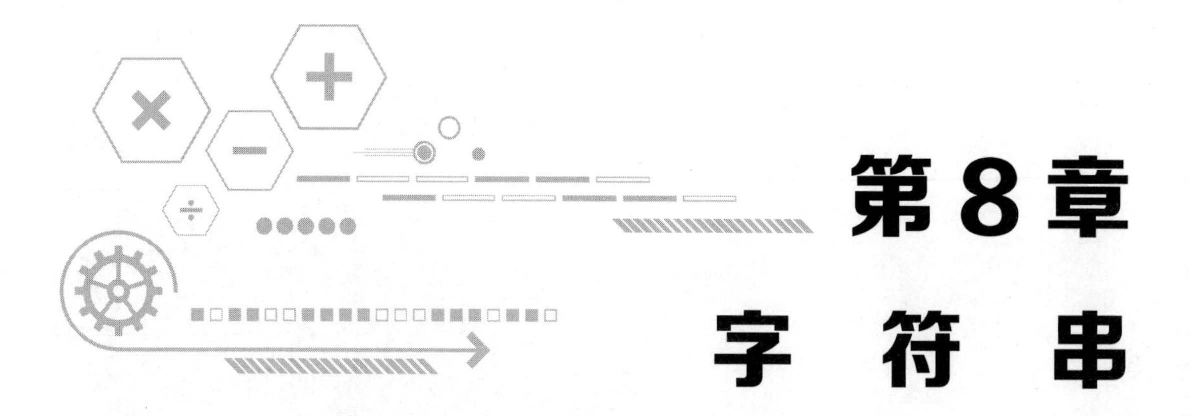

# 第8章 字符串

**学习目标**

- ➢掌握字符串与字符数组的定义；
- ➢掌握字符串的输入和输出方式；
- ➢掌握字符串的基本操作；
- ➢能够自实现字符串操作函数。

日常生活中的信息都是通过文字描述的，例如，发送电子邮件、在论坛上发表文章、记录学生信息都需要用到文字。程序中也同样会用到文字，程序中的文字被称作文本信息，C语言中用于记录文本信息的变量称为字符串。本章将针对字符串及字符串的相关函数进行详细讲解。

## 8.1 字符数组与字符串

前面第6章中以整型数组为例讲解数组的相关知识，在C语言中，字符数组也很常用。字符数组是由字符类型的元素所组成的数组，字符串就存储在字符数组中，在访问字符数组时，可使用索引法读取指定位置的字符，也可使用%s格式将字符数组中的元素以字符串的形式全部输出。字符串与字符数组密不可分，本节将针对字符数组和字符串进行详细讲解。

### 8.1.1 字符数组

字符数组定义方式与整型数组类似，其语法格式如下：

```
char 数组名[数组大小];                          //一维字符数组
```

在上述语法格式中，char表示数组中的元素是字符数据类型，“数组名”表示数组的名称，它的命名遵循标识符的命名规范，“数组大小”表示数组中最多可存放元素的个数。

定义字符数组的示例代码如下：

```
char ch[6];
```

上述代码定义了一个一维字符数组，数组名为ch，数组的长度为6，最多可以存放6个字符。字符数组的初始化和整型数组一样，可以在定义字符数组的时候完成。例如：

```
char c[5]={'h','e','l','l','o'};
```

上述代码的作用是定义了一个字符数组，数组名为c，数组包含5个字符类型的元素，该字符数组在内存中的状态如图8–1所示。

| c[0] | c[1] | c[2] | c[3] | c[4] |
| --- | --- | --- | --- | --- |
| h | e | l | l | o |

图 8–1 字符数组 c 在内存中的状态

字符数组的访问方式与整型数组类似，都是通过索引实现的，例如访问上面定义的字符数组c中的元素，代码如下：

```
c[0];      //访问字符数组c中的第1个元素，值为h
c[1];      //访问字符数组c中的第2个元素，值为e
c[2];      //访问字符数组c中的第3个元素，值为l
```

**脚下留心 字符数组初始化时的注意事项**

字符数组的初始化很简单，但是要注意以下几点：

（1）初始项不能多于字符数组的大小，否则编译器会报错，提示初始值设置项太多。例如：

```
char str[2] = {'a', 'b', 'c'}; //错误写法
```

（2）如果初始项值少于数组长度，则空余元素均会被赋值为空字符（'\0'）。

```
char str[5] = {'a', 'b', 'c'};  //后面剩余的两个元素均被赋值为'\0'
```

str数组在内存中的表现如图8–2所示。

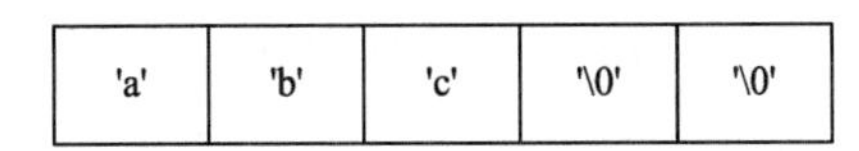


图 8–2 str 数组在内存中的表现

（3）如果没有指定数组大小，则编译器会根据初始项的个数为数组分配长度。

```
char str[] = {'a', 'b', 'c'};  //与char str[3] = {'a', 'b', 'c'};相同
```

（4）二维字符数组的初始化与整型二维数组类似。

```
char str[2][2] = {{'a', 'b'}, {'c', 'd'}};
```

### 8.1.2 字符串

字符串是由数字、字母、下画线、空格等各种字符组成的一串字符，由一对英文半角状态下的双引号（" "）括起来。例如：

```
"abcd@#$ _32"
"       "
```

以上内容为两个字符串，只是第二个字符串中的字符都是空格。需要注意的是，字符串在末尾都默认有一个'\0'作为结束符。

字符串在各种语言编程中都是非常重要的数据类型，但是C语言中并没有提供“字符串”这个特定类型，字符串的存储和处理都是通过字符数组实现的，存储字符串的字符数组必须以空字符'\0'（空字符）结尾。当把一个字符串存入一个字符数组时，也把结束符'\0'存入数组，因此该字符数组的长度是字符串实际字符数加1。

例如，字符串"abcde"，在数组中的存储形式如图8-3所示。

| 'a' | 'b' | 'c' | 'd' | 'e' | '\0' |
|---|---|---|---|---|---|

图 8-3 "abcde" 字符串在数组中的存储形式

字符串由字符数组进行存储，那么可以直接使用一个字符串常量来为一个字符数组赋值。例如：

```
char char_array[6] = {"hello"};
char char_array[] = {"hello"};
char char_array[] = "hello";
```

在定义数组时，数组的大小可以省略，让编译器自动确定长度，因此，上述3种初始化字符串的方式是等同的。"hello"是一个字符串常量，字符数组char_array在指定长度时之所以定义为6，是因为在字符串的末尾还有一个结束标志'\0'，它的作用等同于下列代码：

```
char char_array[6] = {'h', 'e', 'l', 'l', 'o', '\0'};
```

使用字符串直接对字符数组进行初始化，则在输出字符数组的元素时，最后一个字符是'\0'。

**小提示 '\0'字符**

字符串其实就是一个以空字符'\0'结尾的字符数组，在定义存储字符串的数组时，要手动在数组末尾加上'\0'，或者直接使用字符串对数组进行初始化。

字符数组与整型数组不同，在输出时，可以通过%s格式化输出，直接输出数组名，例如，对上面定义的字符数组char_array，可以直接以下面的形式输出：

扫一扫

```
printf("%s", char_array);    //结果为hello
```

### 8.1.3 字符串与指针

在C语言中，字符型指针用char*定义，它不仅可以指向一个字符型变量，还可以指向一个字符串。字符串使用字符数组进行存储，因此，指向字符串的指针其实是指向了存储字符串的数组。例如：

```
char arr[6] = "nihao";          //定义一个字符数组arr，存储字符串"nihao"
char *p = arr;                  //定义一个字符型指针p，指向数组arr
```

上述代码定义了一个字符数组arr存储字符串nihao，然后定义了一个字符类型指针p指向数组arr，此时字符指针p与字符数组arr及字符串"nihao"之间的关系如图8-4所示。

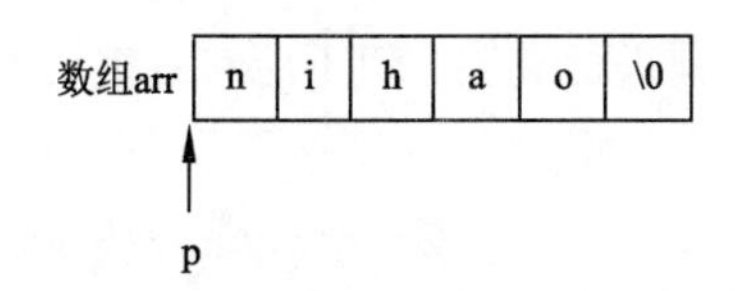


图 8-4 指向字符串 "nihao" 的指针 p

从图8-4中可以看出，指向字符串"nihao"的指针其实是指向了字符数组arr，同时也指向数组第1个字符'n'。由此，可以理解为：指向字符串的指针同时也指向了字符串第1个字符。

通过字符串指针可以引用字符数组中的元素，其访问数组元素的方式与整型数组相同，分为索引法与指针运算两种方式。例如：

```
p[1];                   //访问字符串的第2个字符，值为i
*(p+1);                 //访问字符串的第2个字符，值为i
```

上述代码中，第1行代码通过索引形式访问字符数组中的元素，第2行代码通过指针运算访问字符数组中的元素。除了访问单个字符，当字符指针指向字符串时，通过指针输出字符串。例如：

```
printf("%s", p);        //结果为nihao
```

读者须谨记，当字符指针指向字符串时，如果以%s格式化输出，则直接输出字符串；如果以%d等整型格式化输出，则输出的是字符串所在空间的首地址。

定义指向字符串的指针时，除了使用数组为指针初始化，还可以使用字符串直接给指针进行初始化。例如：

```
char *p1 = "nihao";     //使用字符串直接对字符型指针进行初始化
```

上述代码使用字符串"nihao"直接初始化字符指针，其效果与使用字符数组初始化相同。使用字符数组初始化字符指针之前，字符串已经存在于字符数组在栈区开辟的内存空间，字符指针只需存储字符数组的地址即可；而用字符串常量初始化字符指针时，系统会先将字符串常量放入常量区，再用指针变量存储字符串的首地址，两者之间的区别如图8-5所示。

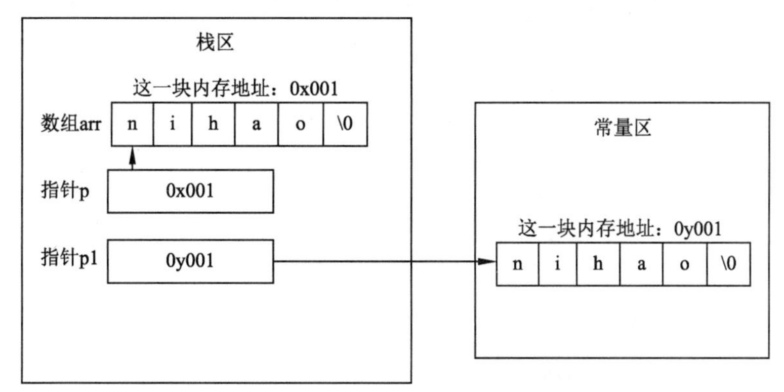


图 8-5 使用字符数组与字符串初始化指针的区别

在操作字符串时，使用字符指针要比字符数组更灵活，下面简单总结一下字符指针与字符数组在初始化、赋值等方面的一些区别。

（1）初始化：可以对字符指针进行赋值，但不能对数组名进行赋值。例如：

```
//给字符指针赋值
char *p = "hello";              //等价于char *p=NULL; p = "hello";
//给数组赋值
char str[6] = "hello";
str = "hello";                  //错误
```

上述代码中，第2种赋值方式str="hello"是错误的，因为数组名是一个指针常量，是内存中的一个地址编号，不可以对其进行赋值。可以使用数组名索引的方式修改字符数组中某个位置的单个字符。

（2）赋值方式：字符数组（或字符串）之间只能单个元素赋值或使用复制函数；字符指针则无此限制。例如：

```
//字符指针赋值
char *p1 = "hello", *p2=NULL;
p2 = p1;
//字符数组赋值
char str1[6] = "hello", str2[6];
str2 = str1;                    //错误
```

上述代码中，第2种赋值方式str2=str1是错误的，前面已经讲解，这里不再赘述。

（3）运算：字符指针可以通过指针运算改变其值，而数组名是一个指针常量，其值不可以改变。例如：

```
//字符指针
char *p = "I love China";
p += 7;
//数组名
char str[6] = "hello";
str += 3;                       //错误，数组名是指针常量，不可被更改
```

（4）字符串中字符的引用

数组可以用索引法和指针运算引用数组元素；字符指针也可以用这两种方法引用字符串的字符元素。例如：

```
//字符数组
char *str[100] = " I love China ";
char ch1 = str[6];              //索引法
char *p =  str;
char ch2 = *(p+6);              //指针运算
//字符指针
char *p = " I love China ";
char ch2 = p[6];                //索引法
char ch3 = *(p+6);              //指针运算
```

关于字符串、字符数组、字符指针的区别与联系的诸多细节，需要读者在学习应用中慢慢体会。

# 8.2 字符串的输入 / 输出

在第2章中学习了printf()函数和scanf()函数，它们分别负责向控制台输出内容和从键盘上接收用户的输入，它们可以接受各种形式的数据的输入输出。针对字符串的输入和输出，C语言还专门提供gets()函数和puts()函数，本节将针对这两个函数进行详细讲解。

## 8.2.1 gets()函数

gets()函数用于读取一个字符串，其函数声明如下：

```
char *gets(char *str);
```

gets()函数用来读取用户输入到输入缓冲区中的字符串，并将字符串存储到字符串指针变量str所指向的内存空间。gets()函数只有在遇到换行符（回车键）时停止输入，将回车键之前的所有字符串输入到存储空间，并在末尾添加字符'\0'。

用户输入数据时以回车键表示输入结束，gets()函数读取回车键之前的所有字符（不包括换行符本身），并在字符串的末尾添加一个空字符'\0'用来标记字符串的结束，读取到的字符串会以指针形式返回。例如：

```
char phoneNumber[12];          //定义一个字符数组
gets(phoneNumber);             //读取数据存入到数组中
```

在上述代码中，首先定义了一个字符数组phoneNumber，然后调用gets()函数读取数据，将读取到的数据存储到数组phoneNumber中。gets()函数用法如例8-1所示。

【例8-1】 inputStr.c

```
1 #include <stdio.h>
2 int main()
3 {
4     char str[8];
5     gets(str);
6     printf("%s", str);
7     return 0;
8 }
```

例8-1中的第5行代码测试gets()函数将字符输入到数组str。在使用gets( )函数时一定要注意不能输入与存储空间长度相等或超过存储空间长度的字符串，这样做是不安全的。应当保留字符结束标志位'\0'的位置确保程序正常运行。

程序运行结果如图8-6所示。

图 8-6 例 8-1 程序运行结果

**多学一招** 单个字符输入函数

1. getc()函数用来读取用户输入的单个字符，函数原型如下：

```
int getc(FILE *stream);
```

getc()函数接收一个文件指针作为参数，它可以从该文件指针中读取一个字符，将字符强制转换为int类型返回，当读取到末尾或发生错误时返回EOF（-1）。

使用getc()函数从键盘输入中读取一个字符，例如：

```
int num = getc(stdin);
```

在上述代码中，使用getc()函数从标准输入（键盘）中读取一个字符，将其结果返回给整型变量num。假如输入一个字符a，则输出num的值为97，这是字符a对应的ASCII码值。需要注意的是，getc()函数的参数stdin是C语言定义的标准输入流，是一个文件指针。关于文件指针与流将在第11章进行讲解。

2. getchar()函数用于从标准输入中读取一个字符，函数原型如下：

```
int getchar(void);
```

getchar()没有参数，可直接使用，其返回值为读取到的字符，例如：

```
int num = getchar();
```

上述代码表示使用getchar()函数从标准输入中读取一个字符，将读取的字符返回给num，它的作用与“int num = getc(stdin);”相同。

### 8.2.2 puts()函数

在C语言中，puts()函数用来输出一整行字符串，函数声明如下：

```
int puts(const char *str);
```

从上面的函数声明中可以看出，函数puts()接收的参数是一个字符串指针，该指针指向要输出的字符串，并且会自动在字符串末尾追加换行符'\n'。如果函数调用成功，返回一个int类型的正数，否则返回EOF。

puts()函数的使用示例：

```
char arr[20] = "hello world";
puts(arr);
```

上述代码首先定义了一个字符数组arr，然后调用puts()函数将数组arr中的字符串输出。上述代码可以正常输出字符串，但是会提示警告“使用未初始化的内存arr”。在实际的项目开发中离不开大量字符处理，因此，编写字符串相关的程序时不能疏忽大意。对上述代码的改进是，直接以字符指针的方式存储字符串，再进行输出。

```
char *str = "hello world";
puts(str);
```

与puts()函数相比，printf()函数以字符指针输出字符串时不会一次输出整个字符串，而是根据格式化字符串输出每一个字符。由于进行了额外的数据格式化工作，在性能上，printf()比puts()慢。但另一方面，printf()还可以直接输出各种不同类型的数据，因此它比puts()使用得更广泛。

**多学一招 单个字符输出函数**

1. putc()函数用于将一个字符输出到指定流中，函数声明如下:

```
int putc(int char, FILE *fp);
```

由上述函数声明可知，putc()函数接收两个参数：字符和文件指针，其返回值是一个整型数据，它将输出的字符以整型数据的形式返回。例如，通过putc()函数将字符a输出到标准输出（即屏幕），代码如下:

```
int num = putc('a',stdout);
```

执行上述语句，则屏幕上会输出字符a，使用printf()函数输出num的值为97。

2. putchar()函数用于将一个字符输出到标准输出，函数声明如下:

```
int putchar(int char);
```

putchar()函数接收一个字符参数，它将这个字符输出到标准输出，然后返回该字符。通过putchar()向屏幕输出一个字符，代码如下:

```
int num = putchar('a');
```

上述语句的作用与“int num = putc('a',stdout);”相同，这里不再赘述。

## 8.3 标准库字符串操作函数

在程序中，经常需要对字符串进行操作，如字符串的比较、查找、替换等。C语言中提供了许多操作字符串的函数，这些函数都位于string.h文件中。本节将针对这些函数进行详细讲解。

### 8.3.1 字符串长度计算函数

字符串在使用过程中经常需要获知其长度，C语言提供了strlen()函数用于获取字符串的长度，函数声明如下:

```
unsigned int strlen(char *s);
```

在上述声明中，参数s是指向字符串的指针，返回值是字符串的长度。

**注意**：使用strlen()函数得到的字符串的长度并不包括末尾的空字符'\0'。

例如：

```
strlen("hello");                    //获取字符串hello的长度
char *str = "12abc";
strlen(str);                        //获取字符串指针str指向字符串的长度
```

因为strlen()函数不将字符串末尾的'\0'计入字符串长度，所以上述两行代码的结果均为5。使用strlen()函数，读者可以很容易地获取字符串的大小。

**小提示 strlen()函数与sizeof运算符**

strlen()函数与sizeof运算符在求字符串长度时是有所不同的，下面简单总结一下strlen()函数与sizeof运算符的区别。具体如下：

（1）sizeof是运算符；strlen()是C语言标准库函数，包含在string.h头文件中。

（2）sizeof运算符的功能是获得所建立的对象的字节大小，计算的是类型所占内存的多少；strlen()函数是获得字符串所占内存的有效字节数。

（3）sizeof运算符的参数可以是数组、指针、类型、对象、函数等；strlen()函数的参数是字符串或以'\0'结尾的字符数组，如果传入不包含'\0'的字符数组，它会一直往后计算，直到遇到'\0'，因此计算结果是错误的。

（4）sizeof运算符计算大小在编绎时完成，因此不能用来计算动态分配内存的大小；strlen()结果在运行时计算。

### 8.3.2 字符串比较函数

扫一扫

在实际编程中，经常会比较字符串的大小，例如按字母顺序对姓名进行排序，为此C语言提供了strcmp()函数和strncmp()函数，下面对这两个函数进行详细介绍。

#### 1. strcmp()函数

strcmp()函数用于比较两个字符串的内容是否相等，函数声明如下：

```
int strcmp(const char *str1, const char *str2);
```

在上述函数声明中，参数str1和str2代表要进行比较的两个字符串。如果两个字符串的内容相同，strcmp()返回0，否则返回非零值。

调用strcmp()函数对两个字符串进行比较，例如：

```
char *p1 = "nihao";
char *p2 = "hello";
int num = strcmp(p1, p2);                //值为1
```

上述代码中先定义了两个字符指针p1、p2，分别指向字符串"nihao"、"hello"，然后将两个指针传入strcmp()函数比较两个字符串的大小，并使用整型变量num记录比较结果。

**注意**：函数strcmp()只能接收字符指针作为参数，不接收单个字符；如果传入的是某个字符（如'a'），那么'a'会被视为指针，程序将报错。

### 2. strncmp()函数

在C语言中，strncmp()函数用来比较两个字符串中前n个字符是否完全一致。函数声明如下：

```
int strncmp(const char *str1, const char *str2, size_t n);
```

在上述函数声明中，参数n表示要比较的字符个数。如果字符串str1和str2的长度都小于n，就相当于使用strcmp()函数对字符串进行比较。

strncmp()函数的用法与strcmp()函数的用法相似，例如：

```
char *p1 = "abcdef";
char *p2 = "abcwdfg";
int num1 = strncmp(p1, p2, 3);        //比较前3个字符，相等，值为0
int num2 = strncmp(p1, p2, 4);        //比较前4个字符，不相等，值为-1
```

上述代码先定义了两个字符指针p1、p2，分别指向字符串"abcdef"、"abcwdfg"，然后调用strncmp()函数取两个字符串的前3个字符进行比较，使用整型变量num1记录比较结果；其次调用strncmp()函数对字符串的前4个字符进行比较，使用整型变量num2记录比较结果。由于两个字符串的前3个字符都是abc，num1的值为0；由于两个字符串的第4个字符不同，num2的值为-1。

## 8.3.3 字符串连接函数

在程序开发中，经常需要将两个字符串进行连接操作，例如，将电话号码和相应的区号进行连接。为此，C语言提供了strcat()函数和strncat()函数来实现连接字符串的操作。

扫一扫

### 1. strcat()函数

strcat()函数的用法很简单，它用于实现字符串的连接。strcat()函数的声明如下：

```
char *strcat(char *dest, const char *src);
```

在上述函数声明中，strcat()函数有两个参数：dest和src。strcat()函数将参数src指向的字符串复制到参数dest所指字符串的尾部，覆盖dest所指字符串的结束字符，实现拼接。

**注意**：当调用strcat()函数时，第一个参数必须有足够空间存储连接进来的字符串，否则会产生缓冲区溢出问题。

strcat()函数的用法示例如下所示：

```
char str1[20] = "abcdef";
char str2[10] = "abcwdfg";
char *p = "HELLO";
strcat(str1,p);                    //将字符串p连接到str1后面
strcat(str2,p);                    //将字符串p连接到str2后面
```

上述代码首先定义了两个数组str1和str2，大小分别为20和10，然后调用strcat()函数将字符串"HELLO"分别拼接到str1与str2后面。代码执行后，"HELLO"被拼接到str1之后，str1字符串由"abcdef"更改为"abcdefHELLO"；但在将"HELLO"拼接到str2之后时，会因str2空间不足而报错，拼接失败。

#### 2. strncat()函数

为了避免出现缓冲区溢出问题，C语言提供了可限制拼接长度的函数strncat()。strncat()函数的声明如下：

```
char *strncat(char *dest, const char *src, size_t n);
```

在上述函数声明中，除了接收两个字符指针src和dest之外，还接收第3个参数n，该函数用于设置从src所指字符数组中取出的字符个数。strncat()的用法示例：

```
char str1[20] = "abcdef";
char str2[10] = "abcwdfg";
strncat(str1, str2, 3);
```

上述代码先定义了两个字符数组str1、str2，之后调用了strncat()函数，取str2字符串的前3个字符abc连接到str1中，拼接完成后str1由"abcdef"更改为"abcdefabc"。strncat()函数与strcat()函数使用方式相同，都要保证第一个参数有足够的空间容纳连接进来的字符串。

### 8.3.4 字符串查找函数

生活中，我们经常会查找文档，例如从花名册中查找某个人，从报表中查找某个季度的数据。在C语言中，也经常要编程实现文本查找功能，为此，C语言提供了strchr()、strrchr()和strstr()三个函数来实现对字符串的查找功能，下面针对这3个函数进行详细讲解。

扫一扫

#### 1. strchr()函数

strchr()函数用来查找指定字符在指定字符串中第1次出现的位置，函数声明如下：

```
char *strchr(const char *str, char c);
```

在上述函数声明中，参数str为被查找的字符串，c是指定的字符。如果字符串str中包含字符c，strchr()函数将返回一个字符指针，该指针指向字符c第1次出现的位置，否则返回空指针。

strchr()函数的用法示例：

```
char *p = "abcdef";
char *idx1 = strchr(p, 'e');
char *idx2 = strchr(p, 't');
```

上述代码中，在字符"abcdef"中分别查找字符'e'与字符't'第一次出现的位置，idx1的值即为字符'e'的位置，而字符串中没有字符't'，查找不到，因此idx2的值为空。

#### 2. strrchr()函数

strrchr()函数用来查找指定字符在指定的字符串中最后一次出现的位置，函数声明如下：

```
char *strrchr(const char *str, char c);
```

在上述函数声明中，参数str为被查找的字符串，c是指定的字符。如果字符串str中包含字符c，strchr()函数将返回一个字符指针，该指针指向字符c最后一次出现的位置，否则返回空指针。

由于strrchr()函数的用法与strchr()函数非常相似，这里不再举例说明。

### 3. strstr()函数

上面两个函数都只能搜索字符串中的单个字符，如果要想判断在字符串中是否包含指定字符串时，可以使用strstr()函数。函数声明如下：

```
char *strstr(const char *haystack, const char *needle);
```

在上述函数声明中，参数haystack是被查找的字符串，needle是子字符串。如果在字符串haystack中找到了字符串needle，则返回子字符串的指针，否则返回空指针。

strstr()函数的用法示例：

```
char *p = "abcdef";
char *idx1 = strstr(p, "abc");
char *idx2 = strstr(p, "nihao");
```

上述代码先定义了一个指针p指向字符串"abcdef"，然后分别在字符串中查找子串"abc"和子串"nihao"，并将查找结果返回给char*变量idx1与idx2。当查找"abc"子串时，"abc"子串的位置在字符串的开头，因此idx1的位置为字符串的位置，*idx1的值为"abcdef"。当查找子串"nihao"时，字符串中没有包含该子串，因此查找不成功，idx2的值为空。

## 8.3.5　字符串复制函数

大家在操作计算机时总会用到复制功能将一些数据复制到另一个地方，在C语言程序中也经常会遇到字符串复制，为此C语言提供了strcpy()函数用于实现字符串复制功能。

扫一扫

strcpy()函数的声明如下：

```
char *strcpy(char *dest, const char *src);
```

在上述函数声明中，strcpy()函数接收两个参数，其功能是把从src地址开始且含有'\0'结束符的字符串复制到以dest开始的地址空间，返回指向dest的指针。需要注意的是，src和dest所指内存区域不可以重叠，且dest必须有足够的空间容纳src的字符串。

strcpy()函数用法示例：

```
char arr[15] = "hello,China";
char *p = "ABCD";
strcpy(arr,p);
```

上述代码，定义了一个字符数组arr和一个字符指针p，其中，arr数组的大小为20，其中存储的字符串为"hello,China"，指针p指向的字符串为"ABCD"。使用strcpy()函数将指针p指向的字符串复制到数组arr中，arr表示数组的首地址，因此字符串"ABCD"从数组开头处开始复制，它会覆盖数组中原有位置的元素，复制完成之后，以%s格式化输出数组arr，其值为"ABCD"。

需要注意的是，在复制时，字符串"ABCD"只是覆盖了数组arr前5个元素，而后面的元素还会存在arr中，其复制过程如图8-7所示。

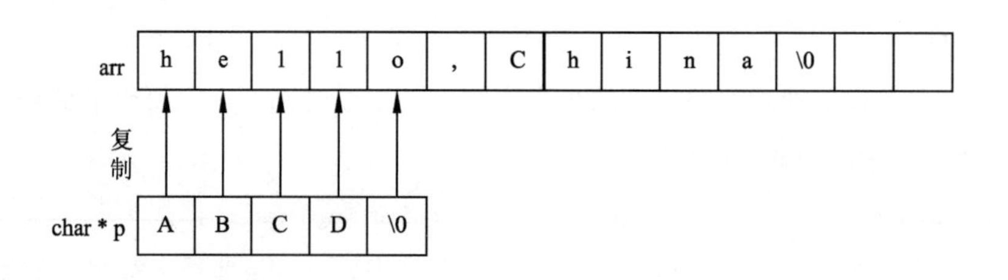


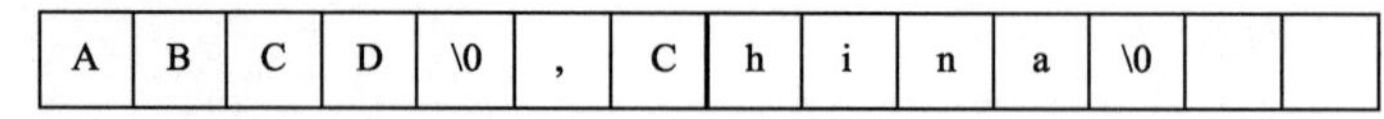


图 8-7　字符串复制过程

由图8-7可知，复制完成之后，数组arr的元素是字符串"ABCD\0,China"，当以%s格式化输出arr时，遇到"ABCD"末尾的'\0'就结束，因此只输出了字符串"ABCD"。如果以索引法读取arr数组，则可以访问到后面的元素。例如：

```
arr[6];                          //第7个元素，值为C
arr[7];                          //第8个元素，值为h
```

## 多学一招 数字与字符串转换函数

1. atoi()函数

atoi()函数用于将一个数字字符串转换为对应的十进制数，atoi()函数的声明如下：

```
int atoi(const char *str);
```

在上述函数声明中，参数str用于接收记录数字的字符串，若函数调用成功，将返回转换后的十进制整数；否则返回0。需要注意的是，atoi()的声明位于stdlib.h文件中，因此需要使用#include指令引用头文件stdlib.h。

atoi()函数的用法如下：

```
int num1 = atoi("123");        //将字符串"123"转换为十进制数据123
int num2 = atoi("abc");        //"abc"不是数字字符串，转换失败
```

上述代码中，第1行代码调用atoi()函数将数字字符串转换为十进制数据123，即num1的值为123；第2行代码将字符串"abc"转换为十进制数据，此次转换失败，num2的值为0。

2. atof()函数

atof()函数用于将一个数字字符串转换为浮点数，函数声明如下：

```
double atof(const char *str);
```

在上述函数声明中，参数str用于接收记录数字的字符串，若函数调用成功，将返回转换后的浮点数，否则返回0。atof()函数声明位于stdlib.h文件中，如果使用该函数，则需要包含stdlib.h头文件。

atof()函数的用法示例代码如下：

```
float f1 = atof("123.1");      //将字符串"123.1"转换为浮点数123.1
float f2 = atof("abc");        //"abc"不是数字字符串，转换失败
```

上述代码中，第1行代码调用atof()函数将数字字符串"123.1"转换为浮点数，即f1的值为123.1；第2行代码将字符串"abc"转换为浮点数，因为"abc"不是数字字符串，所以转换失败，f2的值为0。

## 8.4 自定义字符串处理函数

本节内容以自实现标准库字符串操作函数为主进行讲解，实现字符串操作函数目的是为了对指针、指针与函数、指针与数组强化学习，此外也是对数组、程序语句结构的巩固。

### 8.4.1 自定义函数计算字符串长度

strlen()函数用于计算字符串长度，根据该函数的功能与声明，下面自定义实现与其功能相同的函数calStr()，具体如例8-2所示。

【例8-2】 calStr.c

```
1 #include <stdio.h>
2 unsigned int calStr(char* s)
3 {
4     int len=0
5     if(s == NULL)                          //容错处理
6     {
7         printf("calStr():错误! 空字符串\n");
8         return -1;
9     }
10    else
11    {
12        while (*(s++) != '\0')              //长度计算
13            len += 1;
14    }
15    return len;
16 }
17
18 int main()
19 {
20    char* str = "Itcast";
21    char str1[] = "czbk";
22    printf("%d\n",calStr(str));
23    printf("%d\n",calStr(str1));
24    return 0;
25 }
```

程序运行结果如图8-8所示。

图 8-8　例 8-2 程序运行结果

在例8-2中，calStr()函数除了函数名与strlen()函数不一样之外，函数参数、函数类型、函数返回值是一致的。第5~9行代码做了容错处理，防止传入的字符指针为空。第10~14行代码，如果传入的字符指针不为空，则通过while循环判断指针指向的字符是否为'\0'，如果不为'\0'，使len加1。之后使指针自增，判断下一个字符是否为'\0'……，如此循环，直到指针指向的字符为'\0'，循环结束。第15行代码使用return关键字将len返回。第20~21行代码分别定义两个字符串str、str1；第22~23行代码调用calStr()函数计算两个字符串长度，并通过printf()函数将返回的字符串长度打印出来。由图8-8可知，calStr()函数准确计算出了两个字符串的长度。

### 8.4.2 自定义函数比较字符串

根据字符串比较函数strcmp()实现字符串比较功能，字符串比较函数接收两个字符串作为参数，通过返回值判断两个字符串是否相等，具体如例8-3所示。

【例8-3】 cmpStr.c

```
1  #define _CRT_SECURE_NO_WARNINGS
2  #include <stdio.h>
3  int cmpStr(const char *str1, const char *str2)
4  {
5      while(*str1 != '\0' && *str1 == *str2)
6      {
7          str1++;
8          str2++;
9      }
10
11     int num = *str1 - *str2;
12     if(num > 0)
13         return 1;
14     else if(num < 0)
15         return -1;
16     else
17         return 0;
18 }
19
20 int main()
21 {
22     char arr1[50];
```

```
23     char arr2[50];
24     printf("请输入两个字符串:");
25     scanf("%s%s", arr1, arr2);
26     int ret = cmpStr (arr1, arr2);
27     printf("%d\n", ret);
28     return 0;
29 }
```

程序运行结果如图8-9所示。

图 8-9 例 8-3 程序运行结果

在例8-3中，第3~18行代码定义了比较两个字符串内容的函数cmpStr()，其中，第5~9行代码通过while循环从前往后比较str1与str2各个字符的大小，直到str1字符串结尾，或者两个字符串比对的字符不相等，结束循环。结束循环之后，第11行代码使str1字符串和str2字符串中进行比对的字符相减，并将结果赋值给变量num。第12~17行代码通过比较num与0的大小，判断str1与str2两个字符的大小，由此得出字符串str1和字符串str2的大小。在main()函数中，第22~25行代码定义两个字符数组arr1和arr2，并通过scanf()函数向字符数组中输入两个字符串；第26~27行代码调用cmpStr()函数比较两个字符串的大小，并通过printf()函数输出比较结果。

由图8-9可知，当输入"abc"和"de"两个字符串时，比较结果为-1。这是因为"abc"字符串第1个字符为'a'，"de"字符串第1个字符为'd'，'a'<'d'，所以字符串"abc"小于字符串"de"。

### 8.4.3 自定义函数连接字符串

strcat()字符串拼接函数是不安全的，在连接过程中对连接字符串的空间没有进行越界处理。下面实现字符串连接函数的功能，并对字符串连接函数进行错误处理。

【例8-4】 catStr.c

```
1 #include <string.h>
2 #include <stdio.h>
3 char* catStr(char *dest,const char *src)
4 {
5     int count = -2;//预留字符串结束标志位'\0'字符的空间，存储可用空间大小
6     int lendest = strlen(dest); //目标字符串空间大小
7     int lensrc = strlen(src);    //源字符串空间大小
8     char* s = dest;              //指向目标字符串的指针
9     do//计算目标字符串总空间大小
10    {
11        count += 1;
```

```
12    } while (s[lendest++] == '\0');
13    if(count == 0)//目标字符换与存储的字符串空间大小相等
14    {
15        printf("空间不足!\n");
16        return dest;
17    }
18    else if(count>= lensrc)//目标字符串空间大于源字符长度
19    {
20        printf("空间充足! \n");
21        for (int i = 0; i < lensrc - 1; i++)
22        {
23            dest[strlen(dest)] = src[i];//从目标字符串的末尾进行连接
24        }
25        printf(dest);
26        return dest;
27    }
28    else   //目标字符串有存储空间但是小于源字符串大小
29    {
30        printf("目标字符串可用空间小于字符串大小! \n");
31        for(int i = 0; i < count; i++)
32        {
33            dest[lendest] = src[i];
34        }
35        printf(dest);
36        return dest;
37    }
38 }
39 int main(void)
40 {
41    char str[5] = "1234";
42    char *str1= "abcd";
43    catStr (str,str1);
44    return 0;
45 }
```

程序运行结果如图8–10所示。

图 8–10　例 8–4 程序运行结果

在例8-4中，第9~12行代码用于计算目标字符串dest的长度大小，并保存在变量count中，count的值在第5行定义时初始化为-2，作用是为了预留字符串结束标志位'\0'，确保源字符串src连接到目标字符串时不会越界。第13~17行代码用于判断目标字符串dest如果没有存储源字符串src的空间，在控制台提示连接空间不足；第18~26行代码用于比较目标字符串dest的可用空间大于源字符串src时可以进行正常连接，在控制台提示连接空间充足并打印目标字符串dest；第28~37行代码，目标字符串dest有可用空间但不能完全连接原字符串src，此时只能连接目标字符串可用空间大小的长度，然后在控制台提示目标字符串可用空间小于源字符串长度并打印目标字符串dest。

### 8.4.4 自定义字符串查找函数

字符串查找有单个字符查找和字符串查找，单个字符查找相对简单。下面以strstr()字符串查找函数实现为例进行讲解。

【例8-5】 findStr.c

```
1 #include<stdio.h>
2 char* findStr(const char *src, const char *str)
3 {
4     int  j = 0;
5     for(int i = 0; src[i] != '\0'; i++)
6     {
7         if(src[i] != str[0])
8             continue;
9         while(str[j] != '\0' && src[i+j]!='\0')
10        {
11            j++;
12            if(str[j] != src[i+j])
13            break;
14        }
15        if(str[j] == '\0')
16            return &src[i];
17    }
18    return -1;
19 }
20 int main(){
21   char* src = "Hold fast to dreams ,For if dreams die Life is a
22        broken-winged bird That can never fly.Hold fast to dreams For
23        when dreams go Life is a barren field Frozen only with snow";
24   printf("%s",findStr(src,"barren"));
25   return 0;
26 }
```

程序运行结果如图8-11所示。

图 8-11 例 8-5 程序运行结果

在例8-5中，第7行代码判断源字符串src中是否存在要查找的字符串str，如果没有相等的字符串，则结束本次循环从src字符串的下一个字符进行查找，若遍历源字符串后没有找到，则第18行代码退出程序并返回-1。第9~14行代码，若在查找过程中找到字符串str，在while()循环中src[i+j]的目的是在查找到字符串后向后遍历查找字符串大小的长度，在查找过程中若找到则退出循环，返回-1。若找到该字符串则返回查找字符串str在源字符串中出现的位置。

## 小 结

本章首先讲解了C语言中字符数组、字符串的概念与定义、字符串与指针的关系，然后讲解了字符串的输入/输出，最后讲解了字符串常用的操作函数，并依据字符串操作函数的功能，实现字符串操作函数，目的在于熟练掌握字符串操作的同时对指针有良好的掌握。

## 习 题

### 一、填空题

1. C 语言获取字符串长度的函数是________。
2. 使用字符串指针定义的变量存储在内存中的________。
3. 字符串查找函数是________。
4. 下列程序是从输入的十个字符串中找出最长的字符串，则空白处的语句是________。

```
int main()
{
   char s[10][64],*t;
   for(int i = 0;i < 10;i++)
       gets(s[i]);
   t=*s;
   for(int j = 0;j < N;j++)
       if(strlen(t)<strlen(s[j]))
           _______;
   printf("%s",t);
}
```

### 二、判断题

1. 字符数组就是字符串。 (    )

2. 使用 gets() 函数输入字符串时遇到回车键截止。（　　）

3. 字符串是以 '\0' 作为结尾的。（　　）

4. 字符查找函数 strchr() 和 strrchr() 查找到字符的位置是相同的，区别是查找的顺序不一样。（　　）

**三、选择题**

1. 下面程序运行结果是（　　）。

```
char *s="abcde";
s+=2;
printf("%d", s);
```

A. cde　　B. 字符 'c'

C. 字符 'c' 的地址　　D. 无确定的输出结果

2. 设有如下的程序段：chars[]="gir1"，*t；t=s: 则下列叙述正确的是（　　）。

A. s 和 t 完全相同

B. 数组 s 中的内容和指针变量 t 中的内容相等

C. s 数组长度和 t 所指向的字符串长度相等

D. *t 与 s[0] 相等

3. 下面程序段的运行结果是（　　）。

```
int main()
{
    char s[] = "example!",*t;
    t=s;
    while(*t != 'p')
    {
        printf("%c", *t - 32);
        t++;
    }
    return 0;
}
```

A. EXAMPLE!　　B. example!

C. EXAM　　D. example

4. 下面程序段的运行结果是（　　）。

```
char *s = "abcde";
s+=2;printf("%d",s);
```

A. cde　　B. 字符 'c'

C. 字符 'c' 的地址　　D. 无确定的输出结果

5. 以下程序输出的结果是（　　）。

```
int main()
{
```

```
    char *a[3] = {"I","love","China"};
    char **ptr = a;
    printf("%c  %s" , *(*(a+1)+1), *(ptr+1) );
    return 0;
}
```

A. I l　　B. o o　　C. o love　　D. I love

**四、简答题**

简述 sizeof 和 strlen() 的区别。

**五、编程题**

1. 编写程序统计输入的一串字符中大写字母和小写字母的个数。
2. 将输入英文语句中每个单词的第一个字母改成大写，然后输出该语句。
3. 判断输入的字符串是否是回文字符串，如果是则打印该字符串。

**六、拓展阅读**

基础软件国产化发展阔步向前。

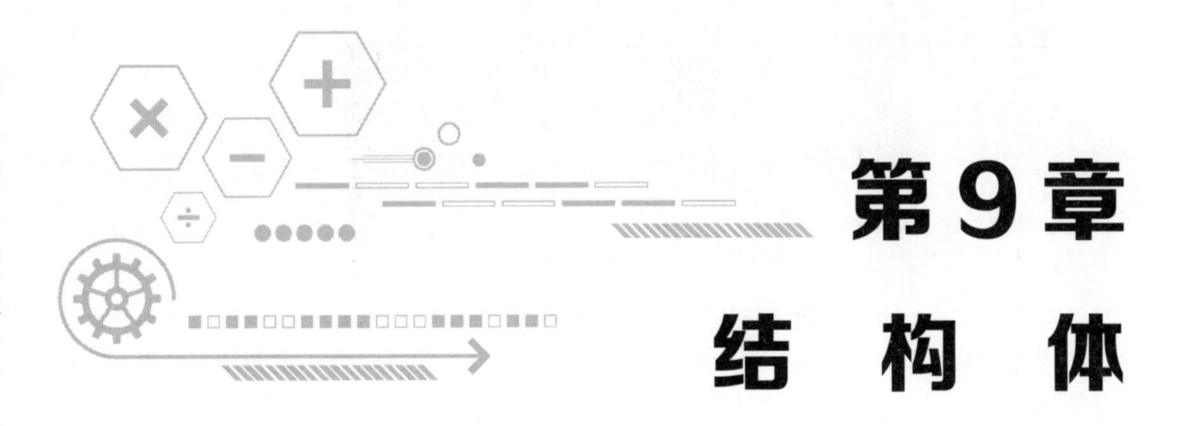

# 第9章 结构体

学习目标

➢掌握结构体类型的定义；

➢掌握结构体变量的定义与初始化；

➢了解结构体变量的存储方式；

➢掌握结构体变量的成员访问；

➢熟悉结构体嵌套；

➢掌握结构体数组的定义与初始化；

➢掌握结构体数组的访问；

➢掌握结构体变量、结构体数组、结构体指针作为函数参数；

➢掌握typedef关键字的使用。

前面章节所学的数据类型都是分散的、互相独立的，例如定义int a和char b两个变量，这两个变量是毫无内在联系的，但在实际生活和工作中，经常需要处理一些关系密切的数据，例如，描述公司员工信息，包括姓名、部门、职位、电话、E-mail地址等数据。由于这些数据的类型各不相同，因此，要想对这些数据进行统一管理，仅靠前面所学的基本类型和数组很难实现。为此，C语言提供了结构体构造类型，它能够将相同类型或者不同类型的数据组织在一起成为集合，解决更复杂的数据处理问题。本章将围绕结构体进行详细讲解。

## 9.1 结构体类型的定义

结构体是一种构造数据类型，可以把相同或者不同类型的数据整合在一起，这些数据称为该结构体的成员。使用结构体类型存储数据时，首先要定义结构体类型，结构体类型的定义格式如下：

```
struct 结构体类型名称
{
   数据类型  成员名1;
   数据类型  成员名2;
   …
   数据类型  成员名n;
};
```

在上述格式中，struct是定义结构体类型的关键字，struct关键字后面是结构体类型名称。在结构体类型名称下的一对大括号中，声明了结构体类型的成员，每个成员由数据类型和成员名共同组成。

以描述学生信息为例，假设学生信息包含学号（num）、姓名（name）、性别（sex）、年龄（age）、地址（address），那么，存储学生信息的结构体类型可以定义为下列格式：

```
struct Student
{
   int num;
   char name[10];
   char sex;
   int age;
   char address[30];
};
```

在上述定义中，结构体类型struct Student由5个成员组成，分别是num、name、sex、age和address。

在定义结构体类型时，需要注意以下几点：

（1）结构体类型定义以关键字struct开头，后面跟的是结构体类型的名称，该名称的命名规则与变量名相同。

（2）结构体类型与整型、浮点类型、字符类型等类似，只是数据类型，而非变量。

（3）定义好一个结构体类型后，并不意味着编译器会分配一块内存单元存放各个数据成员，它只是告诉编译系统结构体类型由哪些类型的成员构成、各占多少字节、按什么格式存储，并把它们当作一个整体来处理。

（4）定义结构体类型时，末尾的分号不可缺少。

## 9.2 结构体变量的定义与初始化

上一节只是定义了结构体类型，它仅相当于一个自定义数据类型，其中并无具体数据，系统也不会为它分配内存空间。为了能在程序中使用结构体类型的数据，应该定义结构体类型的变量，并在其中存放具体的数据。本节将介绍结构体变量的定义与初始化，以及结构体变量在内存中的存储方式。

### 9.2.1　结构体变量的定义

结构体类型与其他数据类型相同，其变量要通过数据类型定义，但结构体类型是一种自定义数据类型，其变量定义方式与其他数据类型有些区别。结构体变量的定义方式主要有两种，下面分别进行介绍。

**1. 先定义结构体类型，再定义结构体变量**

这种结构体变量定义方式与其他数据类型相同，其语法格式如下：

```
struct 结构体类型名 结构体变量名;
```

以9.1节定义的struct Student结构体类型为例，定义该结构体变量的示例代码如下：

```
struct Student stu1,stu2;
```

上述代码定义了2个结构体类型变量stu1和stu2，这时，stu1和stu2便具有了结构体特征，编译器会为它们分配一段内存空间用于存储具体数据，具体如图9-1所示。

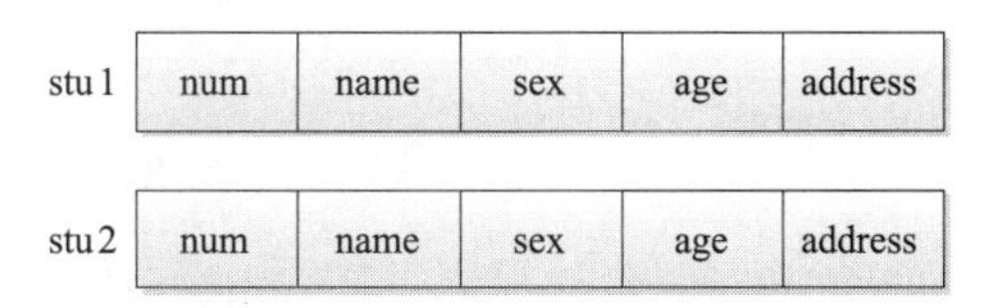


图 9-1　struct Student 结构体变量 stu1、stu2 的存储结构

**注意：**使用结构体类型定义变量时，struct关键字不可少，struct Student作为整体才表示一个结构体类型。缺少struct关键字，程序编译不通过。

错误示例代码如下：

```
Student stu1;                     //错误，缺少struct关键字
```

编译器在编译上述代码时会报错，提示未定义标识符Student。

**2. 在定义结构体类型的同时定义结构体变量**

定义结构体类型的同时定义结构体变量，其语法格式如下：

```
struct 结构体类型名称
{
    数据类型  成员名1;
    数据类型  成员名2;
    …
    数据类型  成员名n;
}结构体变量名列表;
```

以定义struct Student结构体类型，并定义struct Student类型的变量stu1、stu2为例，具体示例如下：

```
struct Student
{
    int num;
    char name[10];
    char sex;
```

```
}stu1,stu2;
```

上述代码在定义结构体类型struct Student的同时定义了结构体变量stu1和stu2，该方式的作用与先定义结构体类型，再定义结构体变量作用相同，其中，stu1和stu2中所包含的成员类型都是一样的。

### 9.2.2 结构体变量的初始化

扫一扫

结构体变量存储了一组不同类型的数据，为结构体变量初始化的过程，其实就是为结构体中各个成员初始化的过程。根据结构体变量定义方式的不同，可以将结构体变量初始化方式分为两种。

（1）在定义结构体类型时定义结构体变量，同时对结构体变量初始化。例如，定义一个struct Person结构体类型，该结构体类型的成员项包括编号、姓名、性别三项。在定义struct Person结构体类型时，定义变量p，并对p进行初始化，示例代码如下：

```
struct  Person
{
   int ID;
   char name[10];
   char sex;
}p={ 0001,"Zhang San",'M' };
```

上述代码在定义结构体类型struct Person的同时定义了结构体变量p，并对p中的成员进行了初始化。

（2）先定义结构体类型，之后定义结构体变量并对结构体变量初始化。以struct Person结构体类型为例，先定义struct Person结构体类型，然后定义struct Person类型的变量p，并对其进行初始化，示例代码如下：

```
struct  Person
{
   int ID;
   char name[10];
   char sex;
};
struct Person p = {0001,"Zhang San",'M' };
```

在上述代码中，首先定义了一个结构体类型struct Person，然后在定义结构体变量p时对其中的成员进行初始化。

**注意：**编译器在初始化结构体变量时，按照成员声明顺序从前往后匹配，而不是按照数据类型自动匹配。在初始化成员变量时，如果没有按顺序为成员变量赋值，或者只给一部分成员变量赋值，往往会匹配错误。

例如，给struct Person结构体类型的变量p赋值时，只给其中的name与sex成员变量赋值，例如：

```
struct Person p={"Zhang San",'M' };
```

上述代码在定义变量p时，只给name和sex赋值，但在编译时，编译器会从前往后将字符串"Zhang San"匹配给成员变量ID，字符'M'匹配给成员变量name，而成员变量sex没有值。这样当变量p中的成员参与运算时就会发生错误。

### 9.2.3　结构体变量的存储方式

结构体变量一旦被定义，系统就会为其分配内存。为方便系统对变量的访问，保证读取性能，结构体变量中各成员在内存中的存储遵循字节对齐机制。该机制的具体规则如下：

（1）结构体变量的首地址能够被其最宽基本类型成员的大小整除。

（2）结构体每个成员相对于结构体首地址的偏移量都是该成员大小的整数倍，且能够被最宽基本类型成员的大小整除。如果有需要，编译器会在成员之间加上填充字节。

（3）结构体的总大小为结构体最宽基本类型成员大小的整数倍。如果有需要，编译器会在最末一个成员后面加上填充字节。

假设定义一个结构体类型struct Note，并定义相应变量nt，示例代码如下：

```
struct Note
{
   char a;
   double b;
   int c;
   short d;
};
struct Note nt;                    //定义struct Note结构体变量
```

在上述代码中，按基础数据类型计算，char、double、int、short四种数据类型共占据15字节。但作为结构体变量计算，拥有这四项成员的结构体变量共占据24字节。

在struct Note变量nt中，double类型变量b占据最多字节，是最宽基本类型成员，编译器以double类型的长度8字节为准，按字节对齐机制为各成员变量分配内存。首先，编译器会寻找内存地址能被double数据类型大小（8字节）整除的位置，作为结构体的首地址。接着编译器为每个成员变量分配内存空间，在为每个成员变量分配内存空间时，编译器会计算预分配内存空间的首地址相对于结构体首地址的偏移量是否是本成员的整数倍，且能够被8（sizeof(double)）整除，若满足要求，就为成员分配内存空间，否则就在本成员和上一个成员之间填充一定数量的字节。最后，编译器会计算所有成员所占内存空间大小（包括填充字节）是否是8的整数倍，若是，则完成内存空间分配，否则，在最后一个成员后面填充一定数量字节。struct Note结构体类型变量nt的各成员内存分配情况如图9-2所示。

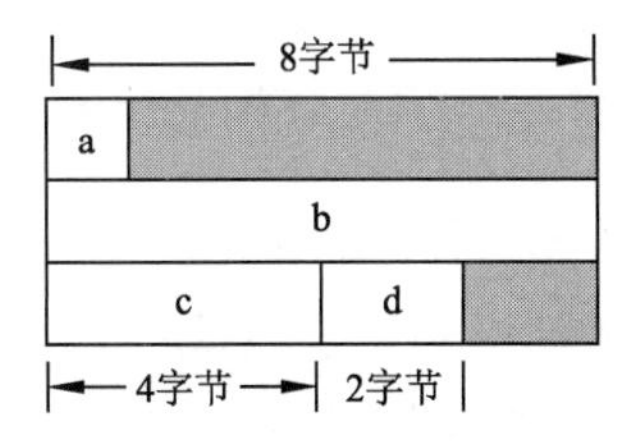


图 9-2　struct Note 类型变量 nt 各成员内存分配

在图9-2中，灰色区域是填充字节，变量nt中各成员的填充情况为：变量a占据1字节，填充7字节；变量d占据2字节，末尾填充2字节。

下面通过输出struct Note类型变量nt的地址及各成员的地址，以验证其内存分配情况，如例9-1所示。

【例9-1】 note.c

```
1 #include <stdio.h>
2 struct Note                                  //定义结构体类型
3 {
4     char a;
5     double b;
6     int c;
7     short d;
8 };
9 int main()
10  {
11     struct Note nt;                          //定义struct Note结构体变量
12     printf("&nt=%p\n", &nt);                 //输出结构体首地址
13     printf("&a=%p\n", &nt.a);                //输出成员变量a的地址
14     printf("&b=%p\n", &nt.b);                //输出成员变量b的地址
15     printf("&c=%p\n", &nt.c);                //输出成员变量c的地址
16     printf("&d=%p\n", &nt.d);                //输出成员变量d的地址
17     printf("size:%d\n", sizeof(nt)); //计算结构体变量nt的大小
18    return 0;
19  }
```

程序运行结果如图9-3所示。

图 9-3　例 9-1 程序运行结果

下面结合图9-3分析结构体变量nt及其各成员的内存分配情况，具体如下：

（1）结构体变量nt的首地址为002EFBDC，可以被8（sizeof(double)）整除。

（2）成员变量a的地址与结构体变量首地址是同一个地址。

（3）成员变量b的地址为002EFBE4，它与成员变量a的地址相差8字节，由于成员变量a为

char类型，占1字节内存，因此成员变量b与成员变量a之间有7字节的填充区域。

（4）成员变量c的地址为002EFBEC，它与成员变量b的地址相差8字节，这正好是成员变量b的大小，表明成员变量b与成员变量c之间没有填充字节。

（5）成员变量d的地址为002EFBF0，它与成员变量c之间相差4字节，这正好是成员变量c的大小，表明成员变量c与成员变量d之间也没有填充字节。

（6）成员变量d的地址与结构体变量首地址相差20字节，由于成员变量d为short类型，占据2字节内存，如此计算，结构体变量nt各成员所占内存大小为22字节（20+2）。由于22不能被8（sizeof(double)）整除，因此编译器在成员变量d后面填充了2字节，结构体变量nt占内存总大小为24字节。

## 9.3　结构体变量的成员访问

初始化结构体变量的目的是使用结构体变量中的成员。在C语言中，访问结构体变量成员的方式有两种：直接访问、通过指针访问。本节将针对结构体变量成员的两种访问方式进行讲解。

### 9.3.1　直接访问结构体变量的成员

直接访问结构体变量的成员可以通过“.”运算符实现，其格式如下：

```
结构体变量名.成员名;
```

例如，9.2.2节定义了struct Person结构体变量p，根据上述格式访问变量p中的成员name，代码如下：

```
p.name;
```

为了帮助大家更好地掌握结构体变量成员的访问，下面通过一个案例输出结构体变量p成员的值，如例9-2所示。

【例9-2】 disMem.c

```
1 #include <stdio.h>
2 struct Person                          //定义结构体类型struct Person
3 {
4     int ID;
5     char name[10];
6     char sex;
7 };
8 int main()
9 {
10    struct Person p = { 0001,"Zhang San",'M' };    //定义结构体变量p
11    printf("ID:%04d\n", p.ID);         //输出成员ID
12    printf("name:%s\n", p.name);       //输出成员name
```

```
13    printf("sex:%c\n", p.sex);  //输出成员sex
14    return 0;
15 }
```

程序运行结果如图9–4所示。

图 9–4 例 9–2 程序运行结果

在例9–2中，第2~7行代码定义了结构体类型struct Person；第10行代码定义了struct Person结构体变量p，并对其进行了初始化；第11~13行代码分别输出了变量p的各个成员值。由图9–4可知，通过"."运算符成功访问到了struct Person结构体变量成员。

通过"."运算符可以访问结构体变量成员，那么也可以通过这种方式修改结构体成员变量的值。例如，修改struct Person结构体变量p中成员的值，代码如下：

```
char arr[20] = "lisi";                    //定义字符数组
p.ID = 002;                               //修改成员ID的值
strcpy(p.name, arr);                      //修改成员name的值
p.sex = 'F';                              //修改成员sex的值
```

上述代码中，通过"."运算符访问并修改了struct Person结构体变量p中各成员的值。需要注意的是，成员name是一个字符数组，存储的是一个字符串，为字符数组赋值时不能简单地对数组名name赋值，要通过字符串操作函数完成相应操作。

**小提示 通过"."运算符初始化结构体变量**

在初始化结构体变量时，也可以通过"."运算符指定要初始化的成员变量，这就解决了未按照顺序初始化各成员变量时编译器匹配错误的问题。例如：

```
struct Person p = { .name = "chenwu",.sex = 'F', .ID = 0006 }; //未按顺序初始化
struct Person p = { .name = "chenwu",.sex = 'F'}; //只初始化一部分成员
```

### 9.3.2 通过指针访问结构体变量的成员

结构体变量与普通变量相同，在内存中都占据一块内存空间，同样可以定义一个指向结构体变量的指针。当程序中定义了一个指向结构体变量的指针后，可以通过"指针名→成员变量名"的方式访问结构体变量中的成员。

结构体指针的定义方式与一般指针类似，例如，定义一个指向struct Person结构体变量p的指针，并通过指针访问变量p中的成员，如例9–3所示。

【例9-3】 ptrStr.c

```
1 #include <stdio.h>
2 struct  Person                                    //定义结构体类型struct Person
3 {
4     int ID;
5     char name[10];
6     char sex;
7 };
8 int main()
9 {
10    struct Person p = { 0002,"zhouli",'F' };     //定义结构体变量p
11    struct Person* ptr = &p;                       //定义指向变量p的指针ptr
12    printf("%04d\n", ptr->ID);                     //输出成员ID的值
13    printf("%s\n", ptr->name);                     //输出成员name的值
14    printf("%c\n", ptr->sex);                      //输出成员sex的值
15    return 0;
16 }
```

程序运行结果如图9-5所示。

图 9-5 例 9-3 程序运行结果

在例9-3中，第2~7行代码定义了结构体类型struct Person；第10行代码定义了struct Person结构体变量p，并对其进行了初始化；第11行代码定义了一个指向结构体变量p的指针ptr；第12~14行代码分别通过指针ptr输出结构体变量p的各个成员值。由图9-5可知，通过结构体指针ptr成功访问了结构体变量p的各个成员。

## 9.4 结构体嵌套

结构体中的成员除了基本类型、指针、数组，还可以是一个结构体类型的变量，这种情况称为结构体嵌套。本节将针对结构体嵌套进行详细讲解。

### 9.4.1 访问嵌套结构体变量成员

结构体嵌套使用时，访问内部结构体变量的成员时，先通过外层结构体变量访问内部结构体变量，然后再通过内部结构体变量访问成员，即访问内部结构体变量的成员需要使用两次“.”运算符。下面通过一个案例演示如何访问嵌套结构体中的成员，如例9-4所示。

【例9-4】 structNest.c

```
1 #include <stdio.h>
2 struct Birth                                //定义结构体类型struct Birth
3 {
4     int year;
5     int month;
6     int day;
7 };
8 struct  Person                              //定义结构体类型struct Person
9 {
10    int ID;
11    char name[10];
12    char sex;
13    struct Birth birthDate;                 //包含struct Birth结构体变量birthDate
14 };
15  int main()
16  {
17     struct Person p = { 0006,"chenyan",'F',{1980,1,1}};
18     printf("ID:%04d\n", p.ID);            //输出成员ID的值
19     printf("name:%s\n", p.name);          //输出成员name的值
20     printf("sex:%c\n", p.sex);            //输出成员sex的值
21     printf("birth:%d-%d-%d\n",            //输出成员birthDate中的各成员值
22     p.birthDate.year,p.birthDate.month,p.birthDate.day);
23     return 0;
24 }
```

程序运行结果如图9-6所示。

图 9-6 例 9-4 程序运行结果

在例9-4中，第2~7行代码定义了struct Birth结构体类型，用于表示个人出生日期；第8~14行代码定义了struct Person结构体类型，在该结构体中包含了struct Birth结构体变量birthDate；第

17行代码定义了struct Person结构体变量p，并对其进行初始化；第18~22行代码分别输出变量p的各项成员值，在输出成员birthDate的各项值时，使用p.birthDate访问birthDate的成员。由图9-6可知，struct Person结构体变量p的所有成员成功输出。

**注意**：结构体不能嵌套自身结构体类型的变量，因为嵌套自身结构体类型变量时，结构体类型还未定义，编译器无法确定自身类型的变量需要分配多少内存空间。

错误示例代码如下：

```
struct  Person                    //定义结构体类型struct Person
{
    int ID;
    char name[10];
    char sex;
    struct Person p1;             //错误，嵌套自身结构体类型的变量
};
```

上述结构体在编译时，编译器会报错，提示p1使用未定义的struct Person。虽然结构体无法嵌套自身结构体类型的变量，但却可以嵌套自身结构体类型的指针变量，这是因为指针变量的大小只与计算机系统架构有关，编译器可以确定指针变量的大小并为其分配内存空间。例如：

```
struct  Person                    //定义结构体类型struct Person
{
    int ID;
    char name[10];
    char sex;
    struct Person *ptr;           //正确，嵌套自身结构体类型的指针变量
};
```

在上述代码中，struct Person结构体类型嵌套了struct Person结构体类型的指针变量ptr，定义struct Person结构体类型的变量p1和p2，并对它们进行初始化。例如：

```
struct Person p1 = { 0010,"lisi",'M'};
struct Person p2 = { 0007,"wangwu",'F',&p1 };      //取变量p1的地址赋值给ptr
```

上述代码中，定义了struct Person结构体变量p1与p2，在变量p2中，取变量p1的地址赋值给成员ptr。通过变量p2中的指针ptr可以访问到变量p1中的成员，例如：

```
p2.ptr->ID;                   //访问struct Person结构体变量p1的成员ID
p2.ptr->name;                 //访问struct Person结构体变量p1的成员name
p2.ptr->sex;                  //访问struct Person结构体变量p1的成员sex
```

### 9.4.2 嵌套结构体的内存管理

当结构体中存在结构体类型成员时，结构体变量在内存中的存储依旧遵循内存对齐机制，此时结构体以其普通成员和结构体成员中的最长数据类型为准，对各成员进行对齐。例如，例9-4中的结构体struct Person，该结构体中包含一个struct Birth结构体类型的成员变量，在所有成员中，int类型为最长数据类型，因此，struct Person结构体变量在内存中以4字节为准进行对齐。

struct Person结构体变量的内存示意图如图9-7所示。

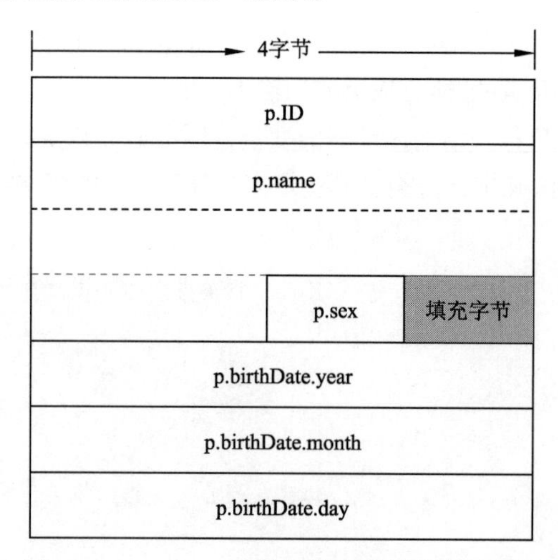


图 9-7　struct Person 结构体变量的内存示意图

下面修改例9-4，将struct Person结构体变量p及其成员地址打印出来，如例9-5所示。

【例9-5】 printAddr.c

```
1 #include <stdio.h>
2 struct Birth                          //定义结构体类型struct Birth
3 {
4     int year;
5     int month;
6     int day;
7 };
8 struct  Person                        //定义结构体类型struct Person
9 {
10    int ID;
11    char name[10];
12    char sex;
13    struct Birth birthDate;     //包含struct Birth结构体类型的变量birthDate
14 };
15 int main()
16 {
17    struct Person p = { 0006,"chenyan",'F',{1980,1,1}};
18    printf("&p:%p\n", &p);              //输出结构体变量p的地址
19    printf("ID:%p\n", &p.ID);           //输出成员ID的地址
20    printf("name:%p\n", &p.name);       //输出成员name的地址
21    printf("sex:%p\n", &p.sex);         //输出成员sex的地址
22    printf("year:%p\n", &p.birthDate.year);//输出成员birthDate.year地址
23    printf("month:%p\n", &p.birthDate.month);//输出成员birthDate.month地址
24    printf("day:%p\n", &p.birthDate.day);    //输出成员birthDate.day地址
```

```
25     return 0;
26 }
```

程序运行结果如图9-8所示。

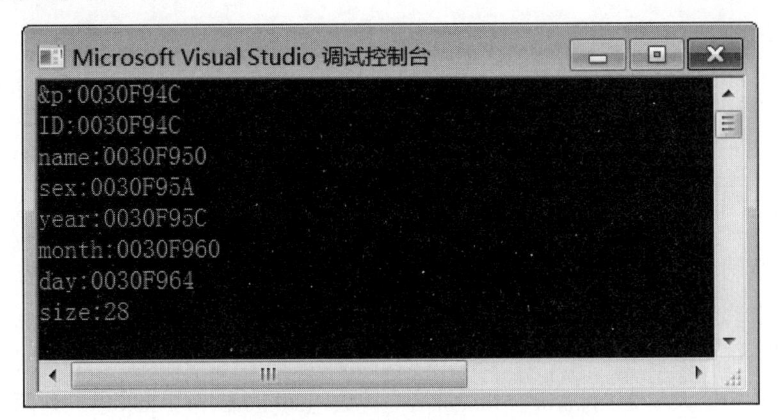


图 9-8 例 9-5 程序运行结果

在例9-5中，第2~7行代码定义了struct Birth结构体类型；第8~14行代码定义了struct Person结构体类型；第17行代码定义了struct Person结构体变量p并初始化；第18~24行代码分别调用printf()函数输出变量p及其各成员的地址。图9-8输出了struct Person结构体变量p的内存地址及其各个成员的内存地址，读者可计算各个成员地址之间的差值，与图9-7所示存储方式完全相符。例9-1已经讲解过通过结构体变量成员地址分析成员变量的存储方式，这里不再赘述。

## 9.5 结构体数组

一个结构体变量可以存储一组数据，例如一个学生的序号、姓名、性别等数据。如果有10个学生的信息需要存储，可以采用结构体数组。与前面讲解的数组不同，结构体数组中的每个元素都是结构体类型的数据。本节将针对结构体数组的定义与初始化、结构体数组的访问进行详细讲解。

### 9.5.1 结构体数组的定义与初始化

扫一扫

假设一个班有20个学生，描述这20个学生的信息，可以定义一个容量为20的struct Student类型的数组。与结构体变量定义方式一样，结构体数组的定义方式也有两种，下面分别进行介绍。

（1）先定义结构体类型，后定义结构体数组。具体示例如下：

```
struct Student                    //定义struct Student结构体类型
{
    int num;
    char name[10];
    char sex;
```

```
};
struct Student stus[20];                //定义struct Student结构体数组stus
```

（2）在定义结构体类型的同时定义结构体数组。具体示例如下：

```
struct Student
{
    int num;
    char name[10];
    char sex;
}stus[20];
```

结构体数组的初始化方式与普通类型的数组类似，都是通过为元素赋值的方式完成的。由于结构体数组中的每个元素都是一个结构体变量，因此，在为每个元素赋值时，需要将其成员的值依次放到一对大括号中。

例如，定义一个大小为3的struct Student结构体数组students，可以采用下列两种方式初始化students数组。

（1）先定义结构体类型，然后定义结构体数组并初始化结构体数组。具体示例如下：

```
struct Student
{
    int num;
    char name[10];
    char sex;
};
struct Student students[3] = {{0001, "Zhang San",'M'},
                              { 0002, "Li Si",'W'},
                              { 0003, "Zhao Liu",'M'}
};
```

（2）在定义结构体类型的同时，定义结构体数组并初始化结构体数组。具体示例如下：

```
struct Student
{
    int num;
    char name[10];
    char sex;
}students[3] = {{ 0001, "Zhang San",'M'},
                { 0002, "Li Si",'W'},
                { 0003, "Zhao Liu",'M'}
};
```

当然，初始化结构体数组时，也可以不指定结构体数组的长度，系统在编译时，会自动根据初始化元素个数决定结构体数组的长度。例如，下列初始化结构体数组的方式也是合法的。

```
struct Student
{
```

```
    int num;
    char name[10];
    char sex;
}students[] = {{ 0001, "Zhang San",'M'},
               { 0002, "Li Si",'W'},
               { 0003, "Zhao Liu",'M'}
};
```

### 9.5.2 结构体数组的访问

结构体数组的访问是指对结构体数组元素的访问，由于结构体数组的每个元素都是一个结构体变量，因此，结构体数组元素的访问就是对数组元素中的成员进行访问，其语法格式如下：

```
结构体数组[索引].成员名
```

为了帮助读者更好地掌握结构体数组的访问，下面通过一个案例输出结构体数组中的所有成员，如例9-6所示。

【例9-6】 structArr.c

```
1 #include <stdio.h>
2 struct Student                        //定义struct Student结构体类型
3 {
4     int num;
5     char name[10];
6     char sex;
7 };
8 int main()
9 {
10    //定义struct Student结构体数组students并初始化
11    struct Student students[3]={{0001,"Zhang San",'M'},
12                                {0002, "Li Si",'W'},
13                                {0003, "Zhao Liu",'M'}
14    };
15    for (int i = 0; i < 3; i++) //利用for循环访问数组students中元素
16    {
17        printf("%04d %s %c\n",
18            students[i].num,students[i].name,students[i].sex);
19    }
20    return 0;
21 }
```

程序运行结果如图9-9所示。

图 9-9　例 9-6 程序运行结果

在例9-6中，第2~7行代码定义了struct Student结构体类型；第11~14行代码定义了struct Student结构体类型的数组students，并进行初始化；第15~19行代码利用for循环访问数组students的元素，访问结构体数组元素其实就是访问数组元素中的成员，首先通过students[i]获取结构体数组元素，然后通过“students[i].成员”方式访问元素的各个成员。由图9-9可知，程序成功访问了struct Student结构体数组students各元素成员。

## 9.6 将结构体作为函数参数

函数不仅可以传递简单的变量、数组、指针等类型的数据，还可以传递结构体类型的数据，如结构体变量、结构体数组、结构体指针。本节将针对结构体类型数据在函数间的传递进行详细讲解。

扫一扫

### 9.6.1　结构体变量作为函数参数

结构体变量作为函数参数的用法与普通变量类似，都需要保证调用函数的实参类型和被调用函数的形参类型相同。结构体变量作为函数参数时，也是值传递，被调函数中改变结构体成员变量的值，主调函数中的结构体变量不受影响。

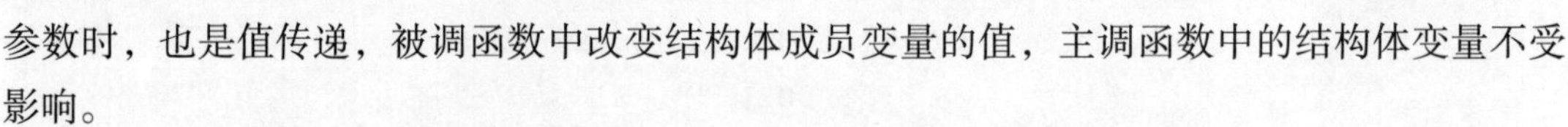

下面通过一个案例演示结构体变量作为函数参数调用，如例9-7所示。

【例9-7】 demo1.c

```
1 #include <stdio.h>
2 struct Student                          //定义struct Student结构体类型
3 {
4     char name[50];
5     int studentID;
6 };
7 void change(struct Student stu)         //struct Student结构体变量作为函数参数
8 {
9     strcpy(stu.name, "lisi");           //改变结构体变量的值
10    stu.studentID = 2;
11    printf("change()函数: ");
```

```
12    printf("name = %s  studentID = %d\n", stu.name, stu.studentID);
13 }
14 int main()
15 {
16    struct Student student = { "Zhang San", 1 };//定义结构体变量student
17    change(student);     //调用change()函数，student变量作为参数
18    printf("main()函数: ");
19    printf("name = %s  studentID = %d\n", student.name, student.studentID);
20    return 0;
21 }
```

程序运行结果如图9-10所示。

图 9-10　例 9-7 程序运行结果

在例9-7中，第2~6行代码定义了struct Student结构体类型，它有name和studentID两个成员。第7~13行代码定义了change()函数，该函数以struct Student结构体变量作为形式参数，在change()函数内部，改变结构体变量成员的值，并输出结构体变量的成员值。在第14~21行的main()函数中，第16行代码定义了struct Student结构体变量student并初始化。第17行代码调用change()函数并将student作为参数。第18~19行代码打印输出struct Student结构体变量student的成员值。由图9-10可知，change()函数改变了结构体变量student中的成员值，但main()函数中的结构体变量student的成员值没有受到影响。

### 9.6.2　结构体数组作为函数参数

函数间不仅可以传递一般的结构体变量，还可以传递结构体数组。结构体数组作为函数参数与普通数组作为函数参数一样，都是传递的数组首地址，在被调函数中改变结构体数组元素的成员变量，主调函数中的结构体数组也会跟着改变。

下面通过一个案例演示如何使用结构体数组作为函数参数传递数据，具体如例9-8所示。

【例9-8】 demo2.c

```
1 #include <stdio.h>
2 struct Student                          //定义struct Student结构体类型
3 {
4    char name[50];
5    int studentID;
6 };
7 void printInfo(struct Student stu[],int length)    //定义printInfo()函数
```

```
8 {
9    printf("printInfo()函数: \n");
10   for (int i = 0; i < length; i++)  //利用for打印结构体变量成员值
11   {
12       if(i == 2)                    //更改第3个元素的成员值
13       {
14           strcpy(stu[i].name, "lily");
15           stu[i].studentID = 6;
16       }
17       printf("%s  %d\n", stu[i].name, stu[i].studentID); //输出数组元素
18   }
19 }
20 int main()
21 {
22   struct Student students[3] = {{"Zhang San", 1 },     //定义结构体数组
23                                 {"Li Si",2},
24                                 {"Wang Wu", 3}
25   };
26   printInfo(students, 3);             //调用printInfo()函数
27   printf("main()函数: \n");
28   for(int i = 0; i < 3; i++)          //通过for循环输出结构体数组元素
29   {
30      printf("%s  %d\n", students[i].name, students [i].studentID);
31   }
32   return 0;
33 }
```

程序运行结果如图9-11所示。

图 9-11　例 9-8 程序运行结果

在例9-8中，第2~6行代码定义了struct Student结构体类型。第7~19行代码定义了printInfo()函数，该函数以struct Student结构体数组和数组大小作为形式参数，在函数内部利用for循环输出结构体数组元素，如果数组有第3个元素，就将第3个元素的成员值改变。第22~25行代

码在main()函数中定义大小为3的struct Student结构体数组students并初始化。第26行代码调用printfInfo()函数，传入参数为students数组及其大小。第28~31行代码利用for循环输出结构体数组students各元素的成员值。由图9–11可知，在printInfo()函数中，修改了结构体数组的第3个元素成员值，在main()函数中，结构体数组students的第3个元素成员值也被修改了。这表明，结构体数组作为函数参数其实传递的是结构体数组的首地址。

### 9.6.3　结构体指针作为函数参数

结构体指针变量用于存放结构体变量的首地址，将结构体指针作为函数参数传递时，其实就是传递结构体变量的首地址，在被调函数中改变结构体变量成员的值，那么主调函数中结构体变量成员的值也会被改变。

下面通过一个案例演示结构体指针作为函数参数的调用，具体如例9–9所示。

【例9–9】 demo3.c

```
1 #include <stdio.h>
2 struct Student
3 {
4     char name[50];
5     int studentID;
6 };
7 void change(struct Student* stu)
8 {
9     strcpy(stu->name, "lisi");
10    stu->studentID = 2;
11 }
12 int main()
13 {
14    struct Student student = { "Zhang San", 1 };
15    change(&student);
16    printf("name = %s  studentID = %d\n", student.name, student.studentID);
17    return 0;
18 }
```

程序运行结果如图9–12所示。

图 9–12　例 9–9 程序运行结果

在例9-9中，第2~6行代码定义了struct Student结构体类型。第7~11行代码定义了change()函数，该函数接收struct Student结构体类型的指针变量作为参数，在函数内部，通过指针修改结构体变量成员值。在第12~18行的main()函数中，第14行代码定义struct Student结构体变量student并初始化；第15行代码调用change()函数，取student变量的地址作为其参数；第16行代码输出struct Student结构体变量的成员值。由图9-12可知，调用change()函数之后，struct Student结构体变量的成员值被修改了。

## 9.7 typedef——给数据类型取别名

typedef关键字用于为现有数据类型取别名，例如，前面所学过的结构体、指针、数组、int、double等都可以使用typedef关键字为它们另取一个名字。使用typedef关键字可以方便程序的移植，减少对硬件的依赖性。

扫一扫

使用typedef关键字语法格式如下：

```
typedef 数据类型 别名;
```

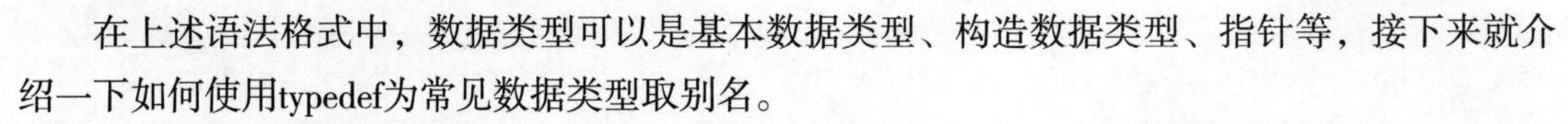

在上述语法格式中，数据类型可以是基本数据类型、构造数据类型、指针等，接下来就介绍一下如何使用typedef为常见数据类型取别名。

### 1. 为基本类型取别名

使用typedef关键字为unsigned int类型取别名，例如：

```
typedef unsigned int uint;
uint i,j,k;
```

上面的语句将unsigned int数据类型定义成unit，则在程序中可以用unit定义无符号整型变量。

### 2. 为数组类型取别名

使用typedef关键字为数组取别名，例如：

```
typedef char NAME[10];
NAME class1,class2;
```

上面的语句定义了一个长度为10的字符数组名NAME，并用NAME定义了两个字符数组class1和class2，等效于char class1[10]和char class2[10]。

### 3. 为结构体取别名

使用typedef关键字为结构体类型 struct Student 取别名，例如：

```
typedef struct Student
{
    int num;
    char name[10];
    char sex;
}STU;
STU stu1;
```

上面的代码先定义了一个struct Student类型的结构体，并使用typedef关键字为其取了别名STU，之后用别名STU定义了结构体变量stu1。此段代码中定义结构体变量的语句等效于下面这行语句：

```
struct  Student  stu1;
```

**注意**：使用typedef关键字只是对已存在的数据类型取别名，而不是定义新的数据类型。有时也可以用宏定义来代替typedef的功能，但是宏定义在预处理阶段只会被替换，它不进行正确性检查，且在某些情况下不够直观，而typedef直到编译时才替换，相比之下使用更加灵活。

# 小　结

本章首先讲解了结构体类型和结构体变量，包括结构体类型的定义、结构体变量的定义与初始化、结构体变量的成员访问和结构体嵌套；然后讲解了结构体数组、结构体类型数据作为函数参数；最后讲解了typedef关键字的使用。通过本章的学习，读者应当熟练掌握结构体的定义、初始化以及引用方式，为后期学习复杂数据类型的处理提供有力的支持。

# 习　题

**一、填空题**

1. 在C语言中，结构体类型属于________类型。

2. 通过结构体变量stu引用其num成员的方式是________。

3. 以下定义中，结构体类型名称是________，结构体变量是________，结构体类型标识符是________。

```
struct Apple
{
   char color;
}apple;
```

4. 下面定义的语句中，sizeof(parr)的值是________。

```
struct PC{
    int num;
    char name[20];
}parr[10];
```

**二、判断题**

1. 结构体指针存储的是结构体在内存中的首地址。（　　）

2. 结构体类型中不可以有相同数据类型的成员。（　　）

3. 结构体指针作为函数参数，是将结构体的首地址传递给函数。（　　）

4. 结构体变量在程序运行期间只有一个成员驻留在内存。（　　）

5. 若已知指向结构体变量stu的指针p，在引用结构体成员时，有三种等价的形式，即stu.成员名、*p.成员名、p->成员名。（　　）

## 三、选择题

1. 关于结构体变量的内存分配，下列说法中正确的是（　　）。

   A. 结构体变量所占内存是各成员所需内存量的总和

   B. 结构体变量的首地址能够被其最宽基本类型成员的大小整除

   C. 结构体变量第一个成员与结构体变量首地址之间必须要加填充字节

   D. 结构体变量最后一个成员之后不能加填充字节

2. 若有定义：

```
struct  KeyWord
{
   char Key[20];
   int ID;
}kw[] = { "void", 1, "char", 2, "int", 3, "float", 4, "double", 5 };
```

则 printf("%c,%d\n", kw[3].Key[0], kw[3].ID); 语句的输出结果为（　　）。

   A. i 3　　　　B. n 3

   C. f 4　　　　D. l 4

3. 关于结构体作为函数参数，下列描述中错误的是（　　）。

   A. 结构体变量可以作为函数参数

   B. 结构体数组可以作为函数参数

   C. 结构体指针可以作为函数参数

   D. 结构体成员变量不可以作为函数参数

4. 阅读下列程序：

```
int main(){
   struct cmplx
   {
       int x;
       int y;
   }com[2] = {1,3,2,7};
   printf("%d\n",com[0].y/com[0].x*com[1].x);
}
```

程序的输出结果为（　　）。

   A. 0　　　　B. 1

   C. 3　　　　D. 6

5. 关于 typedef 的使用，下列选项错误的是（　　）。

   A. typedef int ZX;

   B. typedef float FARR[20];

   C. typedef Student STU;

   D. typedef int(PADD)(int a, int b);

**四、简答题**

1. 简述结构体变量的定义方式。

2. 简述结构体变量的内存分配情况。

**五、编程题**

定义一个结构体类型用于存储员工信息，成员包括：工号、姓名、年龄、电话、地址。按结构体类型定义一个结构体数组，从键盘输入每个结构体元素所需的数据，然后逐个输出这些元素（数组大小可自行定义）。

**六、拓展阅读**

让科学之树枝繁叶茂。

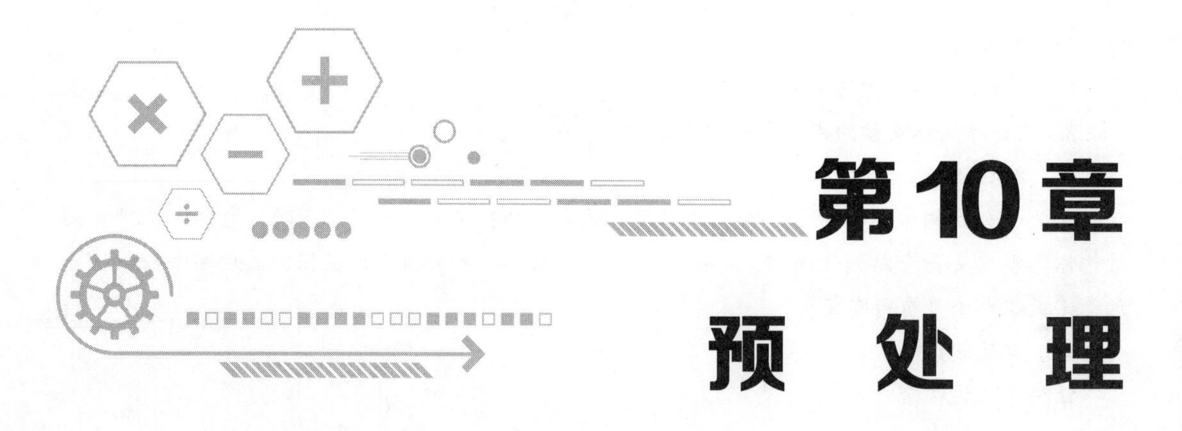

# 第10章 预处理

**学习目标**

- ➢掌握不带参数的宏定义；
- ➢掌握带参数的宏定义；
- ➢掌握宏定义的取消；
- ➢掌握条件编译的3种格式；
- ➢掌握文件包含的用法；
- ➢了解断言的作用；
- ➢了解#pragma的作用。

在C语言中，除了前面介绍的语句之外，还有一种特殊的语句，即预处理语句，这类语句的作用不是实现程序的功能，而是给C语言编译系统提供信息，通知C编译器对源程序进行编译之前应该做哪些预处理工作。C语言提供的预处理语句主要包括宏定义、文件包含和条件编译等。本章将针对预处理语句进行详细讲解。

## 10.1 宏定义

宏定义是最常用的预处理功能之一，其作用是用一个标识符表示一个字符串。这样，在源程序被编译器处理之前，预处理器会将标识符替换成所定义的字符串。根据是否带参数，可以将宏定义分为无参数宏定义和带参数宏定义。宏定义还可以取消。本节将针对不带参数的宏定义、带参数的宏定义以及取消宏定义进行详细讲解。

扫一扫

### 10.1.1 不带参数的宏定义

在程序中，经常会定义一些常量，如3.14、"ABC"，如果这些常量在程序中被频繁使用，难免会出现书写错误的情况。针对频繁使用常量的需求，为了避免程序书写错误，可以使用不带参数的宏定义表示这些常量，其语法格式如下：

```
#define 标识符 字符串
```

在上述语法格式中，#define用于定义一个宏，标识符指的是所定义的宏名，字符串指的是宏体，它可以是常量、表达式等。一般情况下，宏定义需要放在源程序的开头、函数定义的外面，它的有效范围是从宏定义语句开始至源文件结束。

下面看一个具体的宏定义，代码如下：

```
#define PI 3.1415926
```

上述宏定义的作用就是使用标识符PI来代表数据3.1415926。如此一来，凡是在后面程序中出现PI的地方都会被替换为3.1415926。

下面通过一个案例演示宏定义的使用，如例10–1所示。

【例10–1】 definePI.c

```
1 #include <stdio.h>
2 #define PI 3.1415926                        //宏定义
3 int main()
4 {
5     printf("%f\n", PI);                     //使用宏定义
6     return 0;
7 }
```

程序运行结果如图10–1所示。

图 10–1 例 10–1 程序运行结果

在例10–1中，第2行代码定义了一个宏PI，其值为3.1415926；第5行代码在main()函数中调用printf()函数输出了PI的值。由图10–1可知，程序成功地输出了PI的值。

第2行代码定义了宏PI之后，在后面程序中，只要出现PI的地方，程序在预处理时都会将PI替换为3.1415926。预处理之后，第5行代码如下：

```
printf("%f\n", 3.1415926);
```

如果程序中有很多地方用到PI，预处理器会将所有的PI都替换为3.1415926。如果需要更换PI的值，只在宏定义的地方更换即可。

### 脚下留心 宏定义注意事项

（1）宏定义的末尾不用加分号，如果加了分号，将被视为被替换的字符串的一部分。由于宏定义只是简单的字符串替换，并不进行语法检查，因此，宏替换的错误要等到系统编译时才能被发现。

例如，有如下宏定义：

```
#define MAX 20;
//...
if(result == MAX)
   printf("equal");
```

经过宏定义替换后，其中的if语句将变为：

```
if(result==20;)
```

显然上述语句存在语法错误。

（2）如果宏定义中的字符串出现运算符，需要在合适的位置加上括号，如果不添加括号可能会出现错误，例如，有如下宏定义：

```
#define S 3+4
//...
a = S * c;
```

对于表达式a＝S*c，宏定义替换后的代码如下：

```
a=3+4*c;
```

这样的运行结果显然不符合需求。因此，在定义宏S时，应加上小括号，代码如下：

```
#define S(3 + 4)
//...
a=S*c;                                //预处理之后：a = (3 + 4)*c;
```

（3）宏定义允许嵌套，宏定义中的字符串中可以使用已经定义的宏名。例如：

```
#define PI 3.1415926                  //定义宏PI
#define P PI * 5                      //使用已经定义的宏PI定义另一个宏
printf("%f", P);
```

嵌套定义的宏，在预处理时也会依次替换，宏替换后的代码如下：

```
printf("%f", 3.1415926*5);
```

（4）宏定义不支持递归，下面的宏定义是错误的。

```
#define MAX MAX+5
```

### 10.1.2 带参数的宏定义

不带参数的宏定义只能完成一些简单的替换数值操作，如果希望程序在完成替换的过程中，能够进行一些更加灵活的操作，例如，根据不同的半径计算圆的周长，这时可以使用带参数的宏定义。带参数的宏定义语法格式如下：

```
#define 标识符(参数1, 参数2,…) 字符串
```

同不带参数的宏定义格式相比，带参数的宏定义语法格式中多了一个包含若干参数的括号，括号中的多个参数之间使用逗号分隔。对于带参数的宏定义来说，同样需要使用字符串替换宏名，使用实参替换形参。

下面通过一个计算圆周长的案例演示带参数宏定义的使用，如例10-2所示。

【例10-2】 definePara.c

```
1 #include <stdio.h>
2 #define PI 3.14                                  //定义宏PI
3 #define COMP_CIR(x)   2 * PI * x                 //定义带参数的宏COMP_CIR
4 int main()
5 {
6     double r = 1.0;
7     printf("2 * pi * r = %f\n", COMP_CIR(r)); //引用宏COMP_CIR
8     return 0;
9 }
```

程序运行结果如图10-2所示。

图 10-2　例 10-2 程序运行结果

在例10-2中，第2行代码定义了不带参数的宏PI；第3行代码定义了带参数x的宏COMP_CIR，用于表示半径为x的圆的周长；第6行代码定义了一个double类型的变量r，其值为1.0；第7行代码引用宏COMP_CIR，并将变量r作为其参数，最终输出半径为r的圆的周长。由图10-2可知，半径为1.0的圆的周长为6.28。

在例10-2中，第7行代码在预处理时，由于宏定义COMP_CIR(x)嵌套了宏定义PI，程序首先会将宏定义PI替换成3.14，然后将参数x替换成半径r，替换后的代码如下所示：

```
printf("2 * pi * r = %f\n", 2*3.14*r);
```

通过上面的例子，可能会让有的读者觉得，带参宏定义和带参函数有时可以实现同样的功能，但两者却有着本质上的不同，具体如表10-1所示。

**表 10-1　带参数的宏定义与带参数的函数的区别**

| 基 本 操 作 | 带参数的宏定义 | 带参数的函数 |
|---|---|---|
| 处理时间 | 预处理 | 编译、运行时 |
| 参数类型 | 无 | 需定义参数类型 |
| 参数传递 | 不分配内存，无值传递的问题 | 分配内存，将实参值带入形参 |
| 运行速度 | 快 | 相对较慢，因为函数的调用会涉及内存分配、参数传递、压栈、出栈等操作 |

带参宏定义非常灵活，而且宏定义在程序预处理时就执行了。相比于函数，宏定义的“开销”要小一些，因此很多程序员喜欢使用宏定义代替一些函数的功能。

但是，在使用带参数的宏定义时，务必要注意参数替换问题，例如，定义带参宏定义ABS，用于计算参数的绝对值，代码如下：

```
#define ABS(x)  (x) >= 0 ? (x) : -(x)          //定义宏计算x的绝对值
```

上面代码定义了带参数的宏ABS(x)，用于计算参数x的绝对值，宏体是一个条件表达式，如果参数x>0，就返回x本身作为其绝对值，如果x>0不成立，就取-x作为其绝对值。

该宏定义本身没有任何问题，例如定义double x = 12；传入参数x，计算结果为12。但是，当传入++x时，计算结果会出现错误，具体如例10-3所示。

【例10-3】 abs.c

```
1 #include <stdio.h>
2 #define ABS(x)  (x) >= 0 ? (x) : -(x)          //定义宏计算x的绝对值
3 double compAbs(double x)                      //定义函数计算x的绝对值
4 {
5     return x >= 0 ? x : -x;
6 }
7 int main()
8 {
9     double x = 12, y = 12;
10    printf("ABS(++x) = %f\n", ABS(++x));       //宏ABS计算++x的绝对值
11    printf("compAbs(++y) = %f\n", compAbs(++y));//compAbs()计算++y绝对值
12    return 0;
13 }
```

程序运行结果如图10-3所示。

图 10-3　例 10-3 程序运行结果

在例10-3中，第2行代码定义宏ABS；第3~6行代码定义compAbs()函数；宏定义ABS和函数comAbs()都用于计算绝对值。第10~11行代码，分别调用宏ABS和compAbs()函数计算++x和++y的绝对值。从图10-3中可以看出，两者计算出的结果不一样。显然compAbs()函数计算出的结果13才是正确的。这是因为宏ABS在替换时，首先会将参数进行替换，替换后的表达式如下：

```
(++x) >= 0 ? (++x) : -(++x);
```

在上述代码中，当x等于12时，首先会被自增为13，判断13>=0成立，则取（++x）作为整个表达的结果，再次执行++x操作，x的结果变为14，将14返回作为整个表达式的结果，造成计算结果错误。因此，在使用宏定义代替函数时，一定要注意这样的参数替换问题，避免程序出现错误。

### 10.1.3　取消宏定义

#undef指令用于取消宏定义。在#define定义了一个宏之后，可以使用#undef取消该宏定义，如果预处理器在编译源代码时，发现#undef指令，那么#undef后面这个宏就会被取消，无法生效。

#undef取消宏定义的语法格式如下：

```
#undef 宏名称
```

下面通过一个案例演示#undef指令的使用，如例10-4所示。

【例10-4】 undef.c

```
1 #include <stdio.h>
2 #define PI 3.14                          //定义宏PI
3 int main()
4 {
5     printf("%f\n", PI);                  //引用宏PI
6     #undef PI                            //取消宏PI
7     printf("%f\n", PI);                  //再次引用宏PI
8     return 0;
9 }
```

运行例10-4，程序报错，如图10-4所示。

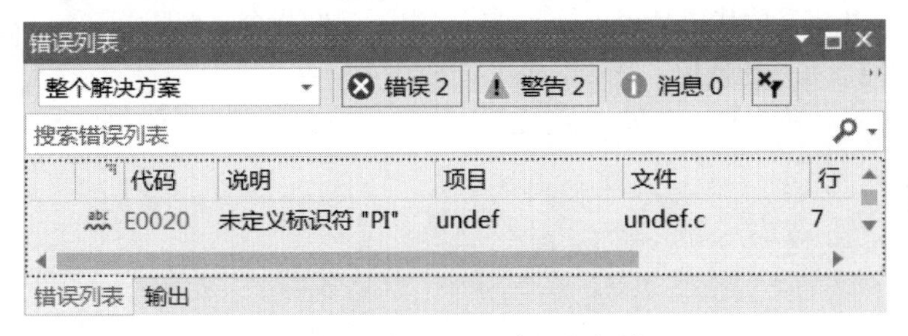


图 10-4　例 10-4 程序运行报错

从图10-4中可以看出，程序报出“未定义标识符"PI"”的错误。这是因为在例10-4中，第2行代码定义了宏PI，第6行中使用#undef指令取消宏PI，此时，第7行代码使用宏PI时，宏PI已经不存在了，所以程序编译出错。

**多学一招　预定义宏**

stdio.h标准库定义了5个关于源程序编译信息的宏，利用这些宏可以轻松获得程序运行信息，有助于编程人员进行程序调试。这5个预定义宏的名称及含义如表10-2所示。

表 10-2　stdio.h 标准库关于源程序编译信息的 5 个预定义宏

| 预 定 义 宏 | 说　　明 |
| --- | --- |
| __DATE__ | 定义源文件编译日期的宏 |

续表

| 预定义宏 | 说　明 |
|---|---|
| __FILE__ | 定义源代码文件名的宏 |
| __LINE__ | 定义源代码中行号的宏 |
| __TIME__ | 定义源文件编译时间的宏 |
| __FUNCTION__ | 定义当前所在函数名的宏 |

## 10.2 条件编译

一般情况下，C语言程序中的所有代码都要参与编译，但有时出于代码优化的考虑，希望源代码中一部分内容只在指定条件下进行编译。这种只对程序一部分内容指定条件编译的情况称为条件编译。在C语言中，条件编译指令有很多种，本节将针对最常用的3种条件编译指令进行讲解。

扫一扫

### 10.2.1 #if...#else...#endif

在C语言中，最常见的条件编译指令是#if...#else...#endif指令，该指令根据常数表达式决定某段代码是否执行。通常情况下，#if指令、#else指令和#endif指令结合在一起使用，其语法格式如下：

```
#if 常数表达式
   程序段1
#else
   程序段2
#endif
```

上述语法格式中，编译器只会编译程序段1或者程序段2。如果常量表达式条件成立，编译器会编译程序段1，否则编译程序段2。

下面通过一个案例演示如何使用#if/#else/#endif指令输出程序对不同平台的支持，如例10-5所示。

【例10-5】 endif.c

```
1 #include <stdio.h>
2 //定义宏
3 #define WIN32 0
4 #define x64    1
5 #define SYSTEM WIN32
6 int main()
7 {
8     //通过判断宏SYSTEM的值，输出程序支持的平台
9     #if SYSTEM == win32
```

```
10         printf("win32\n");
11    #else
12         printf("x64\n");
13    #endif
14         return 0;
15 }
```

程序运行结果如图10-5所示。

图 10-5 例 10-5 程序运行结果

在例10-5中，第3~4行代码定义了两个宏，分别用于表示Windows 32位和64位平台；第5行代码定义了宏SYSTEM，其值为WIN32。由于定义的宏SYSTEM是32位，因此，在使用条件编译指令判断SYSTEM值时，#if条件成立，程序输出了win32。

### 10.2.2 #ifdef

在C语言中，如果想判断某个宏是否被定义，可以使用#ifdef指令，通常情况下，该指令需要和#endif指令一起使用，#ifdef指令的语法格式如下：

```
#ifdef 宏名
   程序段1
#else
   程序段2
#endif
```

在上述语法格式中，#ifdef指令用于控制单独的一段源码是否需要编译，它的功能类似于一个单独的#if/#endif。

为了帮助读者更好地掌握#ifdef指令的使用，下面通过一个案例演示如何使用#ifdef指令控制程序是否输出调试信息，如例10-6所示。

【例10-6】 ifdef.c

```
1 #include <stdio.h>
2 #define DEBUG                                    //定义宏DEBUG
3 int main()
4 {
5     int i = 0;
6     #ifdef DEBUG
7     printf("i=%d\n", i);
8     #endif
9
10    int j = 3;
```

```
11    #ifdef DEBUG
12    printf("j = %d\n", j);
13    #endif
14
15    int sum = i + j;
16    #ifdef DEBUG
17    printf("i + j = %d\n", sum);
18    #endif
19    return 0;
20 }
```

程序运行结果如图10-6所示。

图 10-6　例 10-6 程序运行结果

在例10-6中，第2行代码定义了宏DEBUG，用来控制是否需要输出调试信息；第5、10、15行代码，在main()函数中定义变量i、j和sum，其中sum用于计算i与j的和。第6~8行代码通过#ifdef指令判断宏DEBUG是否被定义，如果定义输出变量i的值；第11~13行代码通过#ifdef指令判断宏DEBUG是否被定义，如果定义输出变量j的值；第16~18行代码通过#ifdef指令判断宏DEBUG是否被定义，如果定义输出变量i+j的值。由于宏DEBUG已经被定义，因此，所有的printf()语句都会被编译，最终输出变量i、j和sum的值。

扫一扫

### 10.2.3 #ifndef

#ifndef指令用来确定某一个宏是否未被定义，它的含义与#ifdef指令相反，如果宏没有被定义，则编译#ifndef指令下的内容，否则就跳过。#ifndef通常与#else、#endif结合使用，其语法格式如下：

```
#ifndef  宏名
    程序段1
#else
    程序段2
#endif
```

使用#ifndef指令判断宏是否未被定义的示例代码如下：

```
#define DEBUG
#ifndef DEBUG
    printf("输出调试信息\n");
#else
    printf("不输出调试信息\n");
```

```
#endif
```

上述代码中，首先定义了宏DEBUG，然后使用#ifndef指令判断宏DEBUG是否未被定义，如果未被定义，则输出调试信息。但由于宏DEBUG被定义了，#ifndef指令下的语句会被跳过，不进行编译，而#else指令下的语句会被编译，输出“不输出调试信息”。如果将宏DEBUG的定义语句去掉，则#ifndef指令下的语句会被编译，从而打印“输出调试信息”。

#ifndef指令常用于多文件包含中，如果一个项目有多个文件，有的文件会包含其他文件，如果文件重复包含，编译器会报错。例如，在一个项目中编写的头文件bar1.h、bar2.h中都包含头文件foo.h，主函数文件同时包含了bar1.h和bar2.h，那么，foo.h就被重复包含，此时编译器会报错。文件重复包含可以通过#ifndef指令解决。下面介绍使用#ifndef指令解决文件重复包含的问题，具体步骤如下：

### 1. 定义foo.h文件

定义一个头文件foo.h，该文件内容具体如下：

```
struct Foo
{
    int i;
};
```

上述foo.h头文件中定义了struct Foo结构体类型，它包含一个整型成员变量i。

### 2. 定义bar1.h与bar1.c文件

定义头文件bar1.h，具体如下：

```
#include "foo.h"
void bar1(struct Foo f);
```

头文件bar1.h中声明了一个函数bar1()，它的参数是一个struct Foo结构体类型的变量，因此需要在bar1.h中包含头文件foo.h。

bar1()函数的实现在源文件bar1.c中，为了简便，将bar1()函数定义为空函数，则bar1.c文件具体实现如下：

```
#include "bar1.h"
void bar1(struct Foo f)
{
}
```

### 3. 定义bar2.h和bar2.c文件

类似地，在bar2.h文件中也声明了一个函数bar2()，它的参数也是一个struct Foo结构体类型的变量，则bar2.h文件具体如下：

```
#include "foo.h"
void bar2(struct Foo f);
```

bar2()函数的实现在源文件bar2.c中，它的实现同样是一个空函数，bar2.c文件具体实现如下：

```
#include "bar2.h"
```

```
void bar2(struct Foo f)
{
}
```

4. 定义main.c文件

在main.c文件中定义main()函数，在main()函数中定义一个struct Foo结构体类型的变量f，并调用bar1()函数和bar2()函数。main.c文件的具体实现如下：

```
1 #include "foo.h"
2 #include "bar1.h"
3 #include "bar2.h"
4 int main()
5 {
6     struct Foo f = { 1 };
7     bar1(f);
8     bar2(f);
9     return 0;
10 }
```

编译程序，Visual Studio 2019会报错，如图10-7所示。

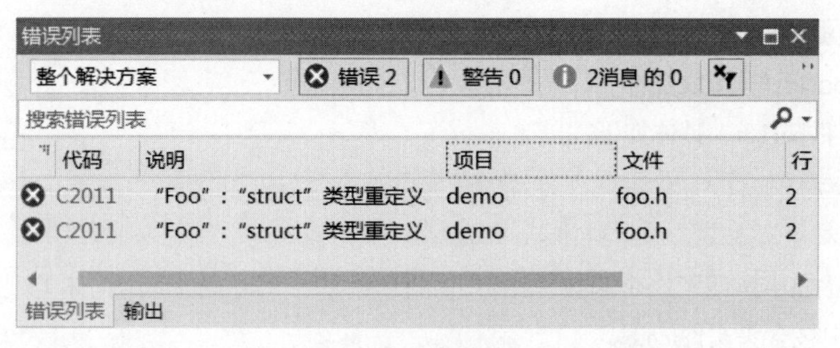


图 10-7　编译错误

从图10-7中可以看出，程序提示struct Foo类型重定义错误。这是因为在main.c文件中，第1行代码使用#include指令引用了一次foo.h，该文件中定义了struct Foo结构体类型；第2~3行代码引入的bar1.h和bar2.h虽然没有定义struct Foo结构体类型，但是这两个头文件都分别引用了foo.h，因此，经过预处理之后，main.c文件中的代码如下：

```
struct Foo
{
    int i;
};
struct Foo
{
    int i;
};
void bar1(struct Foo f);
```

```
struct Foo
{
   int i;
};
void bar2(struct Foo f);
int main()
{
   struct Foo f = { 1 };
   bar1(f);
   bar2(f);
   return 0;
}
```

这样的main.c文件显然不能通过编译。头文件的嵌套导致了foo.h最终被多次引用，从而导致main.c中多次出现struct Foo结构体类型的定义。

**5. 使用#ifndef指令解决重复包含**

为了解决上述问题，可以使用#ifndef指令和#define指令组合，对foo.h文件进行修改，修改后的代码如下：

```
#ifndef _FOO_H_
#define _FOO_H_
struct Foo
{
  int i;
};
#endif
```

上述代码包含了#ifndef条件编译指令，该指令内部有一条#define指令，初次编译时由于宏_FOO_H_尚未定义，#ifndef条件成立，调用#define指令定义_FOO_H_宏，编译struct Foo结构体类型。当foo.h中的内容被再次编译后，宏_FOO_H_已经被定义了，#ifndef的条件不成立，内容将被跳过，如此便保证了struct Foo结构体类型的定义仅可以被编译一次。利用#ifndef指令经过预处理后的main.c中的代码相当于下列代码：

```
#ifndef _FOO_H_
#define _FOO_H_
struct Foo
{
   int i;
};
#endif
#ifndef _FOO_H_
#define _FOO_H_
struct Foo
{
```

```
    int i;
};
#endif
void bar1(struct Foo f);
#ifndef_FOO_H_
#define_FOO_H_
struct Foo
{
    int i;
};
#endif
void bar2(struct Foo f);
int main()
{
    struct Foo f = { 1 };
    bar1(f);
    bar2(f);
    return 0;
}
```

此时再编译程序就不会报错了，尽管struct Foo结构体类型的定义出现了3次，使用#ifndef条件编译指令，struct Foo结构体类型只会被编译一次。由此可见，当在头文件中嵌套自定义头文件时，使用#ifndef可以有效避免重定义错误的发生。

## 10.3 文件包含

除宏定义和条件编译之外，文件包含也是一种预处理语句，它的作用就是将一个源程序文件包含到另外一个源程序文件中。文件包含常用的格式有以下两种。

格式一：

```
#include <文件名>
```

格式二：

```
#include "文件名"
```

上述两种格式都可以实现文件包含，不同的是，格式一是标准格式，当使用这种格式时，C编译系统将在系统指定的路径下搜索尖括号（< >）中的文件；当使用格式二时，系统首先会在用户当前工作目录中搜索双引号（" "）中的文件，如果找不到，再按系统指定的路径进行搜索。

编写C语言程序时，一般使用第一种格式包含C语言标准库文件，使用第二种格式包含自定义的文件。

下面通过一个案例演示文件包含的用法，该案例的项目定义了两个文件：foo.h和project.c，在文件foo.h中定义了一个宏NUM，project.c文件需要引用宏NUM，则可以在project.c文件中包含文件foo.h，具体实现如例10-7所示。

【例10-7】 foo.h和project.c

foo.h

```
1 #define NUM 15
```

project.c

```
1 #include <stdio.h>                       //包含标准库文件stdio.h
2 #include "foo.h"                         //包含自定义文件foo.h
3 int main()
4 {
5     int num = NUM;
6     printf("num = %d\n", num);
7     return 0;
8 }
```

程序运行结果如图10-8所示。

图 10-8　例 10-7 程序运行结果

在例10-7的project.c文件中，第1~2行代码包含了标准库文件stdio.h和自定义文件foo.h；第5行代码引用了foo.h中定义的宏NUM；第6行代码调用stdio.h文件中的printf()函数输出了num的值。由图10-8可知，程序成功获取到了foo.h中的NUM值，并将其输出到控制台。

在预处理中，project.c文件中的#include预编译指令将被包含文件的内容插入到该预编译指令的位置，代码会被替换成如下形式：

```
//插入stdio.h标准库文件内容
#define NUM 15                           //将foo.h文件内容插入到该位置
int num = 15;                            //将宏NUM替换为15
printf("num = %d\n", num);
```

## 10.4 断　言

在程序开发过程中，特别是在调试程序时，往往会对某些假设条件进行检查，C语言提供了断言来捕获这些假设，以帮助程序员快速地对代码进行调试。断言在C语言中是一个很有用的工具，本节将对断言进行详细介绍。

### 10.4.1 断言的作用

C语言中的断言使用宏assert()实现，assert()的声明格式如下：

```
void assert( int expression );
```

assert()接收一个表达式expression作为参数，如果表达式值为真，继续往下执行程序，如果表达式值为假，assert()会调用abort()函数终止程序的执行，并提示失败信息。

**注意：**assert()宏定义在assert.h库文件中，使用assert()宏进行断言时，要包含assert.h标准库。

下面通过一个案例演示断言的使用，在该案例中，定义一个func()函数计算两个整数相除的结果。在调用该函数时，不希望函数接收0作为除数，为了检测函数接收的除数是否为0，可以在函数中增加一条断言，如例10-8所示。

【例10-8】 assert.c

```
1 #define _CRT_SECURE_NO_WARNINGS
2 #include <stdio.h>
3 #include <assert.h>                              //包含assert.h标准库文件
4 int func(int a, int b)                           //定义func()函数
5 {
6     assert(b != 0);                              //断言除数b是否为0
7     return a / b;
8 }
9 int main()
10{
11    int x, y;
12    printf("请输入两个整数：");
13    scanf("%d%d", &x, &y);
14    int result = func(x, y);                     //调用func()函数
15    printf("两个数相除结果：%d\n", result);
16    return 0;
17}
```

程序运行结果如图10-9所示。

图 10-9 例 10-8 程序运行结果

在例10-8中，第4~8行代码定义了func()函数，并使用assert断言除数b是否为0；第11~13行代码定义了两个整型变量x与y，并调用scanf()函数从键盘输入两个整数；第14行代码调用func()函数并将x、y作为参数传入；第15行代码调用printf()函数输出两个整数相除的结果。由图10-9

可知，当输入两个整数10、20时，程序输出其结果为0。

但是，当输入除数为0时，程序就会报错，并弹出错误提示框，运行结果与错误提示框分别如图10–10和图10–11所示。

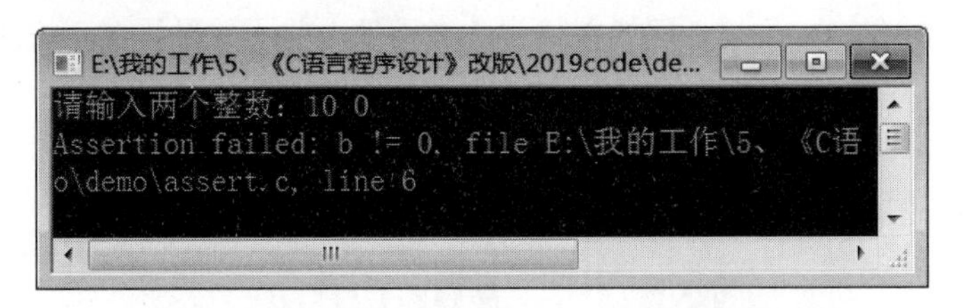


图 10–10　例 10–8 输入除数为 0 运行结果

图 10–11　例 10–8 输入除数为 0 时的错误提示框

由图10–10可知，当输入除数b为0时，程序断言失败：b!=0，并且显示断言失败的文件为assert.c，断言的代码行号为6。由10–11可知，程序在assert.exe在运行时出错，abort()函数被调用终止了程序运行。

**注意：**使用断言可有效查找程序错误根源，但是，断言一次只能检测一个条件。如果有多个条件需要检测，则需要多次使用断言，但频繁使用断言会增加程序开销，降低程序的运行效率。此外，断言失败会强制终止程序，不适合嵌入式程序和服务器程序。断言检查只能作为程序调试的辅助条件，不能代替条件检测。

### 10.4.2　断言与debug

断言一般用于程序调试中，在程序调试结束后需要取消断言，但如果在程序调试时使用了很多断言，一条一条地取消比较麻烦。C语言提供了#define NDEBUG宏定义禁用assesrt()断言。

在程序调试结束后，将#define NDEBUG宏定义语句插入到assert.h标准库之前，就可以禁用程序中所有的断言，示例代码如下：

```
#include <stdio.h>
#define NDEBUG                    //取消断言
#include <assert.h>
//…
```

上一节定义的函数func()因为增加了断言，调用func(10,0)时，程序终止，如果在assert.h头文件之前添加#define NDEBUG语句，断言就会取消。使用0作为除数运行程序时，虽然程序会抛出异常并终止，但抛出异常与断言调用abort()函数终止程序并不一样，并且抛出异常也不显示程序出错的详细信息。

**注意**：#define NDEBUG语句必须放在assert.h头文件之前，如果放在assert.h文件后面，不能取消断言。

## 10.5 #pragma

#pragma预处理的作用是设置编译器的状态或者指示编译器完成特殊的功能，其格式如下：

```
#pragma parameter
```

上述格式中，parameter是编译器特有的字段，常见的用法有以下几种：

### 1. #pragma once

#pragma once通常用于多文件编程中，将#pragma once放到头文件第一行，保证当前的头文件仅仅被编译一次。

在10.2.3节中编译出现重定义错误（见图10-7），这是由于头文件foo.h被重复包含，在头文件foo.h第一行添加#pragma once，会确保当前头文件仅仅被编译一次，解决类型重定义的错误。

### 2. #pragma warning

参数warning表示对编译警告的处理，详细参数如下：

```
#pragma warning(disable:4244)                    //不显示4244号警告信息
#pragma warning(once: 6031)                      //6031号警告信息仅报告一次
#pragma warning(error: 4013)                     //把4013号警告信息作为一个错误
```

Visual Studio 2019的编译器对C语言中的一些不安全的库函数会提出警告，下面通过一个案例进行演示，如例10-9所示。

【例10-9】 warning.c

```
1 #define  _CRT_SECURE_NO_WARNINGS
2 #include<stdio.h>
3 int main()
4 {
5     int a;
6     scanf("%d", &a);
7     return 0;
8 }
```

程序运行结果如图10-12所示。

图 10-12　例 10-9 程序运行结果

程序运行结果中出现警告，并提示错误码C6031，在warning.c文件第一行添加#pragma warning(disable:C6031)后，再次编译可以取消警告。

3. #pragma message

参数message用于使编译器在编译过程中输出相应的信息，例如，在编译过程中显示是否执行定义的条件编译，如例10–10所示。

【例10–10】 message.c

```
1 #include<stdio.h>
2 #ifdef DEBUG
3     #pragma message("测试版编译中")
4 #else
5     #pragma message("正式版编译中")
6 #endif
7 int main()
8 {
9     return 0;
10 }
```

在Visual Studio 2019菜单栏选择“生成”→“重新生成解决方案”命令，编译结果如图10–13所示。

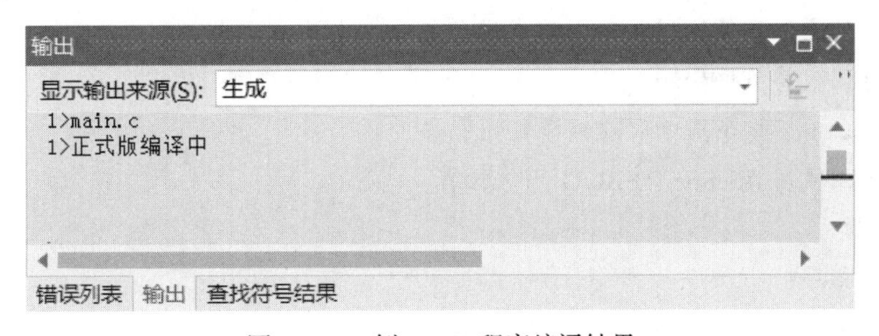


图 10–13　例 10–10 程序编译结果

4. #pragma comment

参数comment选项通常用于链接库文件，其语法格式如下：

```
#pragma comment(lib, "库名称")
```

其中，参数lib代表编译中连接的库文件，所使用的库文件名放在双引号内。

# 小　　结

本章主要讲解预处理的相关知识，首先讲解了宏定义，包括不带参数的宏定义、带参数的宏定义以及宏定义的取消；其次讲解了条件编译指令，包括#if#else#endif、#ifdef、#ifndef指令；然后讲解了文件包含方式，包括<>与（" "）两种形式；接着讲解了断言及其作用；最后讲解了#pragma预处理指令的几种形式。熟练掌握程序预处理方式和断言，对于以后的程序设计至关重要。

# 习　　题

**一、填空题**

1. 指令________用于定义宏。
2. 指令________用于取消宏定义。
3. 指令________用于使编译器在编译过程中输出相应的信息。
4. 条件编译指令包括________、________、________3 种格式。
5. 使用________文件包含形式，程序会从系统指定的目录查找库文件。
6. 有如下程序段：

```
#define MIN(x,y) (x) < (y)?(x) : (y)
printf("%d",10*MIN(10,15));
```

程序输出结果为________。

**二、判断题**

1. #define 定义宏时，后面不能带分号。（　　）
2. 宏定义无法取消。（　　）
3. #ifdef 指令可以解决文件重复包含的问题。（　　）
4. 自定义的文件必须使用（""）形式进行包含。（　　）
5. 断言可以代替条件检测。（　　）
6. #pragma once 指令用于取消编译器的警告。（　　）
7. 断言可以使用 #define DEBUG 语句取消。（　　）

**三、单选题**

1. 有以下程序：

```
#define SQR(X) X*X
int main()
{
    int a = 10,k = 2,m = 1;
    a /= SQR(k + m)/SQR(k + m);
    printf("%d\n",a);
}
```

程序执行之后，a 的值为（　　）。

A. 1　　B. 2　　C. 3　　D. 4

2. 关于宏定义，下列说法中正确的是（　　）。

A. define PI 3.14159 是一条正确的宏定义指令

B. 带参数的宏定义就是一个简化的函数

C. 宏定义可以使用 #UNDEF 指令取消

D. 宏定义替换发生在编译阶段

3. 下列命令中，（　　）是正确的预处理命令。

A. define PI 3.14159　　B. #define P(a,b) strcpy(a,b)

C. #define stdio.h　　D. #define PI 3.14159

4. 阅读下列程序：

```
#define MA(x) x * (x - 1)
int main()
{
    int a = 1,b = 2;
    printf("%d \n",MA(1 + a + b));
    return 0;
}
```

则程序的运行结果是（　　）。

A. 6　　B. 8　　C. 10　　D. 12

5. 下列选项中，（　　）不是条件编译指令。

A. #if#else#endif　　B. include" "　　C. #ifdef　　D. #ifndef

6. 关于断言，下列说法中正确的是（　　）。

A. 在C语言中，断言是由函数 assert() 实现

B. 断言一次能检测多个条件

C. 断言失败，程序就终止运行

D. 断言无法被取消

7. 下列（　　）指令可以使编译器输出编译信息。

A. #pragma once　　B. #pragma warning

C. #pragma message　　D. #pragma comment

**四、简答题**

1. C语言中常用的条件编译指令有哪几种，各自具有什么特点？

2. 简述C语言中的断言及其特点。

**五、编程题**

1. 定义一个带参的宏，求两个整数的余数，通过宏调用，输出计算的结果。

2. 请编写程序实现以下功能：随机输入3个数，如果没有定义宏MAX，则输出最小的数，否则输出最大的数。

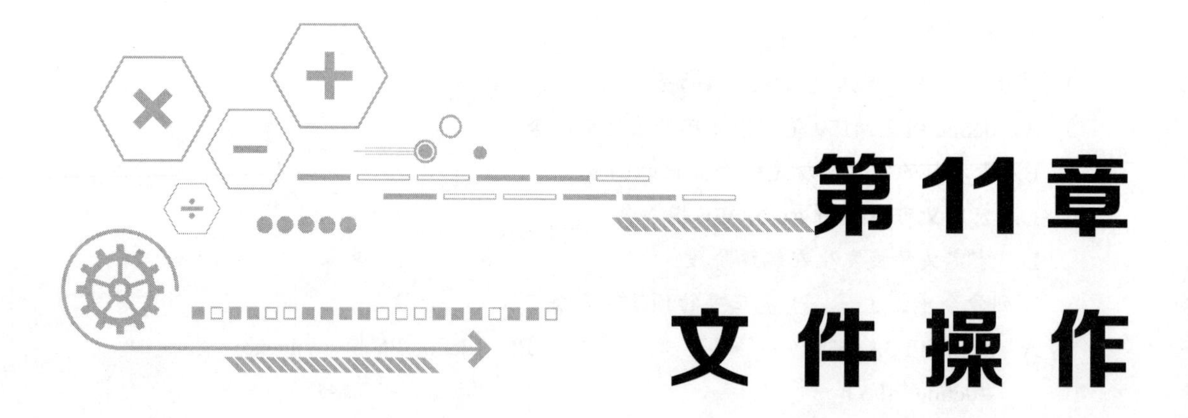

# 第11章 文件操作

学习目标

➢了解计算机中的流；
➢了解文件的概念与分类；
➢了解文件指针与文件位置指针；
➢掌握文件的打开与关闭操作；
➢掌握文件的常用读/写方式；
➢掌握文件的随机访问；
➢了解文件的重命名与文件删除；
➢掌握文件检测函数；
➢了解文件缓冲区函数。

对于一台计算机而言，最基本的功能就是存储数据。一般情况下，数据在计算机上都是以文件的形式存放的。在程序中也经常需要对文件进行操作，例如打开一个文件，向文件写入内容，关闭一个文件等。本章将针对C语言中的文件操作进行详细讲解。

## 11.1 文件概述

使用过计算机的人，对“文件”这个词都不会陌生，平时使用Word工具写出的文档、用Excel设计的统计表、用C语言编写的程序等都是文件。本节将针对文件相关的基础概念进行详细讲解。

### 11.1.1 计算机中的流

大多数应用程序都需要实现与设备之间的数据传输，例如，键盘可以输入数据、显示器可以显示程序的运行结果等，C语言将这种通过不同输入/输出设备（键盘、内存、显示器、网络等）之间的数据传输抽象表述为“流”。流实际上就是一个字节序列，输入程序的字节序列称为输入流，从程序输出的字节序列称为输出流。为了方便读者更好地理解流的概念，可以把输入流和输出流比作两根“水管”，如图11-1所示。

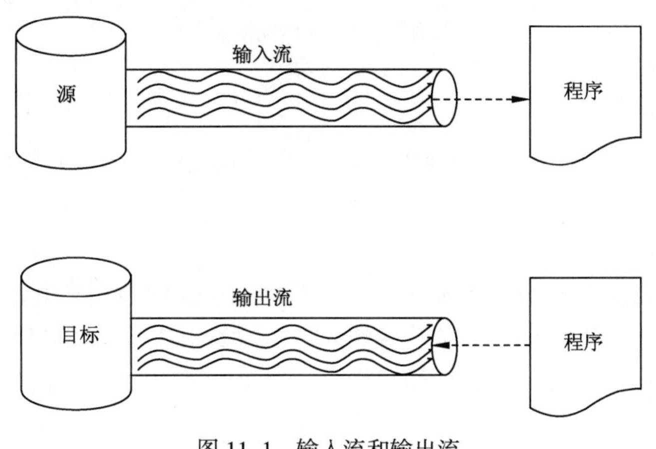


图 11-1　输入流和输出流

在图11-1中，输入流被看成一个输入管道，输出流被看成一个输出管道，数据通过输入流从源设备输入到程序，通过输出流从程序输出到目标设备，从而实现数据的传输。C语言中的流有以下两种。

1. 文本流和二进制流

输入/输出流还可以进一步细分为文本流（字符流）和二进制流。它们之间的主要差异是，在文本流中输入/输出的数据是一系列的字符，可以被修改。在二进制流中输入/输出的数据是一系列字节，不能以任何方式修改。

2. 预定义的流

C语言中有3个系统预定义的流，分别为标准输入流（stdin，全称standard input）、标准输出流（stdout，全称standard output）和标准错误输出流（stderr，全称standard error）。这3个标准流分别对应键盘上的输入、控制台上的正常输出和控制台上的错误输出。它们都是在stdio.h头文件中预定义的，程序只要包含这个头文件，在程序开始执行时，这些流将自动被打开，程序结束后，自动关闭，不需要做任何初始化准备。

### 11.1.2　文件的概念

所谓“文件”一般指存储在外部介质上数据的集合。操作系统是以文件为单位对数据进行管理的，也就是说，如果想找存放在外部介质上的数据，必须先按文件名找到指定的文件，然后从文件中读取数据。

一个文件要有唯一的文件标识，以便用户识别和引用。文件标识包括3部分：文件路径、文件名主干和文件扩展名，具体如图11-2所示。

图11-2所示为一个名称为Examle01的文件，文件类型是txt，该文件的存放路径是D:\itcast\chapter10\。

文件名主干的命名规则通常遵循标识符的命名规则，文件扩展名标识文件的性质，如txt、doc、jpg、c、exe等。

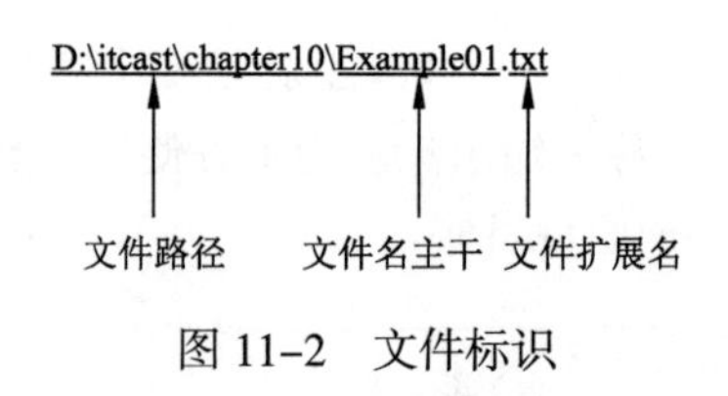


图 11-2 文件标识

### 11.1.3 文件的分类

根据数据的组织形式，文件可分为文本文件和二进制文件。下面将针对这两种文件的存储形式进行详细讲解。

#### 1. 二进制文件

数据在内存中是以二进制形式存储的，如果不加转换地输出到外部存储设备，就是二进制文件。可以认为二进制文件就是存储在内存的数据的映像，所以也称为映像文件。

例如整数110000，如果以二进制形式输出到磁盘，那么110000在磁盘上的存放形式如图11-3所示。

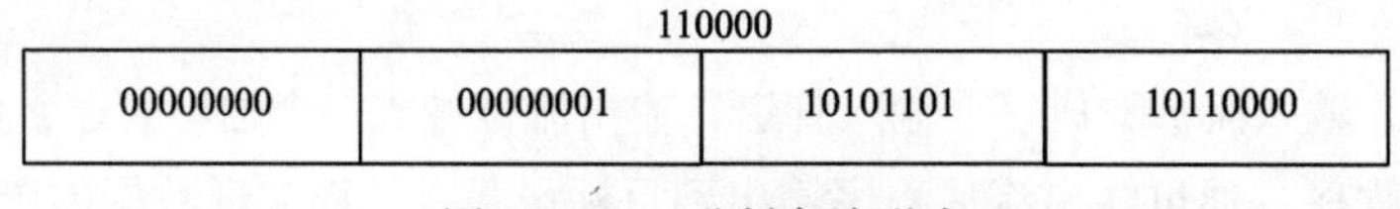


图 11-3 二进制存放形式

从图11-3中可以看出，整数110000被转换成二进制数00000000 00000001 10101101 10110000并存放到磁盘上。使用二进制形式输出数值，可以节省外存空间（仅需4字节）和转换时间（把内存中的数据直接映射到磁盘上），但存放的内容不够直观，需要转换才能看到存放的内容。

#### 2. 文本文件

文本文件又称ASCII文件，每一个字节存放一个字符的ASCII码。例如，整数110000，如果用文本形式输出到磁盘上，那么在磁盘上的存放形式如图11-4所示。

| '1'(49) | '1'(49) | '0'(48) | '0'(48) | '0'(48) | '0'(48) |
|---|---|---|---|---|---|
| 00110001 | 00110000 | 00110000 | 00110000 | 00110000 | 00110000 |

图 11-4 文本文件存放形式

从图11-4中可以看出，整数110000在存储时，将每一个数字都当作一个字符，将字符对应的ASCII码存储在磁盘上，一个字符占用1字节，数据110000共占用6字节。相比于二进制文件，文本文件占用较多的存储空间，而且在读取时要花费转换时间（二进制与ASCII码之间的转换）。但是，文本文件比较直观，便于对字符进行逐个处理，也便于输出字符。

综合来说，如果希望加载文件和生成文件的速度较快，并且生成的文件较小，建议使用二进制文件保存数据；如果希望生成的文件无须经过任何转换就可看到其内容，建议用文本文件保存数据。

### 11.1.4　文件指针

在C语言中，文件的所有操作都必须依靠文件指针完成。要想对文件进行读/写操作，首先必须将文件与文件指针建立联系，然后通过文件指针操作相应的文件。

文件指针的定义格式如下：

```
FILE *变量名;
```

上述格式中，FILE是由系统声明的定义文件指针的结构体，用于保存文件相关信息，如文件名、文件位置、文件大小、文件状态等。不同的系统环境或不同编译器环境下FILE结构体的定义略有差异，下面是标准C语言的FILE结构体定义。

```
typedef struct {
    short level;                                  //缓冲区满或空的程度
    unsigned flags;                               //文件状态标志
    char fd;                                      //文件描述符
    unsigned char hold;                           //若无缓冲区不读取字符
    short bsize;                                  //缓冲区大小
    unsigned char *buffer;                        //数据传送缓冲区位置
    unsigned char *curp;                          //当前读/写位置
    unsigned istemp;                              //临时文件指示
    short token;                                  //无效检测
}FILE;                                            //结构体类型名 FILE
```

当定义一个文件指针时，系统根据FILE结构体分配一段内存空间作为文件信息区，用于存储要读/写文件的相应信息。例如，定义文件指针fp，示例代码如下：

```
FILE *fp;
```

上述代码定义了文件指针fp，它指向文件信息区，但此时，fp尚未关联任何文件，因此文件信息区未保存任何文件信息。

文件指针通过fopen()函数关联文件，fopen()函数用于打开文件。例如：

```
fp=fopen("a.txt");
```

上述代码中，通过fopen()函数将文件指针fp与a.txt文件关联起来，a.txt文件的信息（文件名、文件大小、文件位置、文件状态等）就会保存到fp指向的文件信息区，通过文件指针fp就可以操作a.txt文件。文件指针fp、文件信息区、a.txt文件的关系如图11-5所示。

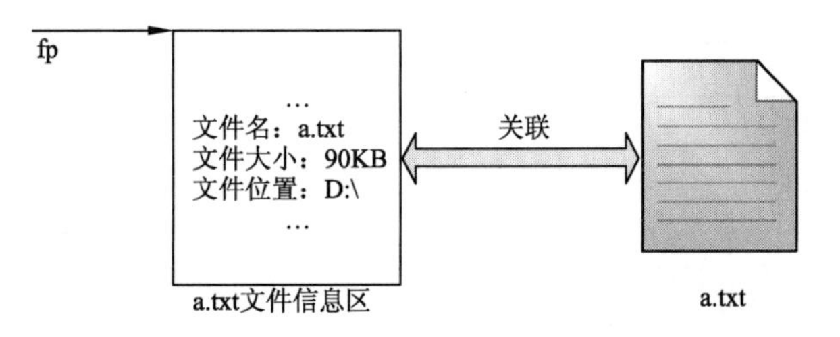


图 11-5　文件指针 fp、文件信息区、a.txt 文件的关系

fopen()函数将在11.2.1节详细讲解，在此，读者只需要知道，文件指针与文件进行关联是通

过fopen()函数实现的即可。

一个文件指针变量只能指向一个文件，不能指向多个文件，也就是说，如果有*n*个文件，应定义*n*个文件指针变量，将其分别关联不同的文件，如图11-6所示。

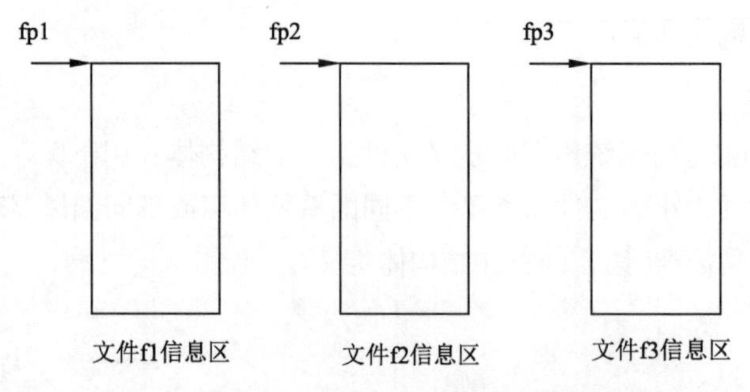


图 11-6　多个文件指针变量指向不同的文件

从图11-6可以看出，文件指针变量fp1、fp2、fp3分别指向了文件f1、f2和f3的信息区。为了方便，通常将这种关联文件的指针变量称为指向文件的指针变量，或简称为文件指针。

### 11.1.5　文件位置指针

将一个文件与文件指针进行关联之后，即打开了文件，系统会为每个文件设置一个位置指针，用来标识当前文件的读/写位置，这个指针称为文件位置指针。文件位置指针是真正指向文件的指针。

一般在文件打开时，文件位置指针指向文件开头，如图11-7所示。

图11-7所示的文件中存储的数据为“Hello,China”，文件位置指针指向文件开头，此时，对文件进行读取操作，读取的是文件的第一个字符'H'。读取完成后，文件位置指针会自动向后移动一个位置，再次执行读取操作，将读取文件中的第二个字符'e'，依此类推，一直读取到文件结束，此时位置指针指向最后一个数据之后，如图11-8所示。

图 11-7　文件位置指针指向文件开头

图 11-8　文件读取完毕

由图11-8可知，当文件读取完毕时，文件位置指针指向最后一个数据之后，这个位置称为文件末尾，用EOF标识，称为文件结束符。EOF是一个宏定义，其值为-1，定义在stdio.h头文件中，通常表示不能再从流中获取数据。

向文件中写入数据与从文件中读取数据是相同的，每写完一个数据后，文件的位置指针自动按顺序向后移一个位置，直到数据写入完毕，此时文件位置指针指向最后一个数据之后，即文件末尾。

有时，在向文件中写入数据时，希望在文件末尾追加数据，而不是覆盖原有数据，可以将文件位置指针移至文件末尾再进行写入，关于文件位置指针的移动将在11.2.4节进行讲解，这里读者只需要了解文件位置指针可以被移动即可。

## 11.2 文件的相关操作

学习文件是为了通过文件处理数据，通过文件处理数据就需要学习文件的操作，包括文件的打开与关闭、文件读/写、文件随机访问等，本节将针对文件的相关操作进行详细讲解。

### 11.2.1 文件打开与关闭

文件最基本的操作就是打开和关闭，在对文件进行读/写之前，需要先打开文件；读/写结束之后，要及时关闭文件。C语言提供了fopen()函数与fclose()函数用于打开和关闭文件，下面将针对这两个函数进行详细讲解。

#### 1. fopen()函数

操作文件之前首先要打开文件。C语言提供了fopen()函数用于打开文件，fopen()函数声明如下：

```
FILE *fopen(const char *filename,const char *mode);
```

上述函数声明中，返回值类型FILE*表示该函数返回值为文件指针类型；参数filename用于指定文件的绝对路径，即包含路径名和文件的扩展名；参数mode用于指定文件的打开模式。

文件打开模式就是指以哪种形式打开文件，例如只读模式、只写模式。文件打开模式如表11-1所示。

表 11-1 文件打开模式

| 打开模式 | 名　称 | 描　述 |
|---|---|---|
| r/rb | 只读模式 | 打开一个文本文件 / 二进制文件，只允许读取数据，文件不存在时打开失败，返回 NULL |
| w/wb | 只写模式 | 创建一个文本文件 / 二进制文件，只允许写入数据，如果文件已存在，则覆盖旧文件 |
| a/ab | 追加模式 | 打开一个文本文件 / 二进制文件，只允许在文件末尾添加数据，如果文件不存在，则创建新文件 |
| r+/rb+ | 读取 / 更新模式 | 打开一个文本文件 / 二进制文件，允许进行读取和写入操作，文件不存在时打开失败，返回 NULL |

续表

| 打开模式 | 名　称 | 描　述 |
| --- | --- | --- |
| w+/wb+ | 写入/更新模式 | 创建一个文本文件/二进制文件，允许进行读取和写入操作，如果文件已存在，则重写文件 |
| a+/ab+ | 追加/更新模式 | 打开一个文本文件/二进制文件，允许进行读取和追加操作，文件不存在则创建新文件 |

文件正常打开时，fopen()函数返回该文件的文件指针；文件打开失败，该函数返回NULL。例如：

```
FILE *fp;
fp = fopen("D:\\test.txt", "r");
if(fp == NULL)   //如果文件打开失败，不存在test.txt文件，返回值是NULL
{
    printf("打开失败！\n");
    exit(0);      // 退出程序
}
```

上述代码中，首先定义了一个文件指针fp，然后调用fopen()函数打开文件，即将文件与指针fp关联起来，由fopen()函数的参数可知，该函数以只读模式打开了D:\test.txt文件，表示只能读取文件D:\test.txt中的内容而不能向文件中写入数据。

打开文件之后，为保证文件打开正确，使用一个if条件语句判断fp指针是否为空，如果为空表示文件打开失败，则输出错误信息，退出程序。

**注意**：mode参数为char *类型，在实际开发过程中必须使用字符串的形式，如果将字符串"r"写成字符'r'就会使程序出现错误。

#### 2. fclose ( ) 函数

打开文件之后可以对文件进行相应操作，文件操作结束后要关闭文件。关闭文件是释放缓冲区和其他资源的过程，不关闭文件会耗费系统资源。C语言提供了fclose()函数用于关闭文件。fclose()函数声明如下：

```
int fclose(FILE *fp);
```

上述函数声明中，返回值类型int表示该函数返回值为整型，如果成功关闭文件就返回0，否则返回EOF。参数fp表示打开文件时返回的文件指针。

下面通过一个简单案例学习文件的打开和关闭操作，如例11-1所示。

**【例11-1】** file.c

```
1 #define _CRT_SECURE_NO_WARNINGS
2 #include <stdio.h>
3 #include <stdlib.h>
4 int main()
5 {
6     FILE *fp;                          // 定义文件指针变量
7     fp = fopen("hello.txt", "w");      // 打开文件，若文件不存在则创建文件
```

```
8     if (fp == NULL)                     // 如果文件打开失败，打印提示信息
9     {
10        printf("无法打开hello.txt\n");
11        exit(0);                         // 退出程序
12    }
13    fputs("Hello, world!\n", fp);       // 向文件中写入一个字符串
14    fclose(fp);                         // 关闭当前文件
15    printf("文件写入成功\n");
16    return 0;
17 }
```

程序运行结果如图11–9所示。

图 11–9　例 11–1 程序运行结果

在例11–1中，第6行代码定义一个文件指针变量fp；第7行代码调用fopen()函数打开hello.txt文件；第13行代码调用fputs()函数向该文件写入“Hello, world!”；第14行代码调用fclose()函数关闭文件。

fputs()函数是文件写入函数，这里读者只需要知道fputs()函数表示向文件中写入一个字符串即可，后面将对其进行详细讲解。

程序运行成功后，会在当前项目根目录下生成一个hello.txt文件，打开文件，其内容如图11–10所示。

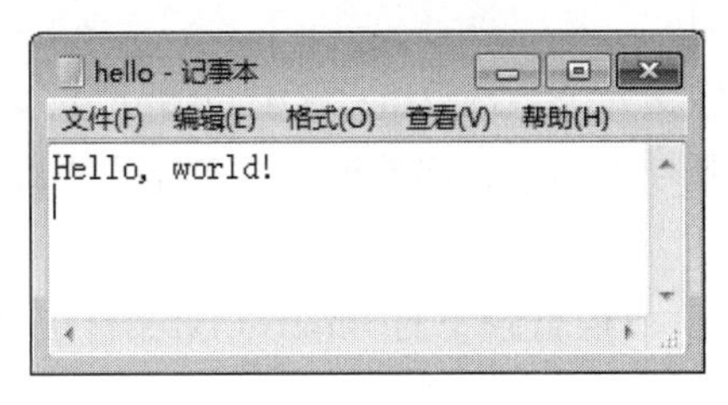


图 11–10　hello.txt 文件内容

### 11.2.2　文件写入

在程序开发中，经常需要对文件进行读/写操作。文件的读/写操作分为两种形式：一种是以字符的形式进行写入；一种是以二进制的形式进行写入。本节将针对文件写入的相关内容进行详细讲解。

#### 1. 使用fputc()函数向文件写入字符

fputc()函数用于向文件中写入一个字符，函数声明如下：

```
int fputc(int c, FILE *stream);
```

上述函数声明中，c表示写入的内容，stream表示一个文件指针。函数返回值的类型为int类型，即返回成功写入的字符，写入失败返回EOF。

下面通过一个具体案例演示如何使用fputc()函数向文件写入字符，如例11-2所示。

【例11-2】 writeFile.c

```
1 #define _CRT_SECURE_NO_WARNINGS
2 #include <stdio.h>
3 #include <stdlib.h>
4 int main()
5 {
6     FILE *fp;
7     int i=0;
8     char arr[]="I Like C Program";
9     fp = fopen("hello.txt", "w"); // 以只写的方式打开一个文件，若文件不存在则创建文件
10    if(fp == NULL)                // 若文件打开失败，则输出提示信息
11    {
12        printf("打开文件失败! \n");
13        exit(0);                  // 退出程序
14    }
15    while (arr[i] != '\0')        // 遍历字符数组中的每一个字符
16    {
17        fputc(arr[i], fp);        // 将字符写入文件中
18        i++;                      // 将字符数组的下标后移一位
19    }
20    fclose(fp);                   // 关闭文件，释放资源
21    return 0;
22 }
```

在例11-2中，第8行代码定义一个字符数组；第9行代码以只写的方式打开hello.txt文件；第15~19行代码通过while循环遍历字符数组，将数组中的字符通过fputc()函数写入到文件中；第20行调用fclose()函数关闭文件。

例11-2运行成功后，在项目根目录下打开hello.txt文件，可以看到该文件中的内容如图11-11所示。

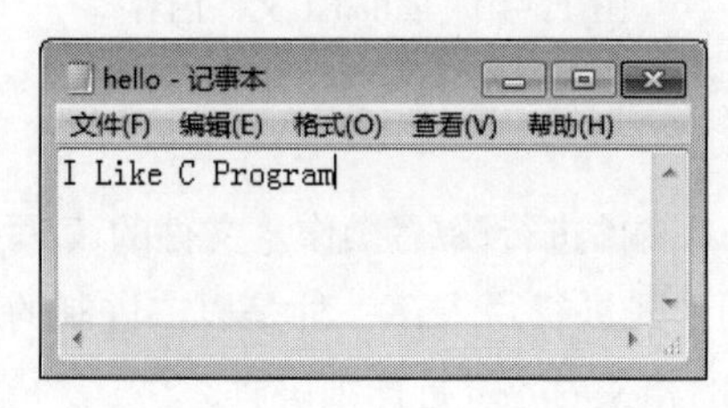


图 11-11 hello.txt 文件内容

### 2. 使用fputs()函数向文件写入字符串

fputs()函数用于将字符串写入文件，函数声明如下：

```
int fputs(const char *str, FILE* stream);
```

上述函数声明中，参数str表示指向待写入的字符串的字符指针；参数stream表示文件指针。

fputs()函数向指定的文件写入一个字符串（不自动写入字符串结束标记符'\0'），如果写入成功，函数返回0，否则返回EOF。

下面通过一个具体案例演示如何使用fputs()函数向文件写入字符串，如例11-3所示。

【例11-3】 writeString.c

```
1 #define _CRT_SECURE_NO_WARNINGS
2 #include <stdio.h>
3 #include <stdlib.h>
4 int main()
5 {
6     FILE *fp;                          //声明文件指针
7     char *str[3];                      //定义字符数组的指针
8     int i;
9     str[0] = "I Like C Program\n";     //初始化数组指针指向的字符串
10    str[1] = "It Is Amazing\n";
11    str[2] = "It Is Interesting\n";
12    fp = fopen("hello.txt", "w");      //打开文件，若文件不存在则创建文件
13    if(fp == NULL)                     //打开文件失败，打印出错信息
14    {
15        printf("打开文件失败! \n");
16        exit(0);                       // 退出程序
17    }
18    for(i = 0; i < 3; i++)
19    {
20        fputs(str[i], fp);             //将字符数组str中的整个字符串写入文件中
21    }
22    fclose(fp);                        // 关闭文件，释放资源
23    return 0
24 }
```

在例11-3中，第7行代码定义了一个指针数组，第9~11行代码初始化了指针数组，第12行代码以只写的方式打开hello.txt文件，第18~21行代码在for循环中使用fputs()函数将字符数串写入到文件中；第22行代码调用fclose()函数关闭文件。

程序运行成功后，在项目根目录中打开hello.txt文件，发现字符串被成功写入文件，文件内容如图11-12所示。

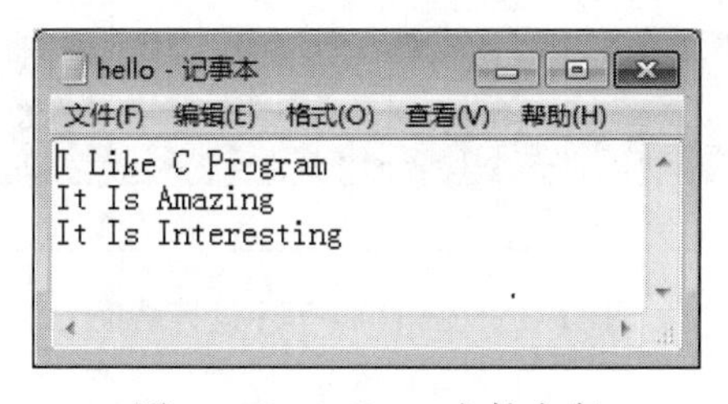


图 11-12 hello.txt 文件内容

### 3. 使用fwrite()函数向文件写入数据

fwrite()函数用于以二进制的形式将数据写入文件，函数声明如下：

```
size_t fwrite(const void *ptr, size_t size, size_t nmemb, FILE * stream);
```

上述函数声明中，参数ptr表示指向待写入数据的指针；参数size表示待写入数据的字节数；参数nmemb表示待写入size个字节的数据的个数；参数stream表示文件指针；返回值类型size_t，即无符号整型，写入成功返回写入的数据次数，写入失败返回0。

下面通过一个具体案例学习如何使用fwrite()函数向文件写数据，如例11-4所示。

【例11-4】 writeBin.c

```
1 #define _CRT_SECURE_NO_WARNINGS
2 #include <stdio.h>
3 #include <stdlib.h>
4 int main()
5 {
6     FILE *fp;                         // 声明文件指针
7     char str[26];                     // 声明数据数组
8     int i, num;
9     fp = fopen("fread.txt", "w"); // 以只写方式打开一个文件，如果文件不存在则创建
10    if(fp == NULL)                    // 打开文件失败，打印出错信息
11    {
12        printf("文件打开失败\n");
13        exit(0);                      // 退出程序
14    }
15    for(i = 0; i < 26; i++)           // 将26个字符循环写入数据数组
16    {
17      str[i] = 'a' + i;
18    }
19    num = fwrite(str, sizeof(char) * 13, 2, fp); // 将数据数组的内容写入到文件中
20    printf("数据的写入次数是：%d\n", num);         // 打印数据的写入次数
21    fclose(fp);                                   // 关闭文件，释放资源
22    return 0;
23 }
```

程序运行结果如图11-13所示。

图 11-13　例 11-4 程序运行结果

程序执行成功后，会在项目根目录中生成fread.txt文件，打开fread.txt文件，发现字符串被成功写入文件，文件内容如图11-14所示。

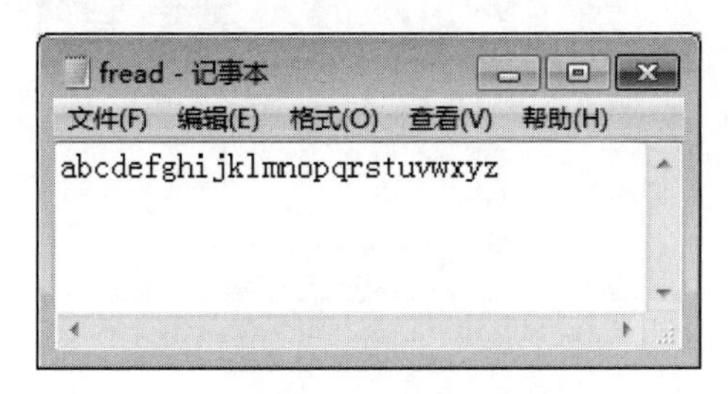


图 11-14　fread.txt 文件内容

在例11-4中，第7行代码初始化一个数据数组；第9行代码以只写的方式打开fread.txt文件；第15~18行代码通过for循环将26个小写字母写入str数组；第19行代码调用fwrite()函数将str数组的数据写入到文件中；第21行代码调用fclose()函数关闭文件。

#### 4. 使用fprintf()函数向文件写入数据

fprintf()函数用于将数据格式化写入文件，函数声明如下：

```
int fprintf(FILE *stream, const char *format,...);
```

上述函数声明中，参数stream表示文件指针；参数format表示以什么样的字符串格式输出到文件中；该函数根据指定的字符串格式将字符串写入到指定的文件中。如果函数调用成功，该函数的返回值是输出的字符数；否则，返回EOF。

通过一个具体案例演示如何使用fprintf()函数向文件写数据，如例11-5所示。

【例11-5】 fprintfFile.c

```
1 #define _CRT_SECURE_NO_WARNINGS
2 #include <stdio.h>
3 #include <stdlib.h>
4 void main()
5 {
6     FILE *fp;
7     fp = fopen("hello.txt", "w"); // 以只写的方式打开一个文件，若文件不存在则创建文件
8     if (fp == NULL)               // 若文件打开失败，则输出提示信息
9     {
10        printf("打开文件失败！\n");
11        exit(0);                  // 退出程序
12    }
13    // 将格式化的字符串输出到文件中
14    fprintf(fp, "I am a %s, I am %d years old.", "student", 18);
15    fclose(fp);                   // 关闭文件，释放资源
16 }
```

在例11-5中，第7行代码以只写的方式打开hello.txt文件；第14行代码调用fprintf()函数格式化字符串并将字符串写入文件中；第15行代码调用fclose()函数关闭文件。

程序运行成功后，会在当前项目根目录下生成一个hello.txt文件，打开文件，发现字符串被

成功写入文件hello.txt中，文件内容如图11-15所示。

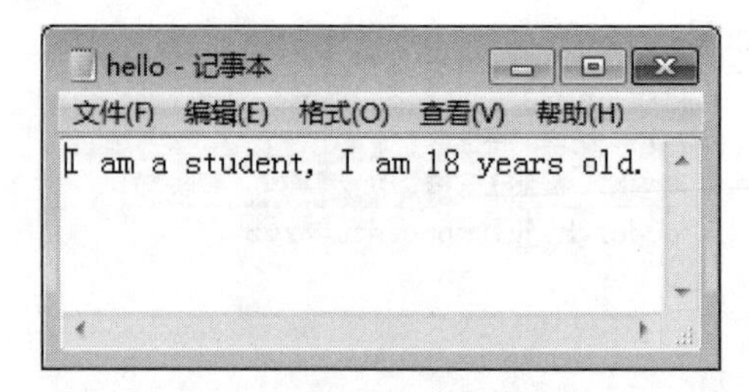


图 11-15 hellow.txt 文件内容

### 11.2.3 文件读取

C语言除了文件写入外，还提供了文件读取函数，下面分别对C语言中的文件读取函数进行讲解。

#### 1. 使用fgetc()函数读取文件中的字符

fgetc()函数用于读取文件中的字符，函数声明如下：

```
int fgetc(FILE* stream);
```

上述函数声明中，参数stream表示一个文件指针。函数将读取的字符转换成整数返回，读取文件到达末尾或读取错误时返回EOF。

下面通过一个具体案例演示如何使用fgetc()函数读取文件中的字符，首先在当前项目路径下新建文件hello.txt，输入“I am a student ,I am 18 years old.”保存，如例11-6所示。

【例11-6】 fgetcFile.c

```
1 #define _CRT_SECURE_NO_WARNINGS
2 #include <stdio.h>
3 #include <stdlib.h>
4 int main()
5 {
6     FILE *fp;
7     char ch;
8     fp = fopen("hello.txt", "r");
9     if(fp == NULL)
10    {
11        printf("打开文件失败! \n");
12        exit(0);
13    }
14    ch = fgetc(fp);              // 从文件中读取每个字符
15    while(ch != EOF)             // 只要文件没读到结尾，就执行下面的代码
16    {
17        printf("%c", ch);
18        ch = fgetc(fp);
19    }
20    printf("\n");
```

```
21     fclose(fp);
22     return 0;
23 }
```

程序运行结果如图11-16所示。

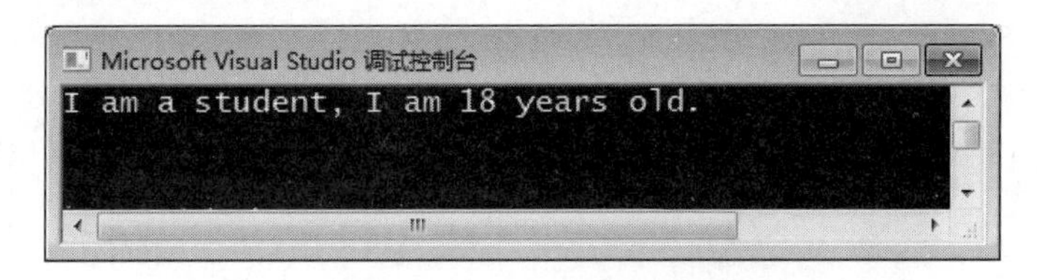


图 11-16　例 11-6 程序运行结果

从图11-16中可以看出，文件hello.txt中的内容被读取成功。

例11-6中，第8行代码定义了一个文件指针并以只读的方式打开文件；第15~19行代码在while循中调用fgetc()函数读取文件中的字符并输出至控制台；第21行代码调用fclose()函数关闭文件。

### 2. 使用fgets()函数读取文件中的字符串

fgets()函数用于从文件中读取一行字符串，或读取指定长度的字符串，函数声明如下：

```
char *fgets(char *s, int size, FILE *stream);
```

上述函数声明中，参数s指向用来存储数据的空间；参数size表示读取数据的大小；参数stream表示要读取的文件的文件指针。函数读取成功返回s，如果读取错误或遇到文件末尾，返回NULL。

fgets()函数从文件指针stream指向的文件中读取数据，最多读取size-1个字符，将读取的数据保存到s指向的字符数组中，读取的字符串会在最后一位添加'\0'。

fgets()函数停止读取的情况通常包括以下3个：

（1）读取size-1个字符前，遇到'\n'，读取结束，末尾添加'\0'。

（2）读取size-1个字符前，遇到EOF，读取结束，末尾添加'\0'。

（3）完成size-1个字符读取，读取结束后，末尾添加'\0'。

下面通过一个具体案例学习如何使用fgets()函数读取文件中的字符串，在工程根目录新建poem.txt，输入一段话后保存。调用fgets()函数读取poem.txt中的内容，如例11-7所示。

【例11-7】 fgetsFile.c

```
1 #define _CRT_SECURE_NO_WARNINGS
2 #include <stdio.h>
3 #include <stdlib.h>
4 #include <string.h>
5 int main()
6 {
7     FILE *fp;                          // 声明文件指针
8     char str[256];                     // 文件数据缓冲区
9     memset(str, 0, sizeof(str));       // 初始化文件数据缓冲区
10    fp = fopen("poem.txt", "r");       //打开文件，并将文件和文件指针关联
11    if(fp == NULL)                     // 打开文件失败，打印出错信息
```

```
12    {
13        printf("打开文件失败！\n");
14        exit(0);                              // 退出程序
15    }
16    while(!feof(fp))                          // 判断文件指针是否已指向文件的末尾
17    {
18        fgets(str, sizeof(str), fp);  // 按行将文件中的字符串复制到文件数据缓冲区中
19        printf("%s", str);                    // 打印文件数据缓冲区中的字符串
20    }
21    fclose(fp);                               // 关闭文件，释放资源
22    return 0;
23 }
```

程序运行结果如图11-17所示。

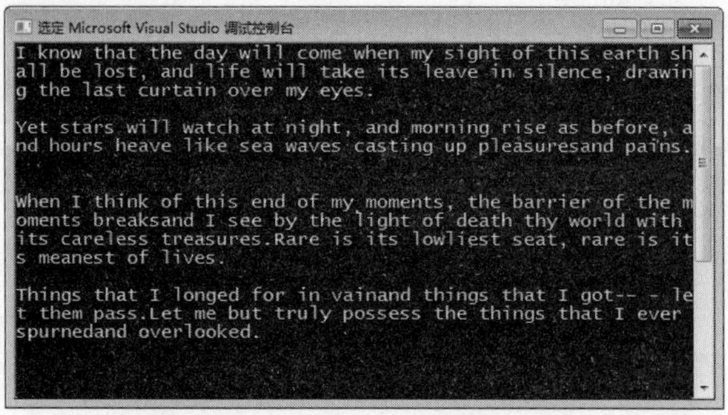

```
选定 Microsoft Visual Studio 调试控制台
I know that the day will come when my sight of this earth sh
all be lost, and life will take its leave in silence, drawin
g the last curtain over my eyes.

Yet stars will watch at night, and morning rise as before, a
nd hours heave like sea waves casting up pleasuresand pains.


When I think of this end of my moments, the barrier of the m
oments breaksand I see by the light of death thy world with
its careless treasures.Rare is its lowliest seat, rare is it
s meanest of lives.

Things that I longed for in vainand things that I got-- - le
t them pass.Let me but truly possess the things that I ever
spurnedand overlooked.
```

图 11-17　例 11-7 程序运行结果

在例11-7中，第8~10行代码定义一个字符数组，并以只读的方式打开poem.txt文件；第16~20行代码在while循环中，调用fgets()函数读取文件中的每一行字符串到字符数组中，并打印出来；第21行代码调用fclose()函数关闭文件。从图11-17中可以看出，文件读取操作成功。

### 3. 使用fread()以二进制形式读取文件

fread()函数用于以二进制形式读取文件，函数声明如下：

```
size_t fread(void *ptr, size_t size,size_t nmemb, FILE *stream);
```

上述函数声明中，参数ptr表示指向要接收读取数据的内存空间的指针；参数size表示读取元素的大小，以字节为单位；参数nmemb表示读取元素的个数；参数stream表示读取文件的文件指针。函数返回值类型为size_t类型，即返回值的类型为无符号整型。

fread()函数从一个文件中读取数据，最多读取nmemb个元素，每个元素大小为size个字节。读取成功则返回读取数据的大小。读取错误返回0。

下面通过一个案例来练习如何使用fread()函数读取文件数据，首先在项目根目录新建fread.txt文件，在文件中输入26个小写英文字母后保存，如例11-8所示。

【例11-8】 freadFile.c

```
1 #define _CRT_SECURE_NO_WARNINGS
2 #include <stdio.h>
```

```
3 #include <stdlib.h>
4 #include <string.h>
5 int main()
6 {
7     FILE * fp;                            // 声明文件指针
8     char str[32];                         // 声明数据数组
9     memset(str, 0, sizeof(str));          // 初始化数据数组
10    size_t len=0;                         // 记录读取数据的长度
11    fp = fopen("fread.txt", "r");         // 以只读方式打开一个文件
12    if(fp == NULL)                        // 打开文件失败，打印出错信息
13    {
14        printf("文件打开失败\n");
15        exit(0);                          // 退出程序
16    }
17    while(!feof(fp))                      // 判断文件指针是否已指向文件的末尾
18    {
19        len=fread(str, 1, 31, fp);        // 将文件中的数据复制到数据数组中
20        printf("%s\n", str);              // 打印数组中的数据
21    }
22    fclose(fp);                           // 关闭文件，释放资源
23    printf("读取的实际大小为：%d", len);
24    return 0;
25 }
```

第8行代码定义了数组str用于存储读取数据的空间，第9行代码将str数组空间的元素填充为0，第10行代码初始化变量len用于记录读取字符的个数。第17~21行代码在while()循环中调用fread()函数读取文件中的内容，直到读取到文件末尾时结束，第22行代码在读取结束后关闭文件。

程序运行结果如图11-18所示。

图 11-18　例 11-8 程序运行结果

从图11-18中可以看出，文件中的数据被输出到控制台，使用fread()函数成功读取了文件中的内容。需要注意的是，二进制模式下，具有特殊意义的字符，如'\n'和'\0'，就没有意义了。

#### 4. 使用fscanf()函数格式化读取文件

fscanf()函数用于从文件中格式化读取数据，函数声明如下：

```
int fscanf(FILE *stream, const char *format,...);
```

上述函数声明中，参数stream表示文件指针；参数format表示文件中的字符串以什么样的格式输入到程序中；返回值类型int表示函数返回值的类型为整型。

fscanf()函数格式化读取文件中的数据，如果函数调用成功，则返回值是输入的参数的个数；否则，返回EOF。

下面通过一个具体案例来演示如何使用fscanf()函数格式化读取文件。首先在项目根目录下新建文件hellow.txt输入“hellow world”后保存，文件内容如图11-19所示。

图 11-19 hello.txt 文件内容

使用fscanf()函数读取文件中的内容，如例11-9所示。

【例11-9】 fscanfFile.c

```
1 #define _CRT_SECURE_NO_WARNINGS
2 #include <stdio.h>
3 #include <stdlib.h>
4 int main()
5 {
6     char str1[10], str2[10];
7     FILE *fp;
8     fp = fopen("hellow.txt", "r");
9     fscanf(fp, "%s %s", str1, str2);
10    fclose(fp);
11    printf("%s\n", str1);
12    printf("%s\n", str2);
13    return 0;
14 }
```

程序运行结果如图11-20所示。

图 11-20 例 11-9 程序运行结果

从图11-20中可以看出，程序通过fscanf()函数成功读取文件中的数据，并将其格式化输出到str1和str2数组中。

### 11.2.4　文件随机访问

操作文件时，偶尔需要针对文件中的某一部分进行读/写操作。例如，要截取某一首歌中的一小段做手机铃声，这时使用顺序读/写文件的方式是行不通的。为此，C语言提供了随机读/写文件的相关函数，实现对文件任意位置进行读/写操作。

#### 1. rewind()函数

rewind()函数的作用是将文件位置指针指向文件开头，函数声明如下：

```
void rewind(FILE *stream);
```

上述函数声明中，void表示该函数无返回值，参数stream表示一个文件指针。

#### 2. fseek()函数

fseek()函数的作用是将文件位置指针指向指定位置，函数声明如下：

```
int fseek(FILE *stream, long offset, int whence);
```

上述函数声明中，参数stream表示一个文件指针，参数offset表示根据参数whence移动读/写位置的偏移量，其中，参数whence的值有3个，具体如下：

➢ SEEK_SET：对应的数字值为0，表示从文件开头进行偏移。

➢ SEEK_CUR：对应的数字值为1，相对于文件位置指针当前位置进行偏移。

➢ SEEK_END：对应的数字值为2，相对于文件末尾进行偏移。

fseek()函数调用成功返回0，调用失败返回-1。通常情况下，fseek()函数适用于二进制文件，因为文本文件要进行字符转换，计算位置时往往会发生混乱。

假设现在有一个hellow.txt文件，文件内容仅有"hellow world"一行字符串，下面通过一个案例演示对hellow.txt文件进行随机读/写，如例11-10所示。

【例11-10】 fseekFile.c

```
1 #define _CRT_SECURE_NO_WARNINGS
2 #include <stdio.h>
3 int main()
4 {
5     FILE *fp;
6     char s[16] = {0};
7     fp = fopen("hellow.txt", "r");
8     fseek(fp, 7, SEEK_SET);
9     fread(s, 1, 15, fp);
10    fclose(fp);
11    printf("%s", s);
12    return 0;
13 }
```

程序运行结果如图11-21所示。

图 11-21　例 11-10 程序运行结果

在例11-10中，第7行代码以只读方式打开hellow.txt文件；第8行代码将hellow.txt文件位置指针从开头向后偏移7个单位；第9行代码调用fread()函数从当前位置读取15字节大小的数据到字符数组s中；第10行代码调用fclose()函数关闭文件。从图11-21中可以看出，控制台输出的内容是“world”。

下面打开hellow.txt文件验证读取的内容是否正确，文件内容如图11-22所示。

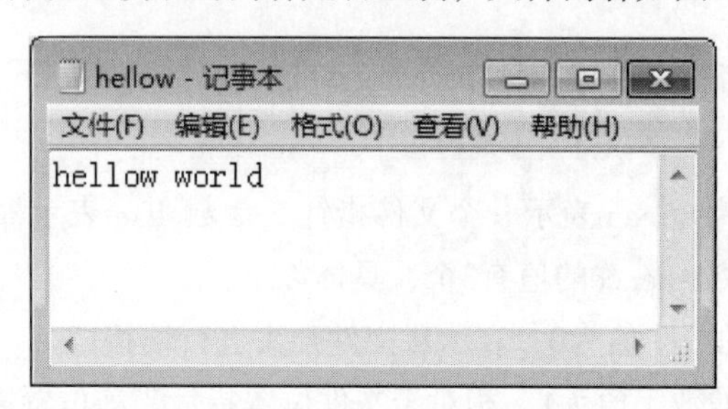


图 11-22　hellow.txt 文件内容

从图11-21和图11-22中可以看出，文件位置指针从开头向后偏移7个单位，指向了字符'w'，从字符'w'处读取15个字符，则会读取后面的“world”字符串，到达文件末尾，读取结束。这与程序输出结果一致，说明随机读取文件内容的操作成功。

### 3. ftell()函数

ftell()函数用于获取文件位置指针的当前位置，函数声明如下：

```
long ftell(FILE *stream);
```

上述函数声明中，参数stream表示文件指针。ftell()函数调用成功后，返回文件位置指针的当前位置，但如果当文件不存在或发生其他错误时，则函数的返回值为-1L。

下面通过一个案例演示如何使用ftell()函数获取文件位置指针的当前位置，如例11-11所示。

【例11-11】 ftellFile.c

```
1 #define _CRT_SECURE_NO_WARNINGS
2 #include <stdio.h>
3 int main()
4 {
5     FILE *fp;
6     // 只读方式打开文件，文件必须存在
7     fp = fopen("hellow.txt", "r");
8     fseek(fp, 5, SEEK_SET);                // 将文件位置指针从头开始偏移5位
9     printf("offset = %d\n", ftell(fp));    // 打印文件位置指针的当前位置
```

```
10     rewind(fp);                    // 将文件位置指针指向文件开头
11     printf("offset = %d\n", ftell(fp));
12     fseek(fp, 11, SEEK_CUR);       // 将文件位置指针从当前位置开始偏移11位
13     printf("offset = %d\n", ftell(fp));
14     fclose(fp);
15     return 0;
16 }
```

程序运行结果如图11-23所示。

图 11-23 例 11-11 程序运行结果

在例11-11中，第8行和第12行代码分别调用fseek()函数实现了文件位置指针的移动，第10行代码调用rewind()函数将文件位置指针移动到文件开头，第9行、第11行、第13行代码通过printf()函数格式化输出每次的文件位置指针的偏移量。从图11-23中可以看出，控制台成功打印出了文件位置指针的偏移量。

### 11.2.5 文件重命名与文件删除

C语言除了提供文件的读/写函数外，还有文件的重命名和文件删除函数，下面对文件重命名函数和文件删除函数分别进行讲解。

#### 1. rename()函数

rename()函数用于对文件重命名，函数声明如下：

```
int rename(const char *oldname,const char *newname)
```

上述函数声明中，参数oldname表示要修改的文件名，参数newname表示修改后文件名，修改成功则返回0，如果修改的文件名与以修改的文件名重名，或者修改的文件不存在时返回非0值。

下面通过一个案例演示如何使用rename()函数对文件重命名，如例11-12所示。

【例11-12】 renameFile.c

```
1 #define _CRT_SECURE_NO_WARNINGS
2 #include <stdio.h>
3 int main()
4 {
5     FILE *fp;
6     char s[20] = {0};
7     int x=rename("hellow.txt","1.txt");
8     printf("修改状态: %d\n", x);
9     fp = fopen("1.txt", "r");
```

```
10    while(!feof(fp))
11    {
12        fgets(s, 20, fp);
13    }
14    fclose(fp);
15    printf("%s\n", s);
16    return 0;
17 }
```

程序运行结果如图11-24所示。

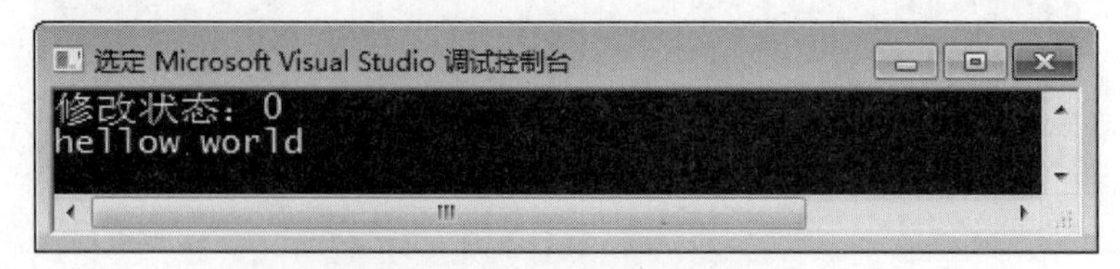


图 11-24　例 11-12 程序运行结果

由图11-24可知，hellow.txt文件名修改成功，打开修改后的文件内容如图11-25所示。

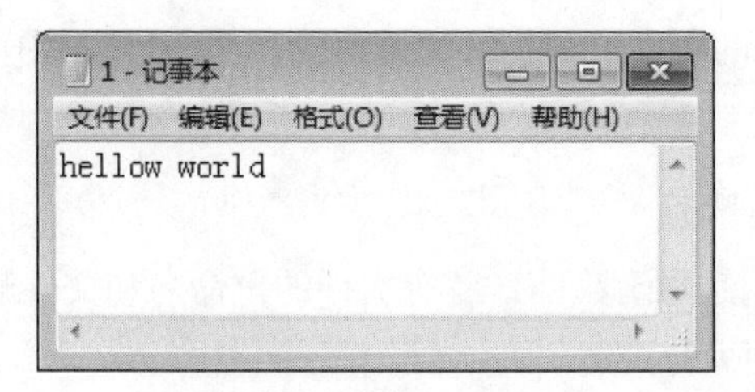


图 11-25　1.txt 文件内容

### 2. remove()函数

remove()函数用于删除文件，函数声明如下：

```
int remove(const char *Filename)
```

remove()函数只有一个参数Filename，表示要删除的文件名。删除成功返回0，删除失败返回-1。下面以删除文件1.txt为例，讲解如何使用remove()函数删除文件，如例11-13所示。

【例11-13】 removeFile.c

```
1 #define _CRT_SECURE_NO_WARNINGS
2 #include <stdio.h>
3 int main()
4 {
5    FILE *fp;
6    char *s[20] = { 0 };
7    int x=remove("1.txt");
8    printf("删除状态：%d\n", x);
9    fp = fopen("1.txt", "r");
10   if(fp==NULL)
```

```
11    {
12        printf("文件打开失败\n");
13        exit(0);
14    }
15    while (!feof(fp))
16    {
17        fgets(s, 20, fp);
18    }
19    fclose(fp);
20    printf("%s\n", s);
21    return 0;
22 }
```

程序运行结果如图11-26所示。

图 11-26　例 11-13 程序运行结果

由图11-26可知，文件删除状态为0，表明1.txt文件删除成功，再次打开1.txt文件时打开失败。

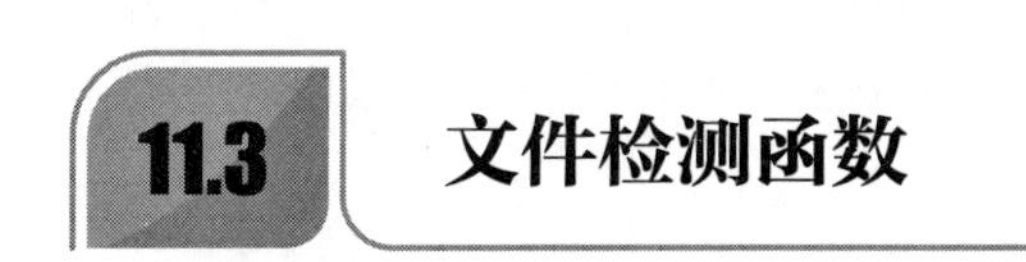

## 11.3 文件检测函数

文件读/写操作难免会发生错误，但大多函数并不具有明确的错误提示信息，例如fputc()函数返回EOF时，可能是因为文件结束，也可能是因为调用函数失败。为了明确地检查文件读/写过程中出现的错误，C语言中提供了文件检测函数，本节介绍几个常用检测函数。

### 11.3.1 perror()函数

perror()函数用于打印错误消息，将标准错误中定义的错误值errno解释为错误消息并打印到标准错误输出流stderr。perror()函数的声明如下：

```
void perror(const char *str);
```

上述函数声明中，str指向一个字符串，在标准错误输出时，可选择在错误信息输出前加上自定义消息。错误输出中的errno是一个整型变量，其值代表调用标准库函数产生的错误原因。下面通过一个具体案例来学习perror()函数的使用，代码如例11-14所示。

【例11-14】 perrorFile.c

```
1 #define _CRT_SECURE_NO_WARNINGS
2 #include <stdio.h>
```

```
3 int main()
4 {
5     FILE *fp;
6     fp = fopen("perror.txt", "r+");
7     if(fp == NULL)
8     {
9         perror("打开失败");
10    }
11 }
```

程序运行结果如图11-27所示。

图 11-27　例 11-14 程序运行结果

从图11-27可以看出，提示的错误信息是“No such file or directory”。这些错误信息出现的原因是标准库中定义的，使用perror()函数有利于发现在文件操作中出错的详细信息。

### 11.3.2　ferror()函数

ferror()函数用于检查输入/输出函数进行读/写操作时是否出错，该函数的声明如下：

```
int ferror(FILE *stream)
```

上述函数声明中，参数stream表示一个文件指针。如果对文件进行读/写操作时出错，该函数返回1，没有出现错误返回0。

下面通过一个具体案例来学习ferror()函数的使用，如例11-15所示。

【例11-15】 ferrorFile.c

```
1 #define _CRT_SECURE_NO_WARNINGS
2 #include <stdio.h>
3 int main()
4 {
5     FILE *fp;
6     fp = fopen("ferror.txt", "r");
7     if(pFile == NULL)
8         perror("文件打开失败！");
9     fputc('A', fp);
10    if(ferror(fp))
11        perror("写入错误！\n");
12    fclose(fp);
13    return 0;
14 }
```

程序运行结果如图11-28所示。

图 11-28　例 11-15 程序运行结果

在例11-15中，第10行代码使用ferror()函数检测文件读/写是否出现错误；第11行代码使用perror()函数打印出错时原因。从图11-28输出结果可以看出，文件以只读方式打开，不允许写操作，因此显示错误的文件描述符（文件指针）。

### 11.3.3　feof()函数

feof()函数用于判断文件是否处于文件结束位置，该函数的声明如下：

```
int feof(FILE *stream)
```

上述函数声明中，参数stream表示一个文件指针。如果文件已处于文件结束位置，该函数返回1，否则返回0。

下面通过一个具体案例学习feof()函数的使用，首先在项目根目录下新建文件feof.txt，并输入itcast，然后保存。feof.txt文件内容如图11-29所示。

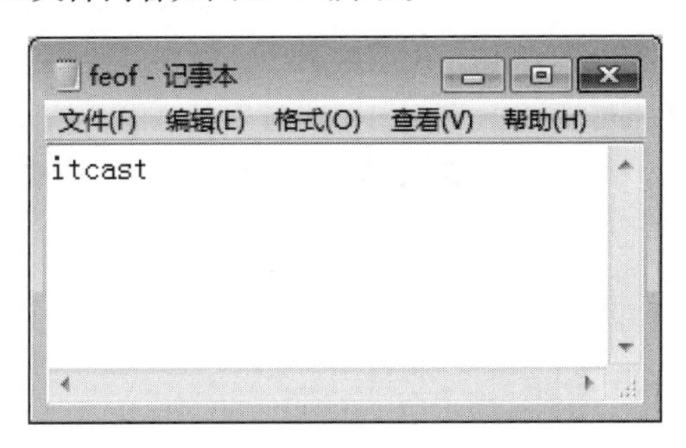


图 11-29　feof.txt 文件内容

下面使用fgetc()函数读取文件中的内容，演示feof()函数的用法，如例11-16所示。

【例11-16】 feofFile.c

```
1 #define _CRT_SECURE_NO_WARNINGS
2 #include <stdio.h>
3 int main()
4 {
5     FILE *fp;
6     int n = 0;
7     fp = fopen("feof.txt", "rb");
8     if(fp == NULL)
9         perror("文件打开错误");
```

```
10     while(fgetc(fp) != EOF)
11     {
12         n++;
13     }
14     if(feof(fp))
15     {
16         puts("到达文件末尾");
17         printf("读取到的字符个数为: %d\n", n);
18     }
19
20     fclose(fp);
21     return 0;
22 }
```

程序运行结果如图11-30所示。

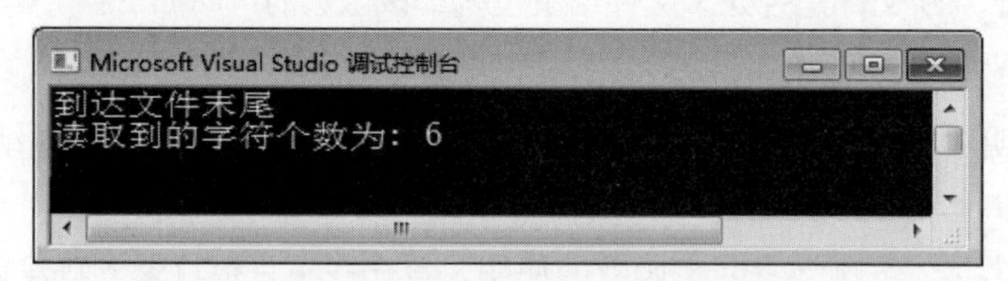


图 11-30　例 11-16 程序运行结果

在例11-16中，第10~13代码使用fgetc()函数逐个读取文件中的字符并将字符个数保存到变量n中；第14~18行代码使用feof()函数判断文件是否读取到末尾，如果到达末尾，则调用puts()函数输出“到达文件末尾”，并调用printf()函数输出从文件中读取到的字符个数。

### 11.3.4 clearerr()函数

clearerr()函数的作用是清除错误标志和文件结束标志，该函数的声明如下：

```
void clearerr(FILE *stream)
```

上述函数声明中，参数stream表示一个文件指针。当输入或者输出到达文件末尾出现错误时，使用clearerr()函数清除错误指示状态。

下面通过一个具体案例学习clearerr()函数的使用，首先在项目根目录下新建文件clearerr.txt并输入itcast后保存，clearerr.txt文件内容如图11-31所示。

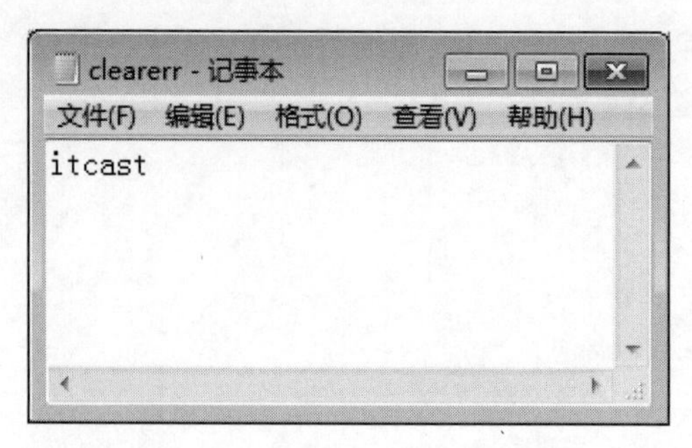


图 11-31　clearerr.txt 文件内容

下面使用fputc()函数读取文件中的内容为例，演示clearerr()函数的用法，如例11–17所示。

【例11–17】 clearerrFile.c

```
1 #define _CRT_SECURE_NO_WARNINGS
2 #include <stdio.h>
3 int main()
4 {
5     FILE *fp;
6     fp = fopen("clearerr.txt", "r");
7     if(fp == NULL)
8         perror("文件打开失败");
9     fputc('A', fp);
10    if(ferror(fp))
11    {
12        perror("写入错误");
13        clearerr(fp);
14    }
15
16    fgetc(fp);
17    if(ferror(fp)==0)
18        printf("无读取错误");
19    fclose(fp);
20    return 0;
21 }
```

程序运行结果如图11–32所示。

图 11–32　例 11–17 程序运行结果

在例11–17中，第6行代码只读方式打开clearerr.txt文件，在写入文件时进行错误检测并提示写入错误，第13行代码使用clearerr()函数清除写入错误，第17行代码在读取文件后进行错误检查，ferror()函数返回值为0，提示无读取错误。由图11–32可知，通过clearerr()函数成功清除了写入错误，程序正常往后执行，输出了“无读取错误”信息。

若注释掉第13行代码，则第2次ferror()错误检查返回非0值，不会输出无读取错误。

# 11.4 缓冲区函数

当程序执行读文件操作时，会将文件内容读到缓冲区中，然后再将内容从缓冲区逐个读到程序中。程序执行写文件操作时，先将数据写入到缓冲区中，待缓冲区装满后再将数据从缓冲区一起写入到磁盘文件中。这样有利于提高程序读写文件的效率。针对输入/输出缓冲区，C语言提供了相关函数，本节将针对缓冲区相关函数进行讲解。

## 11.4.1 fflush()函数

fflush()函数用于清空文件缓冲区和标准输入/输出缓冲区，fflush()函数的声明如下：

```
int fflush(FILE *stream)
```

在文件写入时如果文件是以写的方式打开，fflush()函数会把缓冲区内的数据写入文件。此外，对于标准输入缓冲区fflush(stdin)，会刷新缓冲区，将缓冲区内的数据清空并丢弃；对于标准输出缓冲区fflush(stdout)，会刷新缓冲区，将缓冲区内的数据输出到设备。

## 11.4.2 setbuf()函数

setbuf()函数用于给输入流、输出流设置缓冲区，函数的声明如下：

```
void setbuf(FILE *stream, char *buf);
```

上述函数声明中，参数stream表示一个文件指针，指向一个文件流。buf是用户分配的缓冲空间，长度至少是BUFSIZ。BUFSIZ是C语言标准库定义的宏，大小为512字节。

下面通过一个具体案例来学习setbuf()函数的使用，如例11-18所示。

【例11-18】 setbufFile.c

```
1 #define _CRT_SECURE_NO_WARNINGS
2 #include <stdio.h>
3 int main()
4 {
5     char buf[BUFSIZ] = {0};
6     setbuf(stdout, buf);
7     puts("Itcast");
8     fflush(stdout);
9     return(0);
10 }
```

程序运行结果如图11-33所示。

图 11-33　例 11-18 程序运行结果

在例11-18中，第5行代码定义了一个字符数组buf；第6行代码调用setbuf()函数将标准输出流stdout与buf关联起来，这样当向stdout输出数据时，数据会先暂存于buf数组中；第7行代码调用puts()函数向stdout输出数据“Itcast”；第8行代码调用fflush()函数将缓冲区buf中的数据刷新到标准输出。由图11-33可知，程序成功输出了“Itcast”。

如果注释掉第8行代码，则数据一直存储在buf缓冲中，并没有传输给标准输出，则程序运行结束后，屏幕上不会输出Itcast。

### 11.4.3 setvbuf()函数

setvbuf()函数与setbuf()函数的功能都是为输入流和输出流设置缓冲区。不同的是setvbuf()函数可以指定缓冲模式，该函数的声明如下：

```
int setvbuf(FILE *stream, char *buf, int mode, size_t size);
```

上述函数声明中，参数stream表示一个文件指针。参数buf是分配的缓冲区，如果设置为NULL，该函数会自动分配指定大小的缓冲，参数size表示缓冲区的大小，以字节为单位。参数mode表示文件缓冲模式，缓冲模式一共有3种，具体如下：

（1）_IOFBF：全缓冲，当缓冲区为空时，从流读入数据，或者当缓冲区满时，向流写入数据。

（2）_IOLBF：行缓冲，每次从流中读入一行数据或向流中写入一行数据。

（3）_IONBUF：不使用缓冲。直接从流中读入数据或直接向流中写入数据，而没有缓冲区。此时参数buffer和参数size参数被忽略。

setvbuf()函数调用成功返回0，失败返回非零值。

下面通过一个具体案例学习setvbuf()函数的使用，如例11-19所示。

【例11-19】 setvbufFile.c

```
1 #define _CRT_SECURE_NO_WARNINGS
2 #include <stdio.h>
3 int main()
4 {
5     FILE *fp;
6     char buff[1024];                            //设置缓冲区大小
7     memset(buff, 0, sizeof(buff));              //缓冲区清零
8     if(setvbuf(stdout, buff, _IOFBF, 1024) != 0)   //定义缓冲区方式为全缓冲
9     {
10        printf("缓冲区设置出错！");
11        return -1;                              //缓冲失败则退出
12    }
13    fprintf(stdout, "www.itcast.cn\n");         //保存到缓冲区buff中
14    fprintf(stdout, "《C语言程序设计教程》\n");
15    fflush(stdout);                             //刷新缓冲区的数据
16    fp = fopen("txt.txt", "a+");                //打开文件
17    fprintf(fp, buff);                          //将缓冲区内容写入到文件中
18    fclose(fp);                                 //关闭文件
19    return(0);
20 }
```

程序运行结果如图11-34所示。

图 11-34 例 11-19 程序运行结果

在例11-19中，第8~12行代码用于设置缓冲区为全缓冲模式，如果设置失败，打印出错信息，函数返回；第13~15行代码将标准输出流stdout中的字符保存到buff中，并通过fflush()函数刷新缓冲区的数据显示在控制台中，最后将缓冲区buff中的数据保存到文件txt.txt中。打开写入的文件内容如图11-35所示。

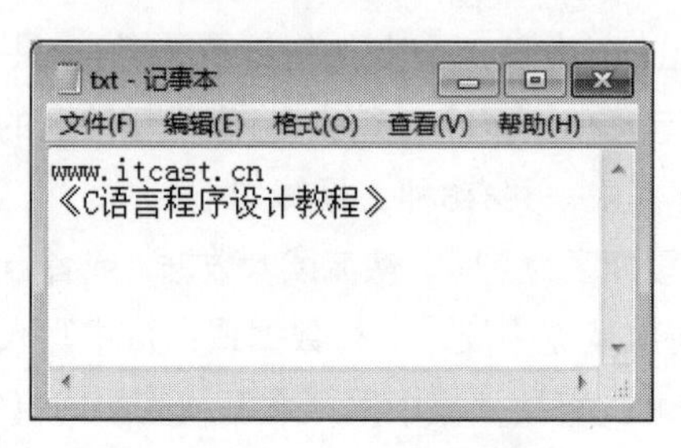


图 11-35 txt.txt 文件内容

# 小 结

本章首先讲解了文件的基本概念；其次讲解了文件的基本操作，包括文件的打开、关闭、文件的读/写以及文件的随机读/写；然后讲解了文件检测函数；最后讲解了文件缓冲区的刷新。通过本章的学习，读者可以对文件进行读/写操作，从而站在更高的层面来理解和使用文件。

# 习 题

**一、填空题**

1. 根据文件的组织形式，C 语言可以将文件分为________和________两种类型。

2. 有一个名为 File.txt 的文本文件，以只读方式打开的语句是________。

3. 文件单字符读取函数是________。

4. 下列程序的功能是第 1 次将该文件显示在屏幕上，第 2 次将该文件复制到另一个文件中，请补全程序中空白处的语句。

```
int main()
{
    FILE *fp1,*fp2;
    fp1=fopen("file1","r");
    if(!fp1)
```

```
    {
        printf("打开失败! ");
        exit(0);
    }
    fp2=fopen("file2","w");
    if(!fp2)
    {
        printf("打开失败! ");
        exit(0);
    }
    while(!feof(fp1))
        putchar(getc(fp1));
    ________;
    while(!feof(fp1))
        putc(________,fp2);
    fclose(fp1);
    fclose(fp2);
    return 0;
}
```

5. 可以移动文件指针位置的函数是________、________。

**二、判断题**

1. C 语言中的标准输出设备是显示屏。（　　）
2. C 语言中对文件操作结束后需要使用 fclose() 函数关闭文件。（　　）
3. perror() 函数可以根据错误编号 errno 显示文件操作中出错的原因。（　　）
4. 对文件操作只有只读、只写、读和写这 3 种方式。（　　）
5. 定义文件指针后可以改变文件指针的位置进行文件读取操作。（　　）

**三、选择题**

1. 若要打开 C 盘根目录下名为 abc.txt 的文本文件进行读、写操作，下面符合此要求的函数调用是（　　）。

A. fopen("C:\user\abc.txt","r");　　B. fopen("C:\user\abc.txt","r+");
C. fopen("C:\user\abc.txt","rb");　　D. fopen("C:\user\abc.txt","w");

2. 若 fp 已正确定义并指向某个文件，当未遇到该文件结束标志时函数 feof(fp) 的值为（　　）。

A. 0　　B. 1　　C. −1　　D. 一个非 0 值

3. fread(buf ,64,2,fp) 的功能是（　　）。

A. 从 fp 所指向的文件中，读取整数 64，存放到 buf 中
B. 从 fp 所指向的文件中，读取 64 和 2，存放到 buf 中
C. 从 fp 所指向的文件中，读取 64 个字符，读取 2 次，存放到 buf 中
D. 从 fp 所指向的文件中，读取 64 个字节的字符，存放到 buf 中

4. 以下程序的功能是（　　）。

```
int main()
{
    FILE *fp;
    char str[] = "C Language";
    fp = fopen("file", "w" );
    fputs(str,fp);
    fclose(fp);
    return 0;
}
```

A．在控制台上显示“C Language”

B．把“C Language”写入到 file 文件中

C．把“C Language”写入到 file 文件并读取

D．以上都不对

5. 读取二进制文件的函数调用形式为 fread(buffer,size,count,fp)，其中 buffer 代表的是（　　）。

A. 一个内存块的字节数

B. 一个整型变量，代表待读取的数据的字节数

C. 一个文件指针，指向待读取的文件

D. 一个内存块的首地址，代表读入数据存放的地址

6. 以下描述错误的是（　　）。

A. 二进制文件打开后可以读取文件的末尾

B. 在文件操作结束后，应当使用 fclose() 函数关闭打开的文件

C. 使用 fread() 函数读取二进制文件中的数据时，可以使用数组存储读取到二进制数据

D. 使用 FILE 定义的文件指针可以打开一个 word 文本文件进行读取

**四、简答题**

1. 简述 perror() 函数和 ferror() 函数的区别。

2. 简述文件读取函数 fgetc()、fgets()、fread()、fscanf() 的区别。

**五、编程题**

1. 有 5 个学生，每个学生有 3 门课的成绩，从键盘输入以上数据（包括学生号，姓名，三门课成绩），计算出每个学生的平均成绩，将原有的数据和计算出的平均分数存放在磁盘文件 stud 中。

2. 从键盘输入一个字符串，将其中的小写字母全部转换成大写字母，然后输出到一个磁盘文件 file.txt 中保存，输入的字符串以“！”表示结束。

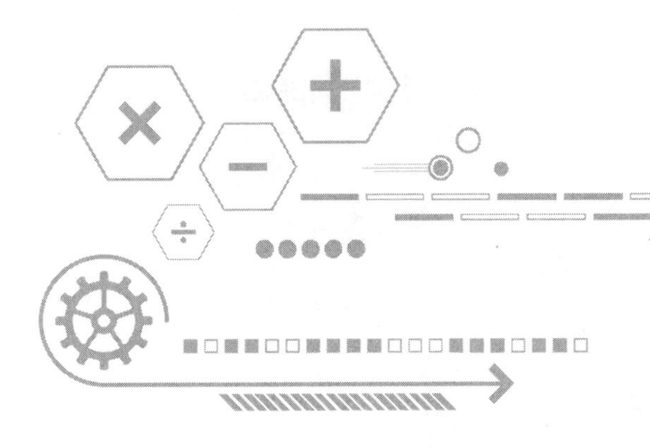

# 第12章 综合项目——俄罗斯方块

**学习目标**

- ➢了解项目的需求分析；
- ➢掌握C语言模块化设计开发；
- ➢掌握项目的调试；
- ➢了解项目心得总结。

本书第1～11章对C语言的基础知识进行了详细讲解，学习完前11章的内容，读者对C语言也有了整体掌握。学习一门编程语言，最重要的是学会在实际项目中如何去应用这些知识。因此，本章就带领读者用C语言编写一个综合项目——俄罗斯方块，加深读者对C语言的理解与使用，并让读者了解真实项目的开发流程。

## 12.1 项目分析

一个好的程序员在开发项目前，首先会对项目进行需求分析，明确项目要实现的功能以及实现思路，在明确项目需求的基础上确定项目功能，进行详细设计，这样才能开发出满足实际需求的软件产品。

### 12.1.1 项目需求分析

俄罗斯方块是一款经典的游戏，在游戏过程中可通过不同的方向键控制俄罗斯方块使其变形、移动、加速下落等。当不同形状的俄罗斯方块堆满一行就将该行消除，获得分数。如果俄罗斯方块垂直堆满游戏屏幕，则游戏结束。

在实现俄罗斯方块时，需要实现以下需求：

（1）游戏开始时，显示上次游戏得分，在此基础上按【Enter】键开始游戏。

（2）在玩游戏时，俄罗斯方块有7种基础形状，如图12–1所示。

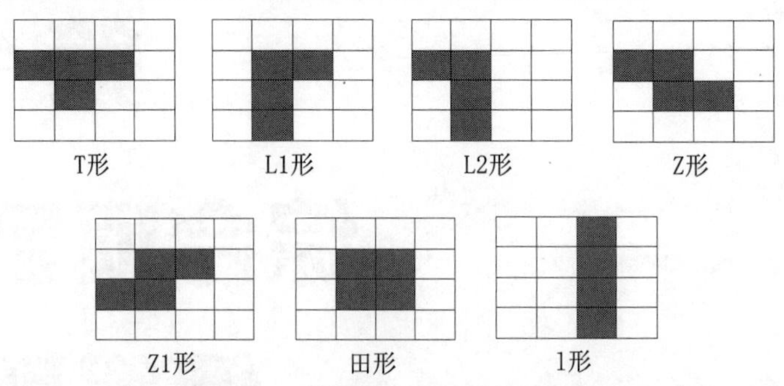


图 12–1 俄罗斯方块 7 种基础形状

图12–1中的每种形状有3个旋转方向，因此，俄罗斯方块一共有21种变形。

（3）在玩游戏时，使用左右方向键控制俄罗斯方块的移动，使用下方向键加速俄罗斯方块下落，使用上方向键控制俄罗斯方块旋转，使用空格键控制游戏暂停与继续，使用【Esc】键退出游戏。

（4）玩游戏时，俄罗斯方块显示在右侧，左侧显示游戏说明，游戏说明包括俄罗斯方块预览、按键说明、游戏得分等。俄罗斯方块游戏场景示意图如图12–2所示。

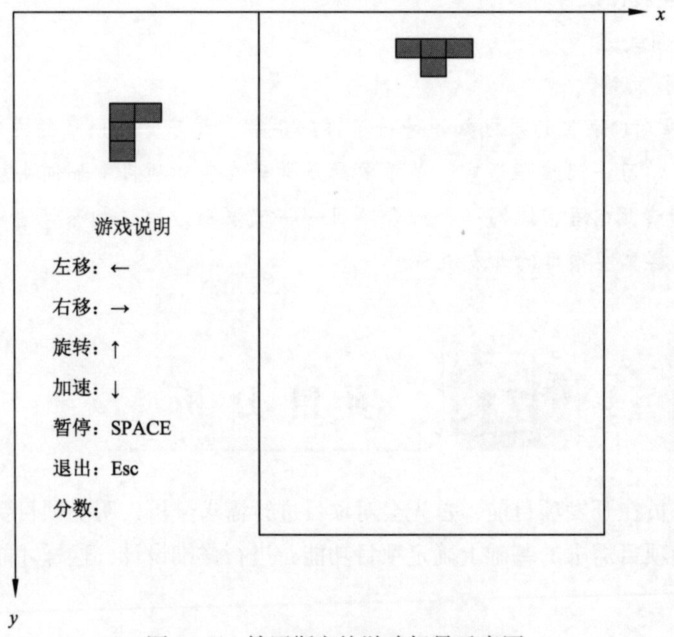


图 12–2 俄罗斯方块游戏场景示意图

（5）玩游戏时，俄罗斯方块堆满一行就消除该行，消除一行可得100分。

（6）游戏过程中，如果俄罗斯方块垂直堆满屏幕，则结束本次游戏，并根据用户输入（y或n）决定是否重新开始游戏。

（7）游戏结束时，将游戏得分存储到文件中，以供实时查询。

根据上述需求分析，俄罗斯方块游戏过程可以用一个流程图表示，如图12-3所示。

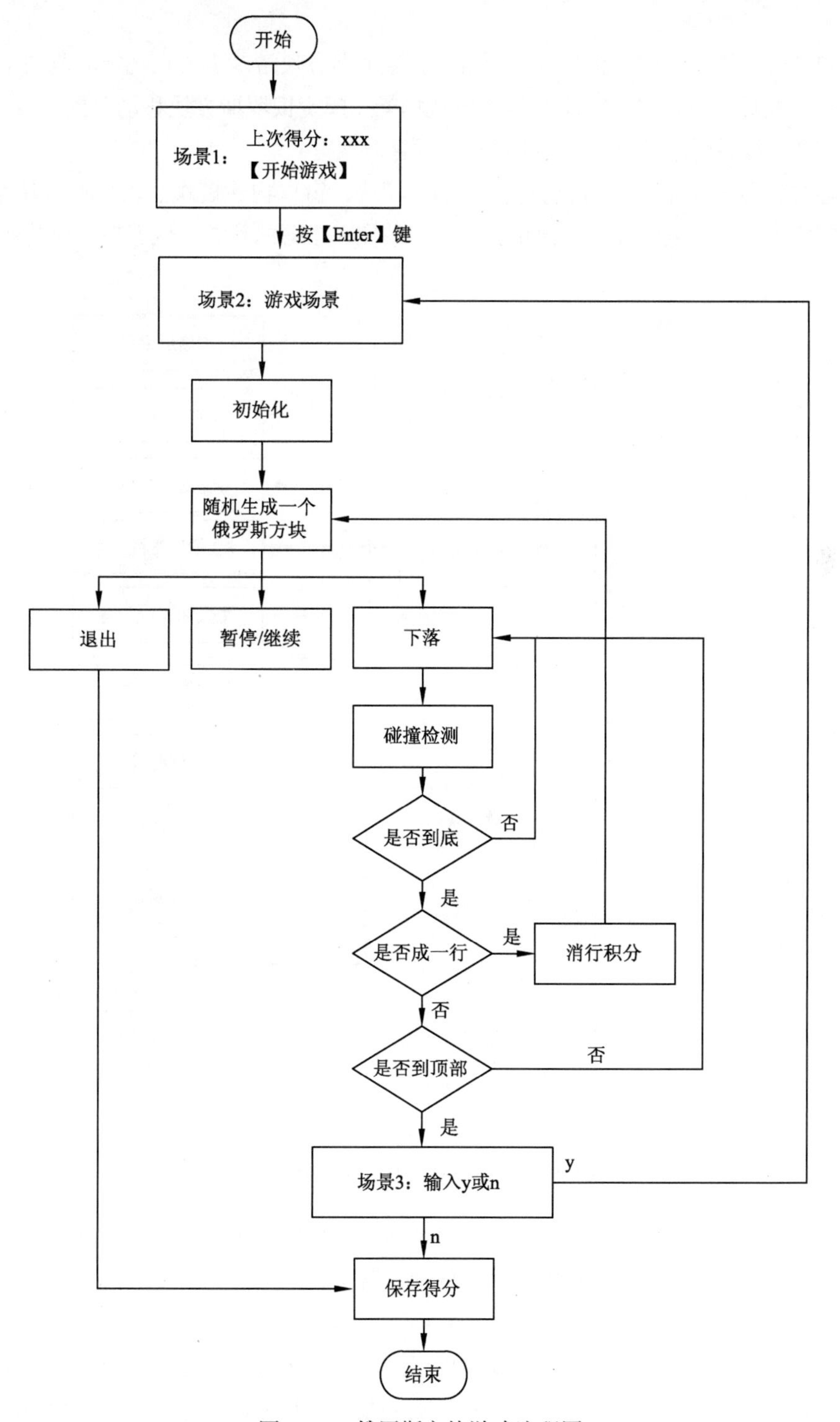


图 12-3　俄罗斯方块游戏流程图

在实现复杂程序时可根据程序功能先将项目划分成多个模块，其次对各个模块进行深入分析，将其划分成更小的模块，然后通过具体的功能函数实现模块，最后再把模块整合，以完成完整项目。

对图12-3所示流程进行分析，在本项目中，俄罗斯方块游戏需要在规定的范围（即游戏界面）内进行，在界面中构建坐标系、绘制游戏场景（规定俄罗斯方块移动范围）。在游戏过程中，控制游戏执行、暂停或退出。退出游戏时保存游戏得分。

由上述分析可知，本项目可划分为4个功能模块：窗口构建模块、俄罗斯方块生成模块、游戏规则制定模块、分数保存查看模块，每个模块完成不同的功能。俄罗斯方块功能模块划分如图12-4所示。

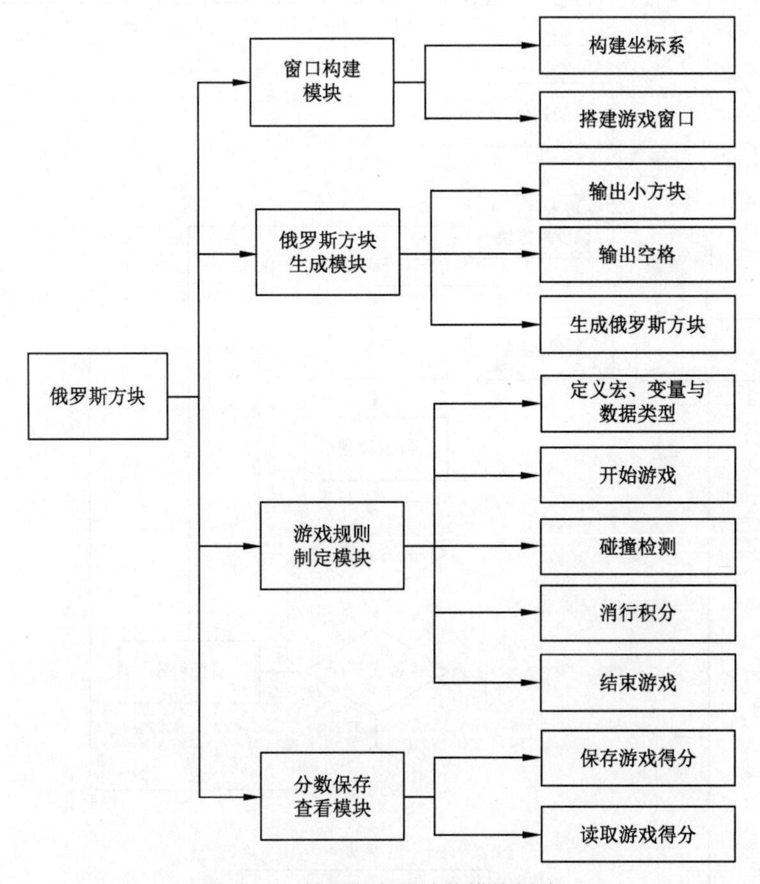


图 12-4　俄罗斯方块功能模块划分

图12-4展示了“俄罗斯方块”游戏所需要实现的功能模块及模块之间的联系，为了让大家能够明确系统中每个功能的具体作用，下面分别介绍这些模块。

1. 窗口构建模块

在窗口构建模块中，调用Windows API中定义的结构体和函数构建坐标体系，在坐标体系中移动光标、隐藏光标。同时，在坐标系中绘制游戏场景，设置游戏边界，划分游戏区域与游戏说明区域。

### 2. 俄罗斯方块生成模块

俄罗斯方块生成模块的主要功能包括在指定的位置输出方块或空格、勾画俄罗斯方块7种形状及21种旋转状态，随机生成俄罗斯方块。

### 3. 游戏规则制定模块

游戏规则制定模块定义了程序需要的宏、变量与数据类型。同时，该模块还制定了游戏规则，在俄罗斯方块下落过程中进行碰撞检测，如果俄罗斯方块堆满一行就消行积分。如果俄罗斯方块堆积到顶部就结束本次游戏，根据用户输入（y或n）决定是否重新开始游戏。同时，在游戏执行过程中，程序可接收键盘输入，通过判断输入的按键执行不同的操作，如左移、右移、游戏暂停等。

### 4. 分数保存查看模块

分数保存查看模块功能主要是将游戏得分保存到外部文件中，以供实时查询。

## 12.1.2 项目设计

完成系统的需求分析后，需要根据需求设计项目。项目设计包括数据设计与功能设计两部分，数据设计规定了项目需要定义的变量、宏和数据类型，以及如何组织这些变量、宏与数据类型；功能设计就是函数设计，即声明函数，并明确函数功能。下面分别介绍俄罗斯方块游戏中的数据设计与功能设计。

### 1. 数据设计

俄罗斯方块项目划分为4个模块，下面针对这4个模块需要定义的数据进行分析。

（1）窗口构建模块：主要功能是调用Windows API构建坐标体系，实现光标的移动与隐藏，并且在坐标体系中搭建游戏场景。在坐标系中划分游戏场景，需要定义两个宏标识坐标系的水平方向游戏范围与垂直方向游戏范围，代码如下：

```
#define COORD_X 30                          //定义水平方向的游戏范围
#define COORD_Y 29                          //定义垂直方向的游戏范围
```

上述代码中，COORD_X标识水平方向游戏范围，COORD_Y标识垂直方向游戏范围。

（2）俄罗斯方块生成模块：主要功能是在指定位置输出小方块或空格，随机生成俄罗斯方块。每个俄罗斯方块由4个小方块构成。在设计时，4个小方块可以使用4×4矩阵（二维数组）存储。俄罗斯方块的基础形状有7种，可以使用一个大小为7的一维数组存储这7个基础俄罗斯方块，即一维数组中每个元素是一个二维数组。但是，每个俄罗斯方块有3个旋转方向，即有3个变形状态，一维数组无法满足其旋转要求，因此可以使用一个7×4的二维数组存储俄罗斯方块。俄罗斯方块存储设计如图12-5所示。

图12-5是一个7×4的二维数组，第一列用于存储俄罗斯方块的基础形状，其他三列用于存储俄罗斯方块的每个旋转状态。每个俄罗斯方块由4个小方块组成，这4个小方块也是使用二维数组存储，即二维数组的每个元素又是一个二维数组。

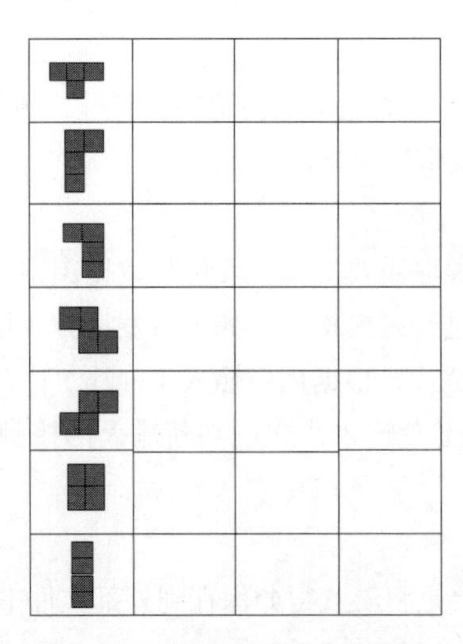

图 12-5 俄罗斯方块存储设计

可以定义一个结构体表示俄罗斯方块，结构体成员为一个4×4的二维数组，表示一个俄罗斯方块用4×4的二维数组存储。定义一个7×4的结构体二维数组，存储俄罗斯方块及其变形状态。代码如下：

```
typedef struct Tetris          //定义struct Tetris结构体类型
{
   int diamonds[4][4];         //diamonds二维数组，4×4矩阵
}TETRIS;
TETRIS tetris[7][4];           //7×4结构体二维数组
```

在上述代码中，TETRIS是表示俄罗斯方块的结构体，结构体成员diamonds是一个4×4二维数组，用于存储单个俄罗斯方块。diamonds元素值为1表示小方块，值为0表示空。tetris是存储俄罗斯方块的7×4二维数组。

游戏在执行过程中，俄罗斯方块会下落，下落过程中俄罗斯方块可能会碰到左右墙壁、下边界墙壁或其他俄罗斯方块，下落到底部之后，程序会判断小方块是否堆满一行，如果堆满一行就消行积分。落下来的俄罗斯方块也需要变量进行存储，为此，可以定义一个二维数组blockages，该数组要足够大，覆盖整个游戏区域。根据坐标，将空格、墙壁、小方块存储到blockages二维数组中。

在游戏过程中，根据blockages数组中的元素状态完成碰撞检测、消行积分等功能，blockages二维数组的定义如下：

```
int blockages[COORD_Y][COORD_X + 10];
```

上述代码定义了blockages[COORD_Y][COORD_X+10]二维数组，其行长度为29，列长度为40，该数组覆盖了坐标系内的游戏区域。blockages二维数组示意图如图12-6所示。

在图12-6中，blockages二维数组每个元素可用一个坐标表示，即blockages[0][0]用坐标（0，0）表示，如此，blockages二维数组的行和列大小就与坐标系水平方向和垂直方向的游戏区域大小相等。blockages数组元素值为0表示存储的空格，元素值为1表示存储的小方块，元素值为2表示

存储的墙壁符号。

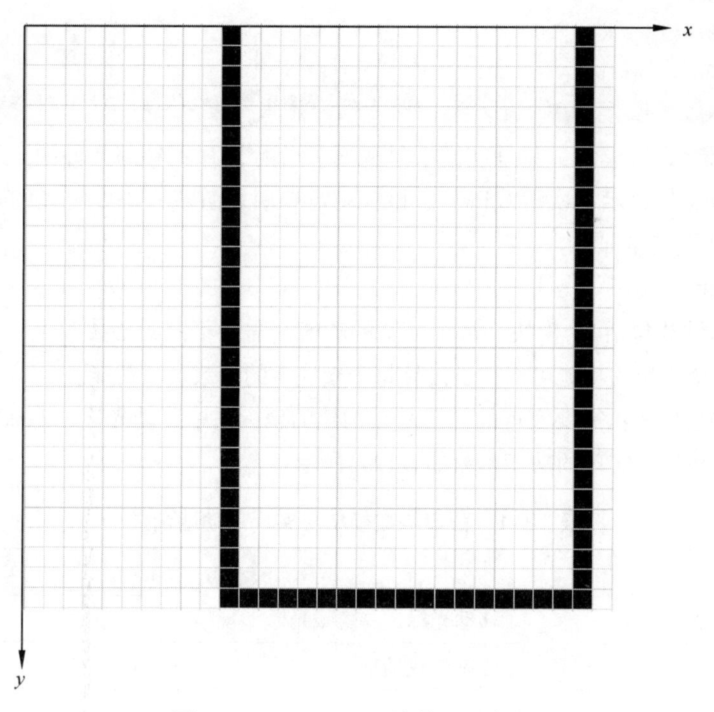


图 12-6　blockages 二维数组示意图

在游戏过程中，当俄罗斯方块移动时，假设俄罗斯方块中的某个小方块所在位置是（x,y），通过判断blockags[x][y]处是否是墙壁或小方块进行碰撞检测。当俄罗斯方块到达底部时，通过判断blockages行元素之和是否等于两堵墙壁之间的差值来确定俄罗斯方块是否堆满一行（小方块宏定义值为1）。

由于blockages二维数组存储了空格、小方块、墙壁，因此需要定义空格、小方块、墙壁的宏定义，代码如下：

```
#define WALL 2                                          //墙壁
#define BLOCK 1                                         //小方块
#define BLANK 0                                         //空格
```

（3）游戏规则制定模块：主要制定游戏规则，如开始游戏、碰撞检测、消行积分、结束游戏等。游戏过程中需要通过各种按键完成游戏状态的切换，因此需要定义宏表示按键，代码如下：

```
#define SPACE 32                                        //空格键
#define UP 72                                           //上方向键
#define LEFT  75                                        //左方向键
#define RIGHT 77                                        //右方向键
#define DOWN 80                                         //下方向键
#define ESC 27                                          //退出键
```

除此之外，游戏规则制定模块还需要定义一些变量，如分数、随机数等，该模块定义的变量如下：

```
int score = 0;                        //游戏分数
int ranNum = 0;                       //随机数
int pause = 0;                        //pause变量控制游戏状态，0为执行游戏，1为暂停游戏
```

（4）分数保存查看模块：只是在游戏结束时将分数保存到外部文件中，当下次执行程序时，程序会读取文件显示上次游戏得分。该模块需要引用游戏模块中定义的score变量，使用extern关键字引入该变量即可。

2. 功能设计

俄罗斯方块游戏包括4个模块，每个模块的功能都需要不同的函数实现，有的甚至会有多个函数，根据每个模块的功能可以初步设计每个模块下的函数及其功能。

（1）窗口构建模块：需要实现的功能是在构建的坐标系中移动光标、隐藏光标，并且绘制游戏场景。该模块需要实现的功能函数如表12–1所示。

表 12–1　窗口构建模块要实现的功能函数

| 函数声明 | 功能描述 |
| --- | --- |
| void movePos(int x, int y); | 移动光标，并隐藏光标 |
| void drawScene(); | 绘制游戏场景 |

（2）俄罗斯方块生成模块：主要功能是在指定位置输出小方块或空格，随机生成俄罗斯方块，该模块要实现的功能函数如表12–2所示。

表 12–2　俄罗斯方块生成模块要实现的功能函数

| 函数声明 | 功能描述 |
| --- | --- |
| void generateTetris(); | 生成俄罗斯方块 |
| void printBlock(int base, int roCon, int x, int y); | 输出小方块 |
| void printBlank(int base, int roCon, int x, int y); | 输出空格 |

（3）游戏规则制定模块：完成游戏规则的制定，包括开始游戏方式、碰撞检测规则、消行积分规则、退出游戏方式等。该模块要实现的功能函数如表12–3所示。

表 12–3　游戏规则制定模块要实现的功能函数

| 函数声明 | 功能描述 |
| --- | --- |
| void startGame(); | 开始游戏 |
| bool collision(int n, int rotate, int x, int y); | 碰撞检测 |
| int eliminate(); | 消行积分 |
| void gameOver(); | 结束游戏 |

（4）分数保存查看模块：要实现的功能为保存游戏得分到外部文件，供下次游戏开始时查询使用。该模块要实现的功能函数如表12-4所示。

表 12-4　分数保存查看模块要实现的功能函数

| 函数声明 | 功能描述 |
| --- | --- |
| void lastScore(); | 读取文件，显示上一次游戏得分 |
| void recordScore(); | 将游戏得分保存到外部文件 |

## 12.2 项目实现

上一节根据需求分析对俄罗斯方块游戏中的数据和功能进行了设计，本节带领读者实现这些功能函数以完成整个项目。

### 12.2.1　窗口构建模块的实现

窗口构建模块主要是通过Windows API中定义的控制台坐标系建立游戏窗口，获取移动坐标点的值并隐藏控制台中的光标。该模块可分两个文件实现：window.h和window.c，宏定义与函数声明在window.h文件中实现，函数实现在window.c文件中完成。

window.h文件与window.c文件内容分别如下：

window.h

```
#include <Windows.h>
#include"rule.h"
#define COORD_X 30
#define COORD_Y 29
void movePos(int x, int y);                    //移动坐标
void drawScene();                              //绘制游戏场景
extern score;                                  //引用score变量
```

window.c

```
1 #include"window.h"
2 /*********************************************************
3 *函数名：movePos()
4 *返回值：无
5 *功能：移动坐标
6 *********************************************************/
7 void movePos(int x, int y)              //移动光标
8 {
9     COORD coord;                        //定义COORD结构体变量coord
10    coord.X = x;
```

```
11    coord.Y = y;
12    //设置光标位置
13    SetConsoleCursorPosition(GetStdHandle(STD_OUTPUT_HANDLE), coord);
14    //隐藏光标
15    HANDLE hOut = GetStdHandle(STD_OUTPUT_HANDLE);
16    CONSOLE_CURSOR_INFO cursor_info = { 1,0 };
17    SetConsoleCursorInfo(hOut, &cursor_info);
18 }
19 /*********************************************************
20 *函数名：drawScene()
21 *返回值：无
22 *功能：绘制游戏场景
23 *********************************************************/
24 void drawScene()
25 {
26    for(int i = 0; i < COORD_Y; i++)                    //垂直方向遍历
27    {
28        for(int j = 11; j < COORD_X; j++)               //水平方向遍历
29        {
30            if(j == 11 || j == COORD_X - 1)             //左右边界位置
31            {
32                blockages[i][j] = WALL;                 //存储墙壁符号
33                movePos(2 * j, i);                      //移动光标到指定位置
34                printf("%c", 3);                        //输出墙壁（左右墙壁）
35            }
36            else if(i == COORD_Y - 1)                   //下边界位置
37            {
38                blockages[i][j] = WALL;                 //存储墙壁符号
39                movePos(2 * j, i);                      //移动光标位置指定位置
40                printf("%c", 3);                        //输出墙壁（下边墙壁）
41            }
42            else
43                blockages[i][j] = BLANK;                //存储空格
44        }
45    }
46    movePos(4, COORD_Y - 20);                           //移动光标到（4, 9）位置
47    printf("※游戏说明※");                              //输出“游戏说明”
48    movePos(4, COORD_Y - 18);                           //移动光标到（4, 11）位置
49    printf("左移：←");
50    movePos(4, COORD_Y - 16);                           //移动光标到（4, 13）位置
51    printf("右移：→");
52    movePos(4, COORD_Y - 14);                           //移动光标到（4, 15）位置
53    printf("旋转：↑");
```

```
54     movePos(4, COORD_Y - 12);              //移动光标到(4, 17)位置
55     printf("加速: ↓");
56     movePos(4, COORD_Y - 10);              //移动光标到(4, 19)位置
57     printf("暂停: SPACE");
58     movePos(4, COORD_Y - 8);               //移动光标到(4, 21)位置
59     printf("退出: Esc");
60     movePos(4, COORD_Y - 6);               //移动光标到(4, 23)位置
61     printf("分数: %d", score);
62 }
```

window.c文件实现了movePos()函数和drawScene()函数，下面分别对这两个函数进行介绍。

#### 1. movePos()函数

movePos()函数的作用是将光标移动到指定坐标处，并隐藏光标。第9行代码定义COORD类型的结构体变量coord，用于存储坐标点。COORD是Windows API中定义的结构体类型，用于定义控制台屏幕缓冲区中字符单元格的坐标，其原型如下：

```
typedef struct _COORD{
    SHORT X;
    SHORT Y;
} COORD,*PCOORD;
```

COORD构建的坐标系原点（0，0）位于缓冲区的左上角。其中，X、Y分别表示横坐标与纵坐标，它们都是短整型变量，SHORT是short的重定义。

一个COORD结构，用于指定新的光标位置（以字符为单位），坐标是屏幕缓冲区字符单元格的行和列，坐标必须位于控制台屏幕缓冲区的边界内。在movePos()函数中，将参数x赋值给了coord.X，将参数y赋值给了coord.Y。

第13行代码调用SetConsoleCursorPosition()函数设置光标位置。SetConsoleCursorPosition()函数用于设置指定控制台屏幕缓冲区中的光标位置，函数原型如下：

```
BOOL WINAPI SetConsoleCursorPosition(
  _In_ HANDLE hConsoleOutput,
  _In_ COORD dwCursorPosition
);
```

SetConsoleCursorPosition()函数有两个参数，含义分别如下：

➢ hConsoleOutput：控制台屏幕缓冲区的句柄。

➢ dwCursorPosition：一个COORD结构，用于指定新的光标位置。

如果函数调用成功则返回非0值，否则返回0。需要注意的是，SetConsoleCursorPosition()函数的第二个参数为GetStdHandle()函数的返回值，GetStdHandle()函数用于检索指定标准设备的句柄（标准输入，标准输出或标准错误）。函数原型如下：

```
HANDLE WINAPI GetStdHandle(
  _In_ DWORD nStdHandle
);
```

GetStdHandle()函数的参数为标准设备，可以是下列值之一：

➢ STD_INPUT_HANDLE：标准输入设备。

➢ STD_OUTPUT_HANDLE：标准输出设备。

➢ STD_ERROR_HANDLE：标准错误设备。

GetStdHandle()函数调用成功，返回指定设备的句柄；函数调用失败，返回INVALID_HANDLE_VALUE。本项目调用该函数是为了获取控制台（标准输出设备）的句柄，因此返回的是控制台的句柄。

第15行代码调用GetStdHandle()函数获取标准输出设备句柄，赋值给HANDLE类型变量hOut。HANDLE是Windows API中定义的通用资源句柄，其原型是指向任意类型的指针类型，定义如下：

```
typedef void *HANDLE;
```

第16行代码定义CONSOLE_CURSOR_INFO结构体变量cursor_info，并对其进行初始化。CONSOLE_CURSOR_INFO是Windows API定义的设置光标属性的结构体，它包含有关控制台光标的信息，其定义如下：

```
typedef struct_CONSOLE_CURSOR_INFO{
    DWORD dwSize;
    BOOL bVisible;
}CONSOLE_CURSOR_INFO, *PCONSOLE_CURSOR_INFO;
```

CONSOLE_CURSOR_INFO结构体有两个成员，其含义分别如下：

➢ dwSize：光标填充的字符单元格的百分比。

➢ bVisible：光标的可见性。bVisible值为1表示光标可见，值为0表示光标不可见。

在第16行代码中，CONSOLE_CURSOR_INFO结构体变量cursor_info中的成员bVisible值为0，表示光标不可见。

第17行代码调用SetConsoleCursorInfo()函数设置光标不可见。SetConsoleCursorInfo()函数用于设置指定控制台屏幕缓冲区的光标大小和可见性，函数原型如下：

```
BOOL WINAPI SetConsoleCursorInfo(
    _In_ HANDLE hConsoleOutput,
    _In_ const CONSOLE_CURSOR_INFO *lpConsoleCursorInfo
);
```

SetConsoleCursorInfo()函数有两个参数，含义分别如下：

➢ hConsoleOutput：标准输出设备句柄。

➢ lpConsoleCursorInfo：指向CONSOLE_CURSOR_INFO结构体变量的指针。

函数调用成功，返回非0值；函数调用失败，返回0。

### 2. drawScene()函数

drawScene()函数的功能是绘制游戏场景，第26~45行代码通过for循环嵌套遍历坐标系的垂直方向和水平方向，在适当的位置输出墙壁。第30~35行代码，当j=11或j=COORD_X-1时，输出左右墙壁，即左墙壁横坐标为11，右墙壁的横坐标为29。同时，将blockages[i][j]元素值设置为

2，即将墙壁符号存储到blockages二维数组的相应位置。第36~41行代码，当i=COORD_Y-1时，输出下边界墙壁，即下边界墙壁的纵坐标位置为28。同时，将blockages[i][j]元素值设置为2，即将墙壁符号存储到blockages二维数组的相应位置。第42~43行代码，blockages二维数组的其他位置存储空格。

第46~61行代码，移动光标到指定的位置，输出游戏说明内容，这段代码只是移动光标，没有业务逻辑，不再对代码进行详细分析。

### 12.2.2　俄罗斯方块生成模块的实现

俄罗斯方块生成模块主要是在指定的位置输出方块或空格，勾画俄罗斯方块7种形状及21种旋转状态，随机生成俄罗斯方块。该模块可分两个文件实现：generateTetris.h和generateTetris.c文件，宏定义、数据类型及函数声明在generateTetris.h文件中定义，函数实现在generateTetris.c文件中完成。

generateTetris.h文件和generateTetris.c文件的内容分别如下：

generateTetris.h

```
#pragma once
#include "rule.h"
#include "window.h"
//宏定义
#define WALL 2
#define BLOCK 1
#define BLANK 0
//定义数据类型
typedef struct Tetris
{
   int diamonds[4][4];
}TETRIS;
TETRIS tetris[7][4];
int blockages[COORD_Y][COORD_X + 10];
//函数声明
void generateTetris();                                          //随机生成俄罗斯方块
void printBlock(int base, int rotate, int x, int y);     //输出小方块
void printBlank(int base, int rotate, int x, int y);     //输出空格
```

generateTetris.c

```
1 #include "generateTetris.h"
2 /*********************************************************
3 *函数名：generateTetris()
4 *返回值：无
5 *功能：随机生成俄罗斯方块
6 *********************************************************/
7 void generateTetris()
```

```
8 {
9     int tmp[4][4];        //定义一个临时二维数组，与diamonds二维数组大小相同
10    //生成T形俄罗斯方块，存储在tetris[0][0]位置
11    for(int i = 0; i < 3; i++)
12        tetris[0][0].diamonds[1][i] = 1;
13    tetris[0][0].diamonds[2][1] = 1;
14    //生成L1形俄罗斯方块，存储在tetris[1][0]位置
15    for(int i = 1; i < 4; i++)
16        tetris[1][0].diamonds[i][1]=1;
17    tetris[1][0].diamonds[1][2]=1;
18    //生成L2形俄罗斯方块，存储在tetris[2][0]位置
19    for(int i = 1; i < 4; i++)
20        tetris[2][0].diamonds[i][2] = 1;
21    tetris[2][0].diamonds[1][1] = 1;
22    //生成Z形与田字形俄罗斯方块
23    for(int i = 0; i < 2; i++)
24    {
25        //生成Z形俄罗斯方块，存储在tetris[3][0]位置
26        tetris[3][0].diamonds[1][i] = 1;
27        tetris[3][0].diamonds[2][i + 1] = 1;
28        //生成Z1形俄罗斯方块，存储在tetris[4][0]位置
29        tetris[4][0].diamonds[1][i + 1] = 1;
30        tetris[4][0].diamonds[2][i] = 1;
31        //生成田字形俄罗斯方块，放在tetris[5][0]
32        tetris[5][0].diamonds[1][i + 1] = 1;
33        tetris[5][0].diamonds[2][i + 1] = 1;
34    }
35    //生成1形俄罗斯方块，存储在tetris[6][0]位置
36    for(int i = 0; i < 4; i++)
37        tetris[6][0].diamonds[i][2] = 1;
38
39    //四重for循环，遍历四维数组，生成俄罗斯方块的21种变形，完成俄罗斯方块的旋转
40    for(int i = 0; i < 7; i++)
41    {
42        for(int z = 0; z < 3; z++)
43        {
44            for(int j = 0; j < 4; j++)
45            {
46                for(int k = 0; k < 4; k++)
47                {
48                    //将tetris[][].diamonds[][]中的形状复制到tmp二维数组中
49                    tmp[j][k] = tetris[i][z].diamonds[j][k];
50                }
```

```
51            }
52            //再将tmp二维数组中的形状转换方向复制到tetris[][].diamonds[][]中
53            for(int j = 0; j < 4; j++)
54            {
55                for(int k = 0; k < 4; k++)
56                {
57            //俄罗斯方块中的小方块的位置在tetris[][].diamonds[][]中发生了变化
58                    tetris[i][z + 1].diamonds[j][k]=tmp[4 - k - 1][j];
59                }
60            }
61        }
62    }
63 }
64 /*******************************************************
65 *函数名: printBlank()
66 *返回值: 无
67 *功能: 在指定位置输出空格
68 *******************************************************/
69 void printBlank(int base, int rotate, int x, int y)
70 {
71    for(int i = 0; i < 4; i++)
72    {
73        for(int j = 0; j < 4; j++)
74        {
75            movePos(2 * (y + j), x + i);
76            if(tetris[base][rotate].diamonds[i][j] == 1)
77                printf("  ");
78        }
79    }
80 }
81 /*******************************************************
82 *函数名: printBlock()
83 *返回值: 无
84 *功能: 在指定位置输出小方块
85 *******************************************************/
86 void printBlock(int base, int rotate, int x, int y)
87 {
88    for(int i = 0; i < 4; i++)
89    {
90        for(int j = 0; j < 4; j++)
91        {
92            movePos(2 * (y + j), x + i);
```

```
93              if(tetris[base][rotate].diamonds[i][j] == 1)
94                  printf("■");
95          }
96      }
97  }
```

generateTetris.c文件实现了3个函数，下面分别对这3个函数进行介绍。

（1）generateTetris()函数：功能是随机生成俄罗斯方块，第9行代码定义了一个4×4大小的二维数组tmp，用于临时存储俄罗斯方块旋转形态。第11~37行代码用于生成7个基础形状的俄罗斯方块。

第11~13行代码生成T形俄罗斯方块，其存储位置为tetris[0][0].diamonds[1][0]、tetris[0][0].diamonds[1][1]、tetris[0][0].diamonds[1][2]、tetris[0][0].diamonds[2][1]。

第15~17行代码生成L1形俄罗斯方块，其存储位置为tetris[1][0].diamonds[1][1]、tetris[1][0].diamonds[2][1]、tetris[1][0].diamonds[3][1]、tetris[1][0].diamonds[1][2]。

第19~21行代码生成L2形俄罗斯方块，其存储位置为tetris[2][0].diamonds[1][2]、tetris[2][0].diamonds[2][2]、tetris[2][0].diamonds[3][2]、tetris[2][0].diamonds[1][1]。

第26~27行代码生成Z形俄罗斯方块，其存储位置为tetris[3][0].diamonds[1][0]、tetris[3][0].diamonds[1][1]、tetris[3][0].diamonds[2][1]、tetris[3][0].diamonds[2][2]。

第29~30行代码生成Z1形俄罗斯方块，其存储位置为tetris[4][0].diamonds[1][1]、tetris[4][0].diamonds[1][2]、tetris[4][0].diamonds[2][1]、tetris[4][0].diamonds[2][2]。

第32~33行代码生成田字形俄罗斯方块，其存储位置为tetris[5][0].diamonds[1][1]、tetris[5][0].diamonds[1][2]、tetris[5][0].diamonds[2][1]、tetris[5][0].diamonds[2][2]。

第36~37行代码生成l形俄罗斯方块，其存储位置为tetris[6][0].diamonds[0][2]、tetris[6][0].diamonds[1[2]、tetris[6][0].diamonds[2][2]、tetris[6][0].diamonds[3][2]。

这7个基础形状的俄罗斯方块参见图12-1。在结构体数组tetris中，这7个基础形状的俄罗斯方块全部存储在tetris二维数组的第1列，见图12-5。

第40~62行使用四重for循环嵌套遍历tetris[][].diamonds[][]四维数组，完成俄罗斯方块的旋转。在旋转过程中，第49行代码将tetris[][].diamonds[][]数组中的元素复制到tmp数组中，即保持原形存储到tmp数组中。第53~60行代码将tmp数组中的小方块变换位置存储到tetris[][].diamonds[][]数组中，这样就完成了俄罗斯方块的旋转，旋转之后的俄罗斯方块存储到了tetris[7][4]的后面三列。需要注意的是，Z形俄罗斯方块、Z1形俄罗斯方块、田字形俄罗斯方块和l形俄罗斯方块，外形上看起来虽然没有达到3种旋转形状，但其实这些俄罗斯方块在每一次旋转时，各小方块位置都发生了变化。

（2）printfBlank()函数：功能是在指定位置输出空格。该函数遍历tetris[][].diamonds[][]数组，将存储的俄罗斯方块以空格显示。在游戏过程，俄罗斯方块移动后，调用printfBlank()函数将原来显示小方块的位置全部显示为空格，消除俄罗斯方块的移动轨迹。

（3）printfBlock()函数：功能是在指定位置输出小方块。该函数遍历tetris[][].diamonds[][]数组，将存储俄罗斯方块显示出来。在游戏过程中，俄罗斯方块移动到新位置时，调用printfBlock()函数在新位置输出俄罗斯方块。

### 12.2.3　游戏规则制定模块的实现

游戏规则制定模块主要是制定游戏规则，如碰撞检测、消行积分、俄罗斯方块的移动、游戏暂停继续等。该模块可分两个文件实现：rule.h和rule.c，宏与函数声明在rule.h中定义，函数实现在rule.c文件中完成。

rule.h文件和rule.c文件内容分别如下：

rule.h

```
#include <stdbool.h>
#include <stdio.h>
#include <stdbool.h>
#include <Windows.h>
#include <stdlib.h>
#include <conio.h>
#include <time.h>
#include "generateTetris.h"
//各种按键的宏定义
#define SPACE 32
#define UP 72
#define LEFT  75
#define RIGHT 77
#define DOWN 80
#define ESC 27
//函数声明
void startGame();                                            //开始游戏
bool collision(int n, int rotate, int x, int y);   //碰撞检测
int eliminate();                                             //消除整行
void gameOver();                                             //结束游戏
```

rule.c

```
1 #define _CRT_SECURE_NO_WARNINGS
2 #include "rule.h"
3 //定义程序需要的变量
4 int score = 0;                                          //当前分数
5 int ranNum = 0;                                         //定义随机数
6 int pause = 0;           //定义pause变量，控制游戏状态，0为执行游戏，1为暂停游戏
7 /*******************************************************
8 *函数名：startGame()
9 *返回值：无
10 *功能：开始游戏
11 *******************************************************/
12 void startGame()
```

```
13 {
14     int n =0;                               //定义变量n，标识随机数
15     int delay=0;                            //定义延迟时间，标识俄罗斯方块初始化速度
16     int ch;                                 //定义变量ch，存储键盘输入
17     int x = COORD_X / 2 + 4,y = 0;          //x、y变量表示纵、横坐标
18     int rotate = 0;                         //定义旋转次数
19     printBlank(ranNum, rotate, 4, 4);//输出空格，在预览区域指定位置
20     n = ranNum;                             //变量n被赋值为随机数
21     ranNum = rand() % 7;                    //生成一个7以内的随机整数
22     printBlock(ranNum, rotate, 4, 4);//输出小方块，在预览区域指定位置
23     //下面while循环是游戏过程
24     while(1)
25     {
26         printBlock(n, rotate, y, x); //在指定位置输出小方块
27         if(delay == 0)                      //变量delay控制俄罗斯方块下落速度
28             delay = 15000;
29         while(--delay)                      //delay递减
30         {
31             if(pause==1)                    //如果pause值为1，即游戏为暂停状态
32             {
33                 ++delay;                    //delay自增，不退出循环，直到有键盘输入
34             }
35             if(_kbhit() != 0)               //如果有键盘输入
36                 break;                      //跳出循环
37         }
38         if(delay == 0)                      //delay=0，表示没有键盘输入
39         {
40             if(!collision(n, rotate, y + 1, x))     //垂直方向碰撞检测
41             {
42                 printBlank(n, rotate, y, x); //在俄罗斯方块原位置输出空格
43                 y++;                        //俄罗斯方块向下移动
44             }
45             else                            //如果垂直方向有碰撞
46             {
47                 //for循环嵌套遍历tetris[][].diamonds[][]数组
48                 for(int i = 0; i < 4; i++)
49                 {
50                     for(int j = 0; j < 4; j++)
51                     {
52                         //如果tetris[n][rotate].diamonds[i][j]元素是小方块
53                         if(tetris[n][rotate].diamonds[i][j]==1)
54                         {
55                             //将blockages [y+i][x+j]位置存储为方块
```

```
56                         blockages[y + i][x + j] = BLOCK;
57                         while(eliminate());    //消行积分（可能有多行）
58                     }
59                 }
60             }
61             return;
62         }
63     }
64     else                              //如果delay!=0，表明有键盘输入
65     {
66         //识别键盘输入
67         ch = _getch();                //用字符变量ch接收键盘输入
68         if(pause == 0)                //pause=0，游戏在执行，可以识别所有按键
69         {
70             switch(ch)
71             {
72             case LEFT:                //如果按下LEFT键，对左边进行碰撞检测
73                 if(!collision(n, rotate, y, x - 1))   //左边没有碰撞
74                 {
75                     //在俄罗斯方块原位置输出空格，x--，俄罗斯方块向左移动
76                     printBlank(n, rotate, y, x);
77                     x--;
78                 }
79                 break;
80             case RIGHT:               //如果按下RIGHT键，右边方向进行碰撞检测
81                 if(!collision(n, rotate, y, x + 1))
82                 {
83                     printBlank(n, rotate, y, x);
84                     x++;
85                 }
86                 break;
87             case DOWN:                //如果按下DOWN键，向下方向进行碰撞检测
88                 if(!collision(n, rotate, y + 1, x))
89                 {
90                     printBlank(n, rotate, y, x);
91                     y++;
92                 }
93                 break;
94             case UP:                  //如果按下UP键，四个方向都要进行碰撞检测
95                 if(!collision(n, (rotate + 1) % 4, y + 1, x))
96                 {
97                     //在俄罗斯方块原位置输出空格
98                     printBlank(n, rotate, y, x);
```

```
99                          rotate=(rotate + 1)%4;
100                     }
101                     break;
102                 }
103             }
104             switch (ch)                             //识别空格键与退出键
105             {
106             case ESC:                               //退出键
107                 system("cls");                      //清屏
108                 movePos(COORD_X - 6, COORD_Y / 2);//移动光标到(24, 14)位置处
109                 printf("【退出游戏】\n\n");    //输出退出信息
110                 recordScore();                      //保存分数
111                 exit(0);                            //退出
112                 break;
113             case  SPACE:                            //空格键
114                 pause = pause == 1 ? 0 : 1; //更改pause的值，转换游戏状态
115                 break;
116             }
117         }
118     }
119 }
120 /*********************************************************
121 *函数名：collision()
122 *返回值：布尔类型，有碰撞返回1，没有碰撞返回0
123 *功能：碰撞检测
124 *********************************************************/
125 bool collision(int n, int rotate, int x, int y)
126 {
127     //for循环嵌套遍历tetris[n][rotate].diamonds[][]数组
128     for(int i = 0; i < 4; i++)
129     {
130         for(int j = 0; j < 4; j++)
131         {
132             if(tetris[n][rotate].diamonds[i][j] == 0)
133                 continue;               //如果该位置是空格，就继续下一次循环遍历
134             else if(blockages[x + i][y + j] == WALL || blockages[x + i]
135                         [y+j] == BLOCK)
136                 return 1;               //表示有碰撞，返回1
137         }
138     }
139     return 0; //for循环嵌套结束，函数没有返回，表明没有碰撞，返回0
140 }
141 /*********************************************************
```

```
142 *函数名：eliminate()
143 *返回值：int类型，消除一行，返回1，否则返回0
144 *功能：消行积分
145 *****************************************************/
146 int eliminate()
147 {
148   int i,j,k,sum;
149   for(i = COORD_Y - 2;i > 4;i--)
150   {
151       sum = 0;
152       for(j = 11;j<COORD_X - 1;j++)
153       {
154           sum+=blockages[i][j];      //将blockages数组一行的值相加，赋值给sum
155       }
156       if(sum == 0) //如果sum等于0，该行没有小方块，break退出循环
157           break;
158       if(sum == COORD_X - 11)        //如果sum=COORD_X - 11，该行是一整行方块
159       {
160           score += 100;              //每消掉一行，分数加100
161           movePos(4, COORD_Y-6);     //定位光标在（4, 23）位置处
162           printf("分数：%d",score); //输出分数
163           //在消除的行原位置输出空格
164           for(j = 12;j < COORD_X - 1;j++)
165           {
166               blockages[i][j] = BLANK; //blockages[i][j]值为0
167               movePos(2*j,i);        //定位光标
168               printf(" ");           //输出空格
169           }
170           //将消除行的上面的方块向下移动
171           for(j = i;j > 12;j--)
172           {
173               sum = 0;
174               for(k = 12;k<COORD_X - 1;k++)
175               {
176                   //将blockages数组中，上下两个元素值之和赋值给sum
177                   sum += blockages[j - 1][k] + blockages[j][k];
178                   //将上一个元素向下移动
179                   blockages[j][k] = blockages[j - 1][k];
180                   if(blockages[j][k] == BLANK)    //如果移动下来的元素是空格
181                   {
182                       movePos(2 * k, j);             //移动光标到指定位置
183                       printf(" ");                   //输出空格
184                   }
```

```
185                 else                                //如果不是空格
186                 {
187                     movePos(2 * k, j);              //移动光标到指定位置
188                     printf("■");                    //输出小方块
189                 }
190             }
191             if(sum == 0)    //如果循环结束，sum仍旧为0，表明上一行没有方块
192                 return 1;  //返回1
193         }
194     }
195  }
196  gameOver();            //循环结束，没有消除行，则俄罗斯方块会累积到游戏结束
197  return 0;              //返回0
198 }
199 /*********************************************************
200 *函数名：gameOver()
201 *返回值：无
202 *功能：结束本次游戏
203 *********************************************************/
204 void gameOver()
205 {
206  for(int i = 11; i < COORD_X - 1; i++)
207  {
208      if(blockages[1][i] == BLOCK) //如果最顶部是小方块，表明游戏结束
209      {
210          char n;
211          Sleep(2000);                               //休眠
212          system("cls");                             //清屏
213          movePos(2 * (COORD_X / 3),COORD_Y / 2);//移动光标
214          printf("【游戏结束】\n");                    //输出结束提示
215          recordScore();                             //保存分数
216          do
217          {
218              movePos(2 * (COORD_X / 3), COORD_Y / 2 + 2);//移动光标
219              printf("【是否重新开始游戏(y/n):】"); //输出游戏提示
220              scanf_s("%c", &n);                    //读取用户输入
221              movePos(2 * (COORD_X / 3), COORD_Y / 2 + 4);//移动光标
222              //判断用户输入
223              if(n != 'n' && n != 'N' && n != 'y' && n != 'Y')
224                  printf("输入错误，请重新输入!");
225              else
226                  break;
227          } while (1);
```

```
228             if(n == 'n' || n == 'N')         //如果输入n或N，退出游戏
229             {
230                 movePos(2 * (COORD_X / 3), COORD_Y / 2 + 4);
231                 printf("按任意键退出游戏！");
232                 exit(0);
233             }
234             else if(n == 'y' || n == 'Y')    //如果输入y或Y，重新开始游戏
235                 main();
236         }
237     }
238 }
```

rule.c文件实现了4个函数，下面分别对这4个函数进行介绍。

1. startGame()函数

startGame()函数用于启动游戏。

第14~18行代码定义了函数需要使用的变量。

第19行代码在预览区输出空格。

第20~22行代码生成随机数，在预览区显示随机生成的俄罗斯方块。

第24~118行是一个while(1)无限循环，游戏过程就在该循环中进行。

第26行代码在游戏场景顶部中间位置输出随机生成的俄罗斯方块。

第27~28行代码定义变量delay的值为15000，控制俄罗斯方块的初始化速度。

第29~37行代码在while(--delay)循环中，判断是否有键盘输入。第31~34行代码如果pause=1，表示游戏正处在暂停状态，此时，使用delay自增，永远处在循环中，直到有键盘输入；第35~36行代码，_kbhit()函数用于非阻塞地响应键盘输入事件，若有键盘输入，返回非0值，否则返回0。在此处，如果有键盘输入则使用break跳出循环。

第38~63行代码，如果delay=0，表示while(--delay)循环中没有键盘输入，游戏一直在执行状态，则在if条件语句中判断游戏规则。

第40~44行代码在垂直方向进行碰撞检测，如果在垂直方向（y+1）没有碰撞，在俄罗斯方块原位置输出空格，执行y++，俄罗斯方块向下移动。

第45~60行代码表示如果在垂直方向有碰撞，进行相应处理。使用for循环嵌套遍历tetris[n][rotate].diamonds[][]数组，如果数组元素为小方块，则将blockages[y+i][x+j]元素存储为小方块，即俄罗斯方块随机出现的位置显示为方块。由于垂直方向上有碰撞，调用eliminate()函数消行积分，使用while(eliminate())进行消行积分，由于一次可能有多行需要消除，因此使用while循环进行消行。

第64~117行代码对键盘输入进行识别。

第67行代码使用变量ch接收键盘输入；第68行代码如果pause=0，表示游戏在执行状态，游戏执行状态可以识别定义的所有按键。

第72~79行代码，如果按下的是LEFT键，通过if语句判断向左是否有碰撞，如果没有碰撞，在俄罗斯方块原位置输出空格，执行x--，俄罗斯方块向左移动。

第80~86行代码，如果按下的是RIGHT键，通过if语句判断向右是否有碰撞，如果没有碰撞，在俄罗斯方块原位置输出空格，执行x++，俄罗斯方块向右移动。

第87~93行代码，如果按下的是DOWN键，通过if语句判断向下是否有碰撞，如果没有碰撞，在俄罗斯方块原位置输出空格，执行y++，俄罗斯方块向下移动。

第94~101行代码，如果按下的是UP键，要完成俄罗斯方块的旋转，俄罗斯方块旋转时，旋转方向可能是4个方向中的任何一个，结合图12-5，rotate表示的是tetris二维数组的列索引，rotate可取值0、1、2、3，如果多次按下UP键，则rotate的取值又会重复取值0、1、2、3，因此collision()函数的第2个参数为(rotate+1)%4。如果俄罗斯方块旋转时4个方向都没有碰撞，则在俄罗斯方块原位置输出空格，执行rotate=(rotate+1)%4，使rotate记录俄罗斯方块旋转次数。

第104~116行代码识别ESC按键和SPACE空格键，游戏暂停时（pause=1）只能识别这两个按键。如果按下的是ESC键，则执行清屏操作，移动光标到指定位置，输出退出游戏提示信息，然后记录游戏得分，退出游戏；如果按下SPACE空格键，pause变量取反，使游戏继续。

#### 2. collision()函数

collision()函数功能是完成碰撞检测。该函数通过for循环嵌套遍历tetris[n][rotate].diamonds[][]数组，如果该数组tetris[n][rotate].diamonds[i][j]位置存储了小方块，并且blockages[x+i][y+j]位置存储了墙壁或小方块，则表示俄罗斯方块与其他物体（墙壁或小方块）发生了碰撞，返回1；如果for循环嵌套结束，函数调用还未返回，表示没有碰撞，返回0。

#### 3. eliminate()函数

eliminate()函数用于消行积分，该函数主要是将blockages二维数组的每行元素值相加，判断其结果是否达到18（左右两边墙壁水平坐标差值），以此确定该行是否是完整一行小方块，如果是完整一行小方块，则消除该行，得分100。

第149行代码固定垂直方向的遍历范围。

第152~155行代码，使用for循环将blockages二维数组中的每一行元素相加。

第156~157行代码，如果sum值为0，则表明该行没有小方块。

第158~193行代码，如果sum值等于19，即该行已经堆满一行小方块，则进行相应处理。

第160~162行代码，使score加100，将光标移动到指定位置输出得分。

第164~169行代码，在消除的行的原位置上输出空格，同时将blockages二维数组的值赋值为BLANK。

第171~190行代码，消除行之后，将上面的行向下移动。

第173行代码，将sum变量的值重新赋值为0。

第177~179行代码，将消除的行与上一行上下两个blockages元素值相加赋值给sum变量，并将上一行元素向下移动。

第180~184行代码，如果上一行移动下来的元素为空格，则将光标移动到相应位置输出空格。

第185~189行代码，如果上一行移动下来的元素不是空格，则将光标移动到相应位置输出小方块。

第191~192行代码，如果上面的循环结束，sum值仍然为0，表示上面一行没有小方块，是空行，则返回1。

第196行代码，表示如果第149行开始的for循环结束，函数调用还未返回，表明整个过程没有消行积分，循环结束，俄罗斯方块就堆积到了顶部，调用gameOver()函数结束游戏。

#### 4. gameOver()函数

gameOver()函数功能是结束本次游戏。

第206行代码，通过for循环确定俄罗斯方块水平方向的遍历范围。

第208行代码，blockages[1][i]=BLOCK表示游戏场景顶部有小方块，这表明本次游戏结束。

第210~215行代码，定义字符变量n用于接收键盘输入，调用Sleep()函数使程序休眠，将光标移动到指定位置，输出游戏结束提示信息，并调用recordScore()函数将游戏得分保存到外部文件。

第216~236行代码，通过do...while循环提示用户输入n/N或y/Y字符。如果输入的是n或N，则退出游戏；如果输入的是y或Y，则调用main()函数重新开始游戏。

### 12.2.4 分数保存查看模块的实现

分数保存查看模块的功能主要是将游戏得分保存到外部文件，当游戏开始时，会读取文件显示上次游戏得分。该模块可分两个文件实现：file.h和file.c。函数声明在file.h中，函数实现在file.c文件中。

file.h文件和file.c文件的具体内容分别如下：

file.h

```
#include <stdio.h>
void lastScore();                    //用于显示上次游戏得分
void recordScore();                  //用于保存游戏得分
```

file.c

```
1 #define _CRT_SECURE_NO_WARNINGS
2 #include “file.h”
3 extern score;                           //引用score变量
4 /*******************************************************
5 *函数名：lastScore()
6 *返回值：无
7 *功能：显示上次游戏得分
8 *******************************************************/
9 void lastScore()
10 {
11     FILE* fp;                            //定义文件指针
12     fp = fopen("data", "r+");            //以r+方式打开data文件
13     if(fp == NULL)                       //如果文件打开失败
14     {
15         fp = fopen("data", "w+");        //重新以w+方式打开data文件
```

```
16        fwrite(&score, sizeof(int), 1, fp); //将游戏得分写入data文件
17     }
18     fseek(fp, 0, 0);                       //将文件位置指针重置到文件开头
19     fread(&score, sizeof(int), 1, fp);     //读取文件内容
20     fclose(fp);                            //关闭文件
21 }
22 /*******************************************************
23 *函数名：recordScore()
24 *返回值：无
25 *功能：保存游戏得分到外部文件
26 *******************************************************/
27 void recordScore()
28 {
29     FILE * fp;                             //定义文件指针
30     fp = fopen("data", "r+");              //以r+方式打开data文件
31     fwrite(&score, sizeof(int), 1, fp);    //将游戏得分写入data文件
32     fclose(fp);                            //关闭文件
33 }
```

file.c文件一共实现了两个函数，下面分别对这两个函数进行介绍。

#### 1. lastScore()函数

lastScore()函数的功能是显示上次游戏得分。该函数定义了一个文件指针fp，通过fopen()以r+方式打开data文件。如果文件打开失败，则再次以w+方式打开文件（该方式打开，如果文件不存在，会创建一个新文件），调用fwrite()函数写入游戏得分。文件打开成功之后，调用fread()函数读取文件内容，将其赋值给变量score。文件使用完毕之后，调用fclose()函数关闭文件。

#### 2. recordScore()函数

recordScore()函数功能是将游戏得分保存到外部文件。该函数主要是调用fwrite()函数将游戏得分写入文件data中，其逻辑思路比较简单，这里不再赘述。

### 12.2.5 main()函数实现

前面已经完成了俄罗斯方块项目中所有功能模块的编写，但是功能模块是无法独立运行的，需要一个程序将这些功能模块按照项目的逻辑思路整合起来，这样才能完成一个完整的项目。此时，就需要创建一个main.c文件来整合这些代码。main.c文件中包含main()函数，是程序的入口。main.c文件的内容如下：

```
1 #include "rule.h"
2 #include "file.h"
3 extern score, ranNum;                     //引入score、ranNum变量
4 int main()
5 {
6     system("cls");                        //清屏
```

```
7     system("title 俄罗斯方块");                    //设置窗口标题
8     system("mode con cols=60 lines=30");          //设置窗口宽度和高度
9     lastScore();                                  //显示上次游戏得分
10    movePos(COORD_X-6, COORD_Y/2);                //移动光标到（24，14）位置
11    printf("您上次得分：%d\n",score);              //输出上次游戏得分
12    movePos(COORD_X-6, COORD_Y / 2 + 1);          //移动光标到（24,15）位置处
13    printf("【开始游戏】\n\n");                    //输出开始游戏提示信息
14    getchar();                                    //输入【Enter】键开始游戏
15    system("cls");                                //清屏
16    srand(time(NULL));                            //设置时间为随机数种子
17    ranNum = rand() % 7;                          //生成一个小于7的随机数
18    score = 0;                                    //设置当前分数为0
19    drawScene();                                  //绘制游戏场景
20    generateTetris();                             //生成俄罗斯方块
21    while (1)                                     //while(1)无限循环
22    {
23        startGame();                              //开始游戏
24    }
25    return 0;
26 }
```

在main.c文件中，第6~8行代码实现清屏，设置窗口标题与窗口大小。第9行代码调用lastScore()函数显示上次游戏得分。第10~13行代码，移动光标到指定位置，输出上次游戏得分与开始游戏提示信息。第14~15行代码接收键盘输入开始游戏，开始游戏时实现清屏。第16~20行代码，设置系统时间为随机数种子生成一个小于7的随机数，并调用drawScene()函数绘制游戏场景，调用generateTetris()函数生成一个俄罗斯方块。第21~24行代码在while(1)无限循环中调用startGame()函数开始游戏，直到用户退出游戏。

至此，俄罗斯方块项目已经全部完成。

## 12.3 效果显示

上一节实现了整个项目，为了让读者更加直观地看到游戏最终的效果，并对程序的执行过程有整体的认识，下面分别展示游戏过程中不同阶段的效果。

### 1. 场景1：显示上次游戏得分

程序开始运行时，首先会进入场景1：显示上次游戏得分与开始游戏提示信息，俄罗斯方块场景1如图12-7所示。

图 12-7 俄罗斯方块场景 1

**2. 场景2：游戏场景**

当用户在图12-7所示的场景1中按【Enter】键时，进入场景2，游戏开始。游戏开始时，左侧是游戏说明，右侧是俄罗斯方块移动范围，随机生成的俄罗斯方块在（0，19）坐标处，得分初始为0。游戏场景如图12-8所示。

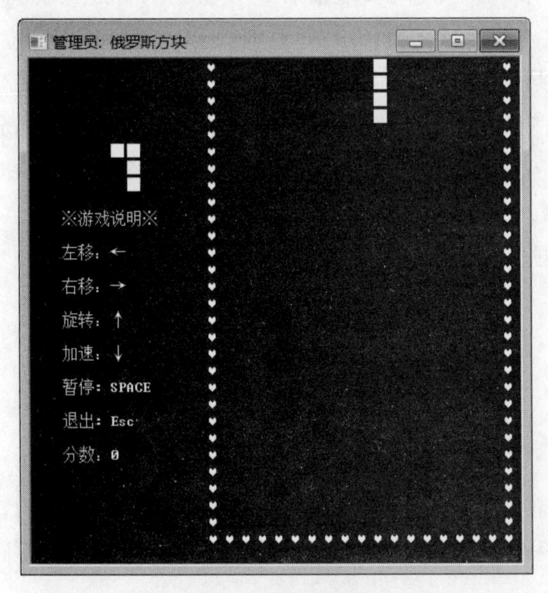


图 12-8 游戏场景

**3. 游戏进行界面**

游戏进行过程中，用户可以通过左右方向键控制俄罗斯方块向左、向右移动，通过下方向键加快俄罗斯方块速度，通过上方向键使俄罗斯方块旋转，通过空格键使游戏暂停/继续。当俄罗斯方块堆满一行则消行积分，游戏得分会实时显示在窗口中，如图12-9所示。

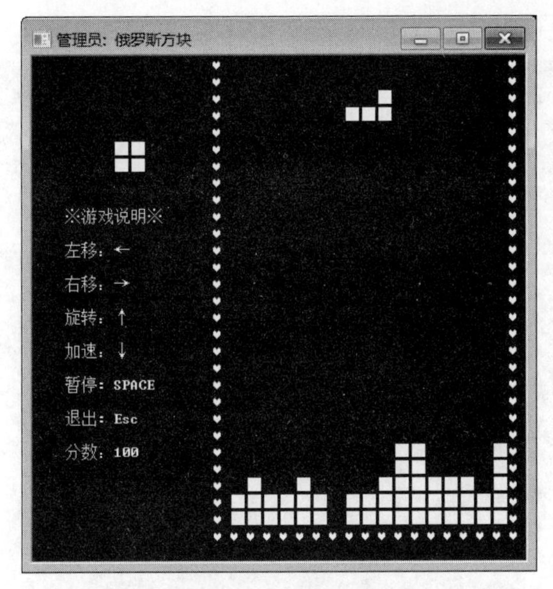


图 12-9　游戏进行界面

### 4. 游戏失败

俄罗斯方块没有完成消行积分，堆积到顶部时，游戏失败，提示用户输入n/N或y/Y，退出游戏或继续游戏。俄罗斯方块堆积到顶部如图12-10所示。

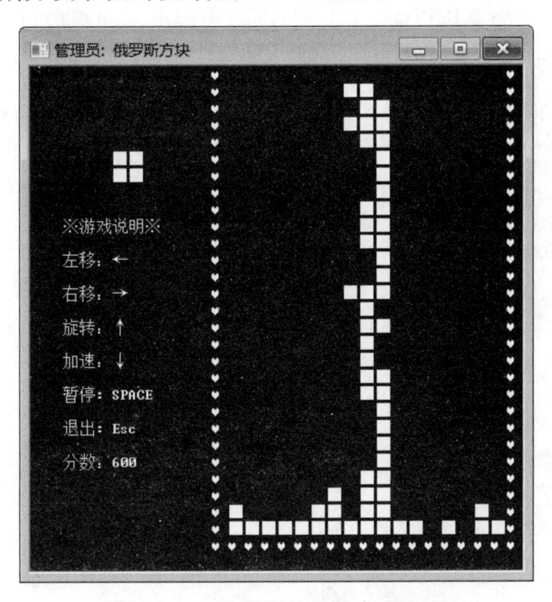


图 12-10　俄罗斯方块堆积到顶部

图12-10所示界面稍微停留之后就会进入场景3：提示用户输入y/n，如图12-11所示。

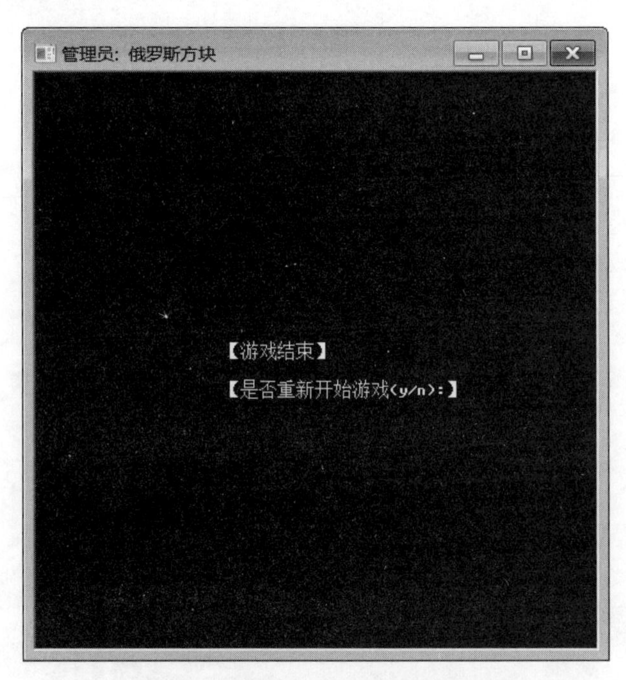


图 12-11　场景 3：提示用户输入 y/n

### 5. 退出游戏

在图12-11所示界面，如果用户输入n或N，则游戏退出，如图12-12所示。

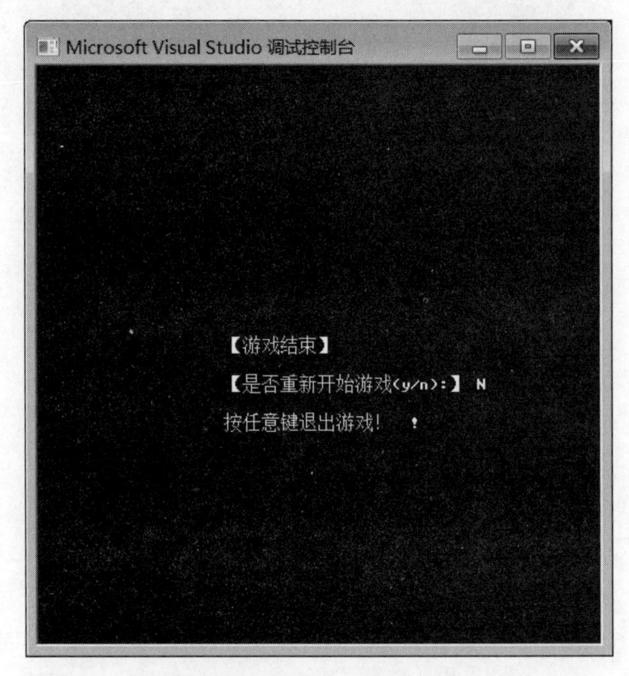


图 12-12　输入 n 或 N 游戏退出

另一种退出游戏的方式为用户按下【Esc】键，退出游戏界面如图12-13所示。

图 12-13　退出游戏界面

## 12.4 程序调试

在程序开发过程中难免会出现各种各样的错误。为了快速发现和解决程序中的这些错误，可以使用Visual Studio 2019自带的调试功能，通过程序调试快速定位错误。本节以上面的程序为例对调试功能进行详细讲解。

### 12.4.1 设置断点

在程序的调试过程中，为了分析出程序出错的原因，往往需要观察程序中某些数据的变化情况，这时就需要为程序设置断点。断点可以让正在运行的程序在需要的地方中断，当再次运行程序时，程序会在断点处暂停，方便观察程序中的数据。

在Visual Studio 2019中，为程序设置断点的方式有两种，下面分别进行介绍。

#### 1. 右击

在程序中，将鼠标放置在要插入断点的行，右击→选择“断点”→“插入断点”命令，如图12-14所示。

在图12-14中单击插入断点选项后，选中的代码行左边会有一个彩色的圆点，如图12-15所示。

|  |  |
| --- | --- |
| 快速操作和重构... | Ctrl+. |
| 重命名(R)... | Ctrl+R, Ctrl+R |
| 查看代码(C) | F7 |
| 速览定义 | Alt+F12 |
| 转到定义(G) | F12 |
| 转到声明(A) | Ctrl+F12 |
| 查找所有引用(A) | Shift+F12 |
| 查看调用层次结构(H) | Ctrl+K, Ctrl+T |
| 速览标题(k)/代码文件 | Ctrl+K, Ctrl+J |
| 切换标题/代码文件(H) | Ctrl+K, Ctrl+O |
| 断点(B) ▸ 插入断点(R) / 插入跟踪点(T) | |
| 运行到光标处(N) | Ctrl+F10 |
| 片段(S) | |
| 剪切(T) | Ctrl+X |
| 复制(Y) | Ctrl+C |
| 粘贴(P) | Ctrl+V |
| 注释(A) | |
| 大纲显示(L) | |
| 重新扫描(R) | |

图 12-14　右击插入断点

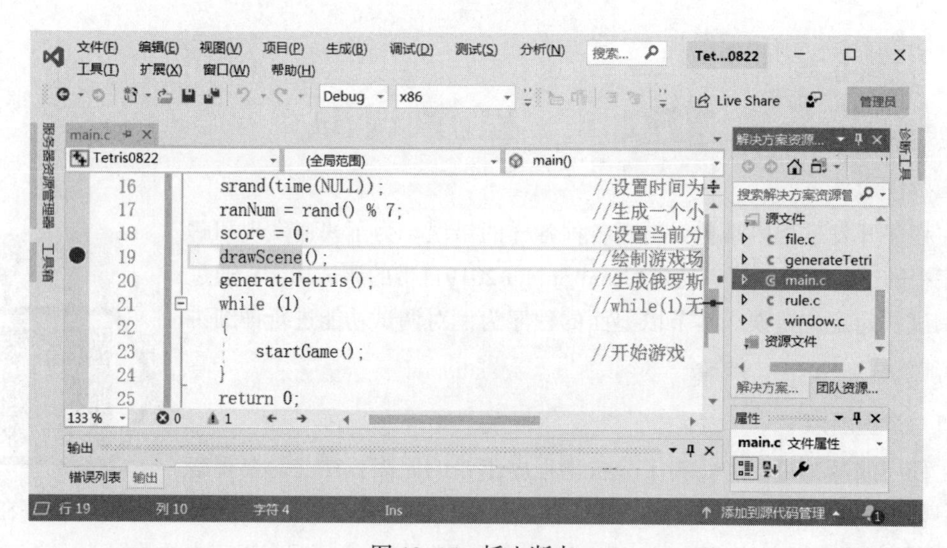


图 12-15　插入断点

在图12-15中的第19行代码处添加了一个断点。为程序设置断点以后，就可以对程序进行调试了。调试完毕要删除断点也是非常简单的，将鼠标放置在断点代码行右击，选择“删除断点”命令，如图12-16所示。

### 2. 单击

除了上述方式，读者还可以在代码左边的灰色区域单击鼠标插入断点，断点插入成功后左侧会也有彩色圆点出现。同样，删除断点时，只需再次单击代码左侧已插入的彩色圆点，便可删除断点。相比于上一种断点插入方式，这种方式更简单便捷。

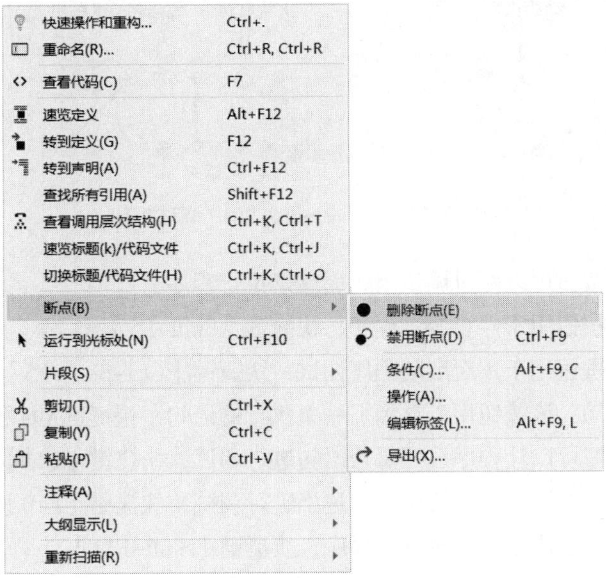

快速操作和重构...　Ctrl+.
重命名(R)...　Ctrl+R, Ctrl+R
查看代码(C)　F7
速览定义　Alt+F12
转到定义(G)　F12
转到声明(A)　Ctrl+F12
查找所有引用(A)　Shift+F12
查看调用层次结构(H)　Ctrl+K, Ctrl+T
速览标题(k)/代码文件　Ctrl+K, Ctrl+J
切换标题/代码文件(H)　Ctrl+K, Ctrl+O
断点(B)
运行到光标处(N)　Ctrl+F10
片段(S)
剪切(T)　Ctrl+X
复制(Y)　Ctrl+C
粘贴(P)　Ctrl+V
注释(A)
大纲显示(L)
重新扫描(R)
删除断点(E)
禁用断点(D)　Ctrl+F9
条件(C)...　Alt+F9, C
操作(A)...
编辑标签(L)...　Alt+F9, L
导出(X)...

图 12-16　删除断点

## 12.4.2 单步调试

当程序出现Bug时，为了找出错误的原因，通常会采用一步一步跟踪程序执行流程的方式，这种调试方式称为单步调试。单步调试分为逐语句（快捷键【F11】）和逐过程（快捷键【F10】），逐语句调试会进入函数内部调试，单步执行函数体的每条语句，逐过程调试不会进入函数体内部，而是把函数当作一步来执行。下面分别对这两种调试方法进行介绍。

### 1. 逐语句调试

以图12-15中的断点为例对项目进行逐语句调试，设置断点之后，单击工具栏中的运行按钮▶，程序运行之后，遇到断点就会停止执行，如图12-17所示。

文件(F)　编辑(E)　视图(V)　项目(P)　生成(B)　调试(D)　测试(S)　分析(N)　工具(T)　扩展(X)　窗口(W)　帮助(H)
Tet...0822
Debug　x86　Live Share
进程: [1516] Tetris0822.exe
main.c
Tetris0822　(全局范围)　main()
srand(time(NULL));　//设置时间为随机数种子
ranNum = rand() % 7;　//生成一个小于7的随机数
score = 0;　//设置当前分数为0
drawScene();　//绘制游戏场景
generateTetris();　//生成俄罗斯方块
while (1)　//while(1)无限循环
startGame();　//开始游戏
133 %
自动窗口　局部变量　监视 1
调用堆栈　断点　异常设置　命令窗口　即时窗口　输出
行 19　列 1　字符 1　Ins
添加到源代码管理

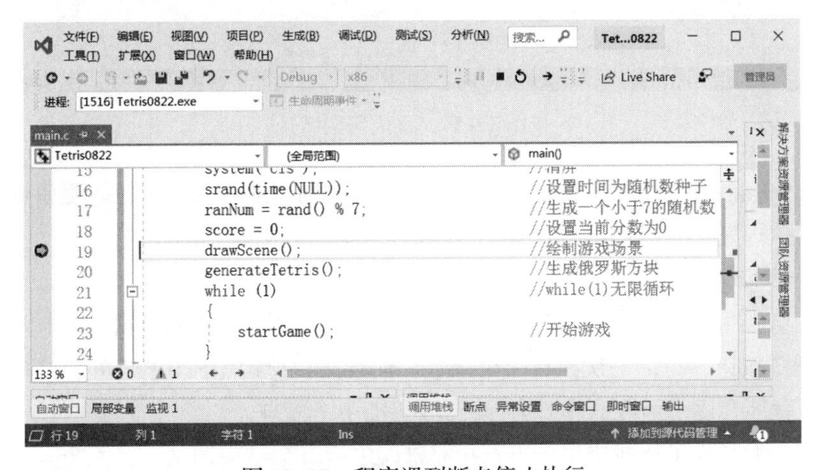

图 12-17　程序遇到断点停止执行

在图12-17中，调试启动后，当遇到断点时，程序会停止执行，等待用户进行操作。程序开始调试时，Visual Studio 2019工具栏按钮会发生变化，如图12-18所示。

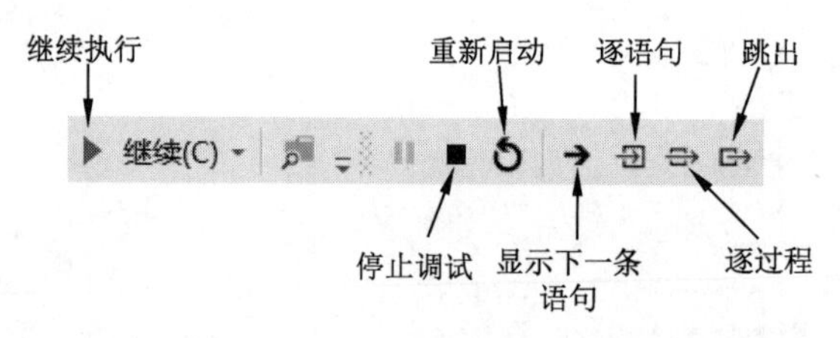


图 12-18 Visual Studio 2019 调试按钮

➢ 继续执行：该按钮可以跳过调试语句，继续执行程序。
➢ 停止调试：该按钮用于停止调试程序，快捷键【Shift+F5】。
➢ 重新启动：该按钮用于重新启动程序调试，快捷键【Ctrl+Shift+F5】。
➢ 显示下一条语句：该按钮用于显示下一条执行的语句，快捷键Alt+数字键*。
➢ 逐语句：该按钮可以让程序按照每条语句进行调试，快捷键【F11】。
➢ 逐过程：该按钮可以让程序按照每个过程进行调试，快捷键【F10】。
➢ 跳出：该按钮用于跳出正在执行的程序，快捷键【Shift+F11】。

如果在调试时想逐语句调试，则按快捷键【F11】或单击工具栏中的“逐语句”按钮，程序会进入drawSecen()函数内部一条一条执行语句。逐语句调试如图12-19所示。

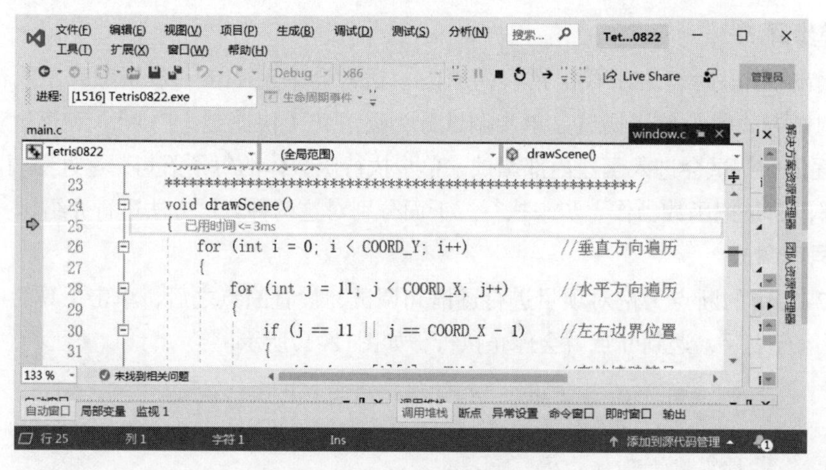


图 12-19 逐语句调试

在图12-19中继续按快捷键【F11】或单击工具栏中的“逐语句”按钮，程序就会逐条语句往下执行，当执行完drawSecen()函数时就会接着进入generateTetris()函数执行。

## 2. 逐过程调试

逐过程调试在每次调试时执行一个函数，当调试开始时，按快捷键【F10】或单击工具栏中的“逐过程”按钮，可以一次执行一个函数。连续按快捷键【F10】或单击工具栏中的“逐过程”按钮，程序会逐个函数地往下执行，直到程序执行完毕。

调试程序一般是为了查找错误，当查找完错误之后就会结束调试，并不会全程调试。如果查找完错误之前，想要结束调试，可单击工具栏中的“运行”按钮继续往下执行程序，也可以单击工具栏中的“停止调试”按钮结束程序执行。

### 12.4.3　观察变量

在程序调试过程中，最主要的就是观察当前变量的值来尽快找到程序出错的原因，Visual Studio 2019工具支持多种方式查看变量，下面介绍几个常用的查看变量的方法。

#### 1. 鼠标悬停法

Visual Studio 2019可以通过鼠标悬停的方式查看变量的值，即鼠标指向变量，变量就会显示出其值。例如，在main.c文件中的startGame()函数处设置断点，执行程序，程序遇到断点暂停执行，按【F11】键逐语句调试程序，程序进入startGame()函数逐步执行，如图12-20所示。

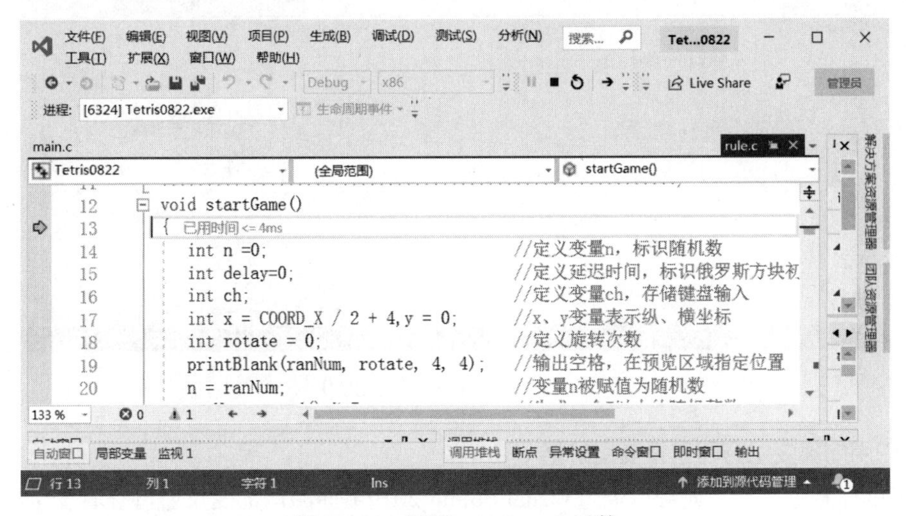


图 12-20　调试 startGame() 函数

startGame()函数中定义了多个变量，下面以查看变量n的值为例演示Visual Studio 2019查看变量的方法。在图12-20中，程序还未执行第14行代码：int n = 0，此时，变量n的值为一个未知的垃圾数据，可通过鼠标悬停的方式进行查看，将鼠标悬停在变量n上面，Visual Studio 2019会显示出n的值，如图12-21所示。

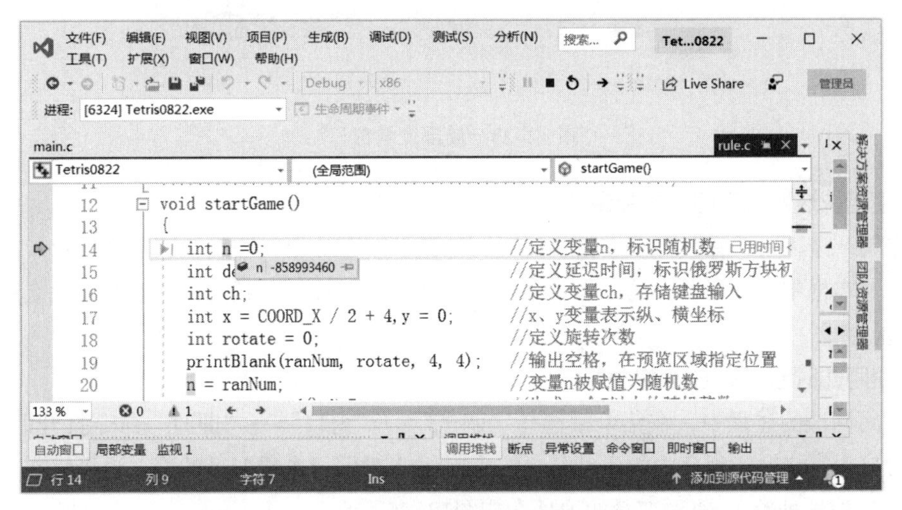


图 12-21　鼠标悬停查看变量 n 的值

在图12-21中，通过鼠标悬停的方式查看到变量n的值为一个垃圾数据。继续逐语句往下执行，当执行过第14行代码时，n的值就会变成0，如图12-22所示。

在图12-22中，程序执行到了第15行，int n=0语句已经执行完毕，此时，将鼠标悬停在变量n上时，Visual Studio 2019会显示n的值为0。

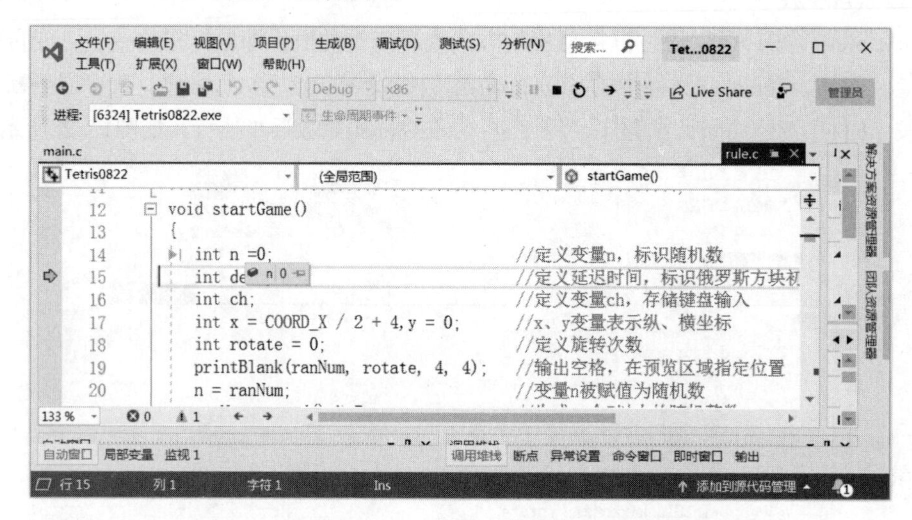


图 12-22　变量 n 的值为 0

### 2. 使用局部变量窗口查看变量的值

除了鼠标悬停之外，还可以通过Visual Studio 2019下面的局部变量窗口查看变量的值，在菜单栏中选择“调试”→“窗口”→“局部变量”命令打开局部变量窗口查看变量的值，在该窗口中可以看到当前运行代码之前所有变量的名称、当前值和类型，如图12-23所示。

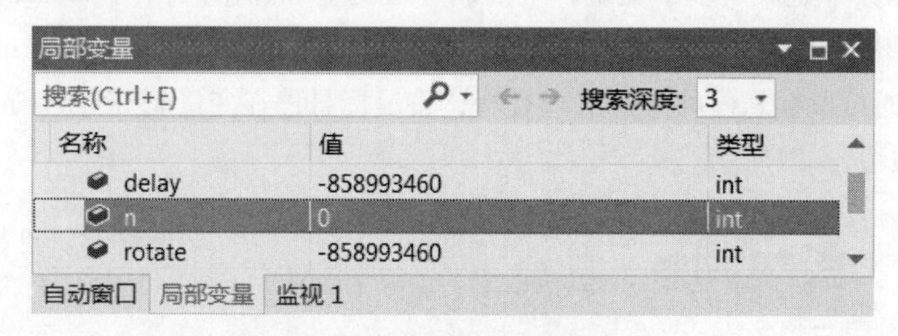


图 12-23　局部变量窗口

### 3. 使用快速监视窗口查看变量的值

程序调试过程中，在代码区右击，选择“快速监视”命令，弹出快速监视窗口，在该窗口的表达式文本框中输入要监视的变量，单击“重新计算”按钮，就可以查看变量的名称、值与数据类型，如图12-24所示。

### 4. 使用即时窗口查看变量的值

在代码调试的过程中，在菜单栏选择“调试”→“窗口”→“即时”命令打开即时窗口，在即时窗口中直接输入程序中的变量名，按【Enter】键即可查看变量的值，也可以在变量名前加上“&”（取地址符），查看变量的地址，如图12-25所示。

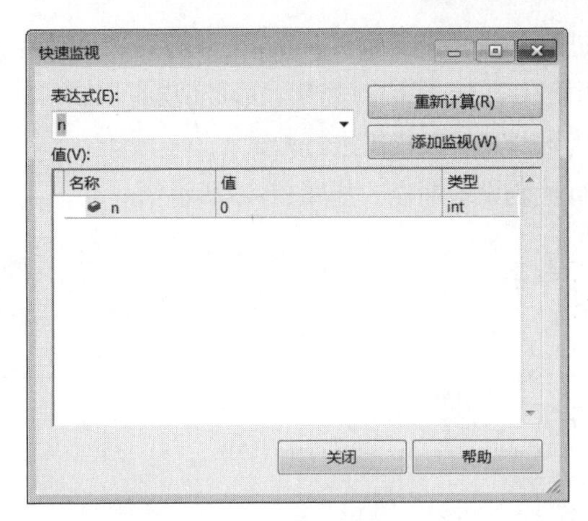


图 12-24　“快速监视”窗口

图 12-25　即时窗口

### 12.4.4　项目调试

在前面的小节中讲解了程序调试的相关知识，为了让读者能真实体验一下在实际开发中如何进行程序调试，下面以“俄罗斯方块游戏”为例来演示程序调试过程。

在俄罗斯方块游戏中，在场景1（显示游戏上次得分，开始游戏界面）中按【Enter】键开始游戏，但在游戏中发现，该界面除了接受【Enter】键开始游戏之外，还接受其他任何按键，如图12-26所示。

图 12-26　场景 1 接受任何按键输入

对图12-26所示情况进行分析，该界面由main.c文件的第10~13行代码实现。在图12-26界面可以输入任意字符，表明第10~13行代码对场景1界面实现有误或后续代码对场景1的处理不够严谨，需要对第10~13行代码及其后续代码进行调试。

在main.c文件中第10行代码设置断点，如图12-27所示。

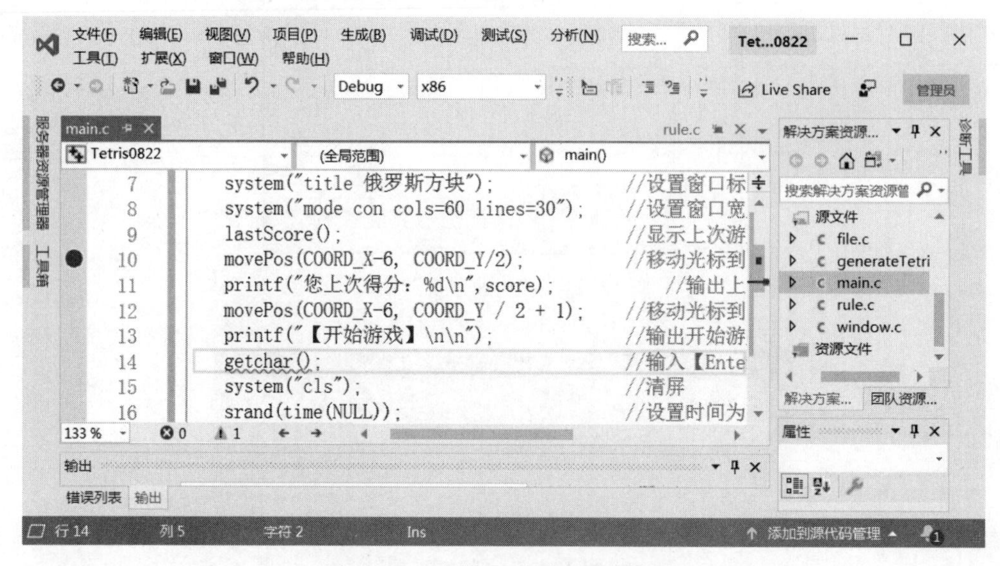


图 12-27 在第 10 行代码设置断点

在图12-27中，设置断点之后开始调试，通过逐语句调试跟踪每一步操作。当程序运行至第14行代码时，发现程序调用getchar()函数对键盘输入进行处理，getchar()可以接受任意字符输入，当按下【Enter】键时，系统会把输入内容刷新到标准输出，表示输入结束，程序会继续后面的代码，开始游戏。因此，在此处调用getchar()函数处理场景1的按键输入不合理。

经过上面的调试和分析，已确定了程序中的bug所在，在修改时，可以调用_getch()函数处理场景1的键盘输入。_getch()函数接受键盘输入，但它会立即读取键盘的输入，不以【Enter】键作为结束标志，并且读取的字符不会显示在控制台。需要注意的是，将getchar()函数修改为_getch()函数之后，可以按任意键开始游戏。

## 12.5 项目心得

在实际生活中，开发一个项目总会遇到各种各样的问题，每开发完一个项目都需要进行简单的总结，俄罗斯方块项目也不例外，下面总结一下该项目的开发心得。

### 1. 项目整体规划

每一个项目，在实现之前都要进行分析设计，项目整体要实现哪些功能。将这些功能划分成不同的模块，如果模块较大还可以在内部划分成更小的功能模块。这样逐个实现每个模块，条理清晰。在实现各个模块后，需要将模块整合，使各个功能协调有序地进行。在进行模块划分和模块整合时，可以使用流程图表示模块之间的联系与运行流程。

#### 2. 坐标问题

俄罗斯方块是在一个界定的窗口内进行，俄罗斯方块的出现的位置、俄罗斯方块的移动、各种提示信息的位置都是由坐标标识其位置，坐标计算由Windows API窗口坐标函数实现。在计算坐标时要注意，在本项目中，坐标体系的原点为左上角，水平向右为x，垂直向下为y。

#### 3. 俄罗斯方块存储、移动与旋转

俄罗斯方块项目中，每个俄罗斯方块由4个小方块组成，在设计项目时，小方块设计一个4×4矩阵存储，俄罗斯方块设计一个7×4矩阵存储，每一行存储一个俄罗斯方块，每一行中的4列存储该俄罗斯方块的4个变形。这相当于一个二维数组中的每个元素又是一个二维数组，即存储俄罗斯方块的tetris数组实际上是一个四维数组，读者在学习时要结合图12-1和图12-5理解该存储思路。

项目在设计时，定义了blockages二维数组，该二维数组覆盖了俄罗斯方块的游戏场景，俄罗斯方块的移动可以对应到该数组中的行列，通过blockages数组元素值的改变标识俄罗斯方块的移动。读者要结合图12-6与代码仔细理解其中的转变过程。

俄罗斯方块在游戏中可以旋转，每个俄罗斯方块都有4个旋转方向，因此tetris数组的列索引为4。俄罗斯方块的旋转次数也标识着tetris数组的列索引取值，但是每个俄罗斯方块可以重复旋转多次，如果旋转次数超过4，超出tetris列索引取值，就会造成程序错误，因此旋转次数rotate取值时要通过(rotate+1)%4实现。

#### 4. 清屏

俄罗斯方块是一个多场景游戏，每一次场景切换需要把上一个场景的内容清空，这就要涉及清屏，如果不清屏，会造成多个场景的内容叠加。清屏可使用system("cls")语句实现，本项目就在多处使用该语句，场景切换处理得很好。

#### 5. 代码复用

代码复用一直是软件设计追求的目标，本项目在实现时也想尽量做到这点，因此将每一个功能封装成一个函数，在main()函数中只调用相应函数就启动了游戏。此外，有些函数还可以重复调用，例如movePos()函数，在移动光标时多处调用该函数。

## 小　结

本章综合运用前面所讲的知识，设计了一个综合项目——俄罗斯方块，使大家了解如何开发一个多模块多文件的C程序。在开发这个程序时，首先将一个项目拆分成若干个小的模块，然后分别设计每个模块，将每个模块的声明和定义分开，放置在头文件和源文件中，最后在一个main()函数的源文件中将它们的头文件包含进来，并利用main()函数将所有的模块联系起来。通过这个项目的学习，读者会对C程序开发流程有整体的认识，这对实际工作中是大有裨益的。

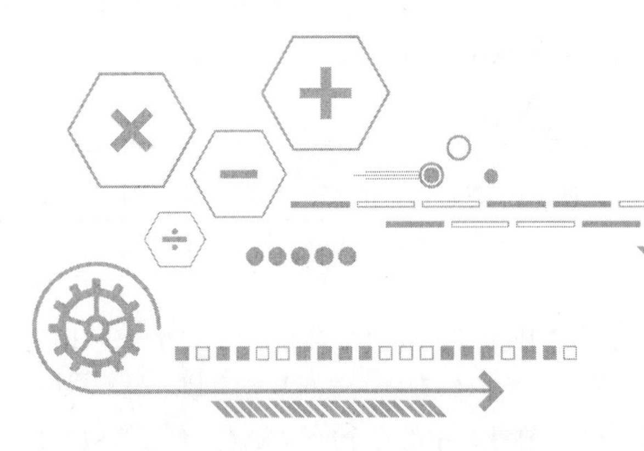

# 附录 A ASCII 码表

| 代码 | 字符 | 代码 | 字符 | 代码 | 字符 | 代码 | 字符 |
|---|---|---|---|---|---|---|---|
| 0 | NUL | 22 | SYN | 44 | , | 66 | B |
| 1 | SOH | 23 | ETB | 45 | - | 67 | C |
| 2 | STX | 24 | CAN | 46 | . | 68 | D |
| 3 | ETX | 25 | EM | 47 | / | 69 | E |
| 4 | EOT | 26 | SUB | 48 | 0 | 70 | F |
| 5 | ENQ | 27 | ESC | 49 | 1 | 71 | G |
| 6 | ACK | 28 | FS | 50 | 2 | 72 | H |
| 7 | BEL | 29 | GS | 51 | 3 | 73 | I |
| 8 | BS | 30 | RS | 52 | 4 | 74 | J |
| 9 | HT | 31 | VS | 53 | 5 | 75 | K |
| 10 | LF | 32 | SP | 54 | 6 | 76 | L |
| 11 | VT | 33 | ! | 55 | 7 | 77 | M |
| 12 | FF | 34 | " | 56 | 8 | 78 | N |
| 13 | CR | 35 | # | 57 | 9 | 79 | O |
| 14 | SO | 36 | $ | 58 | : | 80 | P |
| 15 | SI | 37 | % | 59 | ; | 81 | Q |
| 16 | DLE | 38 | & | 60 | < | 82 | R |
| 17 | DC1 | 39 | ' | 61 | = | 83 | S |
| 18 | DC2 | 40 | ( | 62 | > | 84 | T |
| 19 | DC3 | 41 | ) | 63 | ? | 85 | U |
| 20 | DC4 | 42 | * | 64 | @ | 86 | V |
| 21 | NAK | 43 | + | 65 | A | 87 | W |

续表

| 代码 | 字符 | 代码 | 字符 | 代码 | 字符 | 代码 | 字符 |
|---|---|---|---|---|---|---|---|
| 88 | X | 98 | b | 108 | l | 118 | v |
| 89 | Y | 99 | c | 109 | m | 119 | w |
| 90 | Z | 100 | d | 110 | n | 120 | x |
| 91 | [ | 101 | e | 111 | o | 121 | y |
| 92 | \ | 102 | f | 112 | p | 122 | z |
| 93 | ] | 103 | g | 113 | q | 123 | { |
| 94 | ^ | 104 | h | 114 | r | 124 | \| |
| 95 | _ | 105 | i | 115 | s | 125 | } |
| 96 | ` | 106 | j | 116 | t | 126 | ~ |
| 97 | a | 107 | k | 117 | u | 127 | DEL |

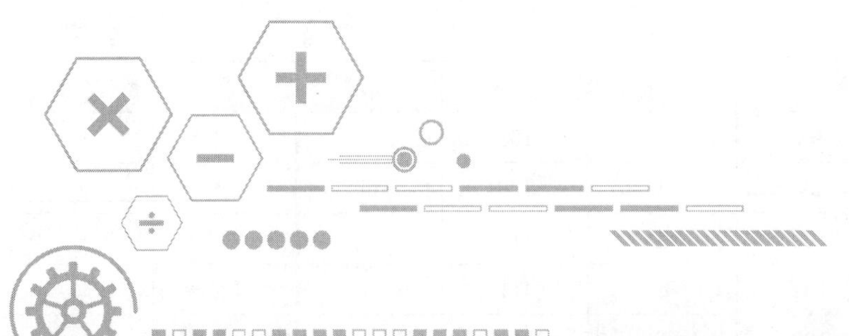

# 附录 B stdio.h 标准库常用函数

| 函数名 | 功能 |
| --- | --- |
| int fclose(FILE *stream); | 关闭流 stream，刷新所有的缓冲区 |
| void clearerr(FILE *stream) ; | 清除给定流 stream 的文件结束和错误标识符 |
| int feof(FILE *stream) ; | 测试给定流 stream 的文件结束标识符 |
| int ferror(FILE *stream) ; | 测试给定流 stream 的错误标识符 |
| int fflush(FILE *stream) ; | 刷新流 stream 的输出缓冲区 |
| int fgetpos(FILE *stream, fpos_t *pos) ; | 获取流 stream 的当前文件位置，并把它写入到 pos |
| FILE *fopen(const char *filename, const char *mode) ; | 使用给定的模式 mode 打开 filename 所指向的文件 |
| size_t fread(void *ptr, size_t size, size_t nmemb, FILE *stream) ; | 从给定流 stream 读取数据到 ptr 所指向的数组中 |
| FILE *freopen(const char *filename, const char *mode, FILE *stream) ; | 把一个新的文件名 filename 与给定的打开的流 stream 关联，同时关闭流中的旧文件 |
| int fseek(FILE *stream, long int offset, int whence) ; | 设置流 stream 的文件位置为给定的偏移 offset，参数 offset 意味着从给定的 whence 位置查找的字节数 |
| int fsetpos(FILE *stream, const fpos_t *pos) ; | 设置给定流 stream 的文件位置为给定的位置。参数 pos 是由函数 fgetpos() 给定的位置 |
| long int ftell(FILE *stream) ; | 返回给定流 stream 的当前文件位置 |
| size_t fwrite(const void *ptr, size_t size, size_t nmemb, FILE *stream) ; | 把 ptr 所指向的数组中的数据写入到给定流 stream 中 |
| int remove(const char *filename) ; | 删除给定的文件名 filename，以便它不再被访问 |
| int rename(const char *old_filename, const char *new_filename) ; | 把 old_filename 所指向的文件名改为 new_filename |
| void rewind(FILE *stream) ; | 设置文件位置为给定流 stream 的文件的开头 |

续表

| 函 数 名 | 功　能 |
| --- | --- |
| void setbuf(FILE *stream, char *buffer) ; | 定义流 stream 应如何缓冲 |
| int setvbuf(FILE *stream, char *buffer, int mode, size_t size) ; | 另一个定义流 stream 应如何缓冲的函数 |
| FILE *tmpfile(void) ; | 以二进制更新模式 (wb+) 创建临时文件 |
| char *tmpnam(char *str) ; | 生成并返回一个有效的临时文件名，该文件名之前是不存在的 |
| int fprintf(FILE *stream, const char *format, ...) ; | 发送格式化输出到流 stream 中 |
| int printf(const char *format, ...) ; | 发送格式化输出到标准输出 stdout |
| int sprintf(char *str, const char *format, ...) ; | 发送格式化输出到字符串 |
| int vfprintf(FILE *stream, const char *format, va_list arg) ; | 使用参数列表发送格式化输出到流 stream 中 |
| int vprintf(const char *format, va_list arg) ; | 使用参数列表发送格式化输出到标准输出 stdout |
| int fscanf(FILE *stream, const char *format, ...) ; | 从流 stream 读取格式化输入 |
| int scanf(const char *format, ...) ; | 从标准输入 stdin 读取格式化输入 |
| int sscanf(const char *str, const char *format, ...) ; | 从字符串读取格式化输入 |
| int fgetc(FILE *stream) ; | 从指定的流 stream 获取下一个字符（一个无符号字符），并把位置标识符往前移动 |
| char *fgets(char *str, int n, FILE *stream) ; | 从指定的流 stream 读取一行，并把它存储在 str 所指向的字符串内。当读取 (n-1) 个字符时，或者读取到换行符时，或者到达文件末尾时，它会停止，具体视情况而定 |
| int fputc(int char, FILE *stream) ; | 把参数 char 指定的字符（一个无符号字符）写入到指定的流 stream 中，并把位置标识符往前移动 |
| int fputs(const char *str, FILE *stream) ; | 把字符串写入到指定的流 stream 中，但不包括空字符 |
| int getc(FILE *stream) ; | 从指定的流 stream 获取下一个字符（一个无符号字符），并把位置标识符往前移动 |
| int getchar(void) ; | 从标准输入 stdin 获取一个字符（一个无符号字符） |
| char *gets(char *str) ; | 从标准输入 stdin 读取一行，并把它存储在 str 所指向的字符串中。当读取到换行符时，或者到达文件末尾时，它会停止，具体视情况而定 |
| int putc(int char, FILE *stream) ; | 把参数 char 指定的字符（一个无符号字符）写入到指定的流 stream 中，并把位置标识符往前移动 |
| int putchar(int char) ; | 把参数 char 指定的字符（一个无符号字符）写入到标准输出 stdout 中 |
| int puts(const char *str) ; | 把一个字符串写入到标准输出 stdout，直到空字符，但不包括空字符。换行符会被追加到输出中 |

续表

| 函数名 | 功能 |
| --- | --- |
| int ungetc(int char, FILE *stream) ; | 把字符 char（一个无符号字符）推入到指定的流 stream 中，以便它是下一个被读取到的字符 |
| void perror(const char *str) ; | 把一个描述性错误消息输出到标准错误 stderr。首先输出字符串 str，后跟一个冒号，然后是一个空格 |

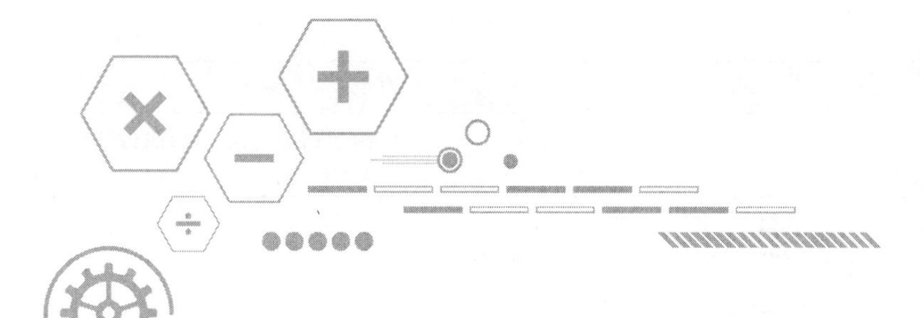

# 附录 C stdlib.h 标准库常用函数

| 函 数 名 | 功 能 |
| --- | --- |
| double atof(const char *str); | 把参数 str 所指向的字符串转换为一个浮点数（类型为 double 型） |
| int atoi(const char *str) ; | 把参数 str 所指向的字符串转换为一个整数（类型为 int 型） |
| long int atol(const char *str) ; | 把参数 str 所指向的字符串转换为一个长整数（类型为 long int 型） |
| double strtod(const char *str, char **endptr) ; | 把参数 str 所指向的字符串转换为一个浮点数（类型为 double 型） |
| long int strtol(const char *str, char **endptr, int base) ; | 把参数 str 所指向的字符串转换为一个长整数（类型为 long int 型） |
| unsigned long int strtoul(const char *str, char **endptr, int base) ; | 把参数 str 所指向的字符串转换为一个无符号长整数（类型为 unsigned long int 型） |
| void *calloc(size_t nitems, size_t size) ; | 分配所需的内存空间，并返回一个指向它的指针 |
| void free(void *ptr) ; | 释放之前调用 calloc()、malloc() 或 realloc() 所分配的内存空间 |
| void *malloc(size_t size) ; | 分配所需的内存空间，并返回一个指向它的指针 |
| void *realloc(void *ptr, size_t size) | 尝试重新调整之前调用 malloc() 或 calloc() 所分配的 ptr 所指向的内存块的大小 |
| void abort(void) ; | 使一个异常程序终止 |
| int atexit(void (*func)(void)) ; | 当程序正常终止时，调用指定的函数 func() |
| void exit(int status) ; | 使程序正常终止 |
| char *getenv(const char *name) ; | 搜索 name 所指向的环境字符串，并返回相关的值给字符串 |

续表

| 函 数 名 | 功 能 |
|---|---|
| int system(const char *string) ; | 由 string 指定的命令传给要被命令处理器执行的主机环境 |
| void *bsearch(const void *key, const void *base, size_t nitems, size_t size, int (*compar)(const void *, const void *)); | 执行二分查找 |
| void qsort(void *base, size_t nitems, size_t size, int (*compar)(const void *, const void*)); | 数组排序 |
| int abs(int x) ; | 返回 x 的绝对值 |
| div_t div(int numer, int denom) ; | 分子除以分母 |
| long int labs(long int x) ; | 返回 x 的绝对值 |
| ldiv_t ldiv(long int numer, long int denom) ; | 分子除以分母 |
| int rand(void) ; | 返回一个范围在 0 到 RAND_MAX 之间的伪随机数 |
| void srand(unsigned int seed) ; | 该函数播种由函数 rand() 使用的随机数发生器 |
| int mblen(const char *str, size_t n) ; | 返回参数 str 所指向的多字节字符的长度 |
| size_t mbstowcs(schar_t *pwcs, const char *str, size_t n) ; | 把参数 str 所指向的多字节字符的字符串转换为参数 pwcs 所指向的数组 |
| int mbtowc(whcar_t *pwc, const char *str, size_t n) ; | 检查参数 str 所指向的多字节字符 |
| size_t wcstombs(char *str, const wchar_t *pwcs, size_t n) ; | 把数组 pwcs 中存储的编码转换为多字节字符，并把它们存储在字符串 str 中 |
| int wctomb(char *str, wchar_t wchar) ; | 检查对应于参数 wchar 所给出的多字节字符的编码 |

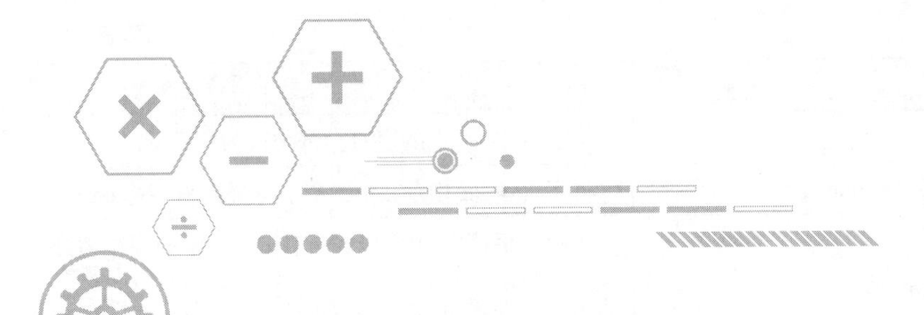

# 附录 D string.h 标准库常用函数

| 函 数 名 | 功 能 |
| --- | --- |
| strncpy(char des[], const char *src,int count); | 将字符串 src 中的前 count 个字符复制到字符串 des 中，返回 des 字符串指针 |
| stricmp(const char *str1,const char *str2); | 按小写字母版本比较 str1 与 str2 的大小 |
| strnicmp(const char *str1,const char *str2,size_t count); | 按小写字母版本比较 str1 与 str2 的前 count 个字符大小 |
| strcasecmp(const char *str1,const char *str2); | 忽略大小写比较 str1 与 str2 的大小 |
| strpbrk(const char *str1,const char *str2); | 在源字符串 str1 中找出最先含有搜索字符串 str2 中任一字符的位置并返回，若找不到则返回空指针 |
| strspn(const char *str1,const char *str2); | 查找任何一个不包含在 str2 中的字符在 str1 中首次出现的位置，返回查找到的字符在 str1 中的下标，如果 str1 以一个不包含在 str2 中的字符开头，则函数返回 0 |
| strcspn(const char *str1, const char *str2); | 查找 str2 中任何一个字符在 str1 中首次出现的位置，返回该字符在 str1 中的下标，如果 str1 以一个包含在 str2 中的字符开头，则函数返回 0 |
| strrev(char *str); | 将字符串 str 颠倒过来，返回调整后的字符串指针 |
| strupr(char *str); | 将字符串 str 中的所有小写字母替换成相应的大写字母，其他字符保持不变，返回调整后的字符串指针 |
| strlwr(char *str); | 将字符串 str 中的所有大写字母转换成相应的小写字母，其他字符保持不变，返回调整后的字符串指针 |
| strdup(const char *str); | 将字符串复制到从堆上分配的空间中，返回指向堆空间的指针，该函数在内部调用 malloc() 函数分配空间，使用完毕，要调用 free() 函数释放空间 |

续表

| 函 数 名 | 功 能 |
| --- | --- |
| strset(char *str, int ch); | 将字符串 str 中的字符全部替换为字符 ch |
| strnset(char *str, int ch, size_t count); | 将字符串 str 中前 count 个字符替换为字符 ch |
| strtok(char *str,char *delim); | 作用于字符串 str，以包含在 delim 中的字符为分界符，将 s 切分成一个个子串；函数返回指向子串的指针，如果 str 为空，则函数返回的指针在下一次调用中将作为起始位置 |
| strtod(char *str, char **p); | 将字符串 str 转换为一个 double 类型数据，如果字符串中包含不能转换的字符，则将该字符开始的字符串地址存储到 p 中 |
| strtol(char *str,char **p,int base); | 将字符串 str 转换为 long 类型数据，参数 base 表示进制，如果字符串包含不能转换的字符，则将该字符开始的字符串地址存储到 p 中 |
| atol(const char *str); | 将数字字符串 str 转换为 long 数据 |

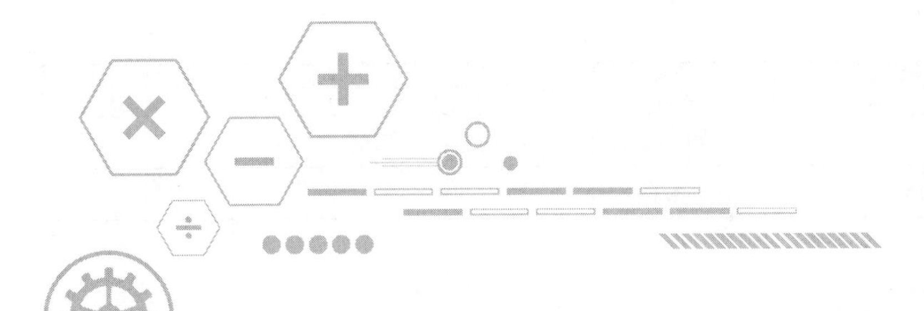

# 附录 E math.h 标准库常用函数

| 函数名 | 功能 |
| --- | --- |
| double acos(double x); | 返回以弧度表示的 x 的反余弦 |
| double asin(double x) ; | 返回以弧度表示的 x 的反正弦 |
| double atan(double x) ; | 返回以弧度表示的 x 的反正切 |
| double atan2(double y, double x) ; | 返回以弧度表示的 y/x 的反正切。y 和 x 的值的符号决定了正确的象限 |
| double cos(double x) ; | 返回弧度角 x 的余弦 |
| double cosh(double x) ; | 返回 x 的双曲余弦 |
| double sin(double x) ; | 返回弧度角 x 的正弦 |
| double sinh(double x) ; | 返回 x 的双曲正弦 |
| double tanh(double x) ; | 返回 x 的双曲正切 |
| double exp(double x) ; | 返回 e 的 x 次幂的值 |
| double frexp(double x, int *exponent) ; | 把浮点数 x 分解成尾数和指数。返回值是尾数，并将指数存入 exponent 中。所得的值是 x=mantissa *2^exponent |
| double ldexp(double x, int exponent) ; | 返回 x 乘以 2 的 exponent 次幂 |
| double log(double x) ; | 返回 x 的自然对数（基数为 e 的对数） |
| double log10(double x) ; | 返回 x 的常用对数（基数为 10 的对数） |
| double modf(double x, double *integer) ; | 返回值为小数部分（小数点后的部分），并设置 integer 为整数部分 |
| double pow(double x, double y) ; | 返回 x 的 y 次幂 |
| double sqrt(double x) ; | 返回 x 的平方根 |
| double ceil(double x) ; | 返回大于或等于 x 的最小的整数值 |
| double fabs(double x) ; | 返回 x 的绝对值 |

续表

| 函　数　名 | 功　　能 |
| --- | --- |
| double floor(double x) ; | 返回小于或等于 x 的最大的整数值 |
| double fmod(double x, double y) ; | 返回 x 除以 y 的余数 |

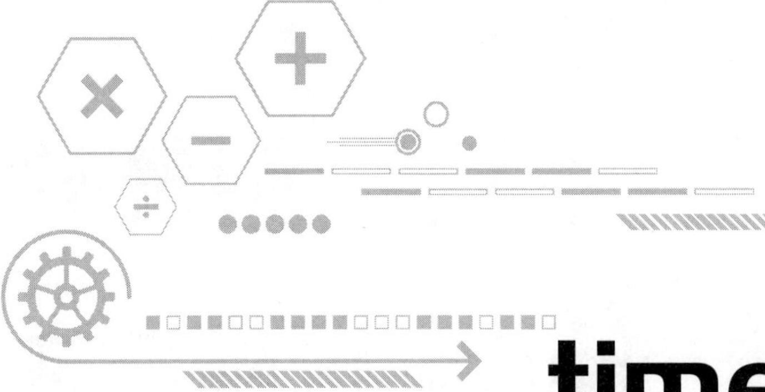

# 附录 F time.h 标准库常用函数

| 函数名 | 功能 |
|---|---|
| char *asctime(const struct tm *timeptr); | 返回一个指向字符串的指针，它代表了结构 timeptr 的日期和时间 |
| clock_t clock(void) ; | 返回程序执行起（一般为程序的开头），处理器时钟所使用的时间 |
| char *ctime(const time_t *timer) ; | 返回一个表示当地时间的字符串，当地时间是基于参数 timer |
| double difftime(time_t time1, time_t time2) ; | 返回 time1 和 time2 之间相差的秒数 (time1-time2) |
| struct tm *gmtime(const time_t *timer) ; | timer 的值被分解为 tm 结构，并用协调世界时（UTC）也被称为格林尼治标准时间（GMT）表示 |
| struct tm *localtime(const time_t *timer) ; | timer 的值被分解为 tm 结构，并用本地时区表示 |
| time_t mktime(struct tm *timeptr) ; | 把 timeptr 所指向的结构转换为一个依据本地时区的 time_t 值 |
| size_t strftime(char *str, size_t maxsize, const char *format, const struct tm *timeptr) ; | 根据 format 中定义的格式化规则，格式化结构 timeptr 表示的时间，并把它存储在 str 中 |
| time_t time(time_t *timer) ; | 计算当前日历时间，并把它编码成 time_t 格式 |

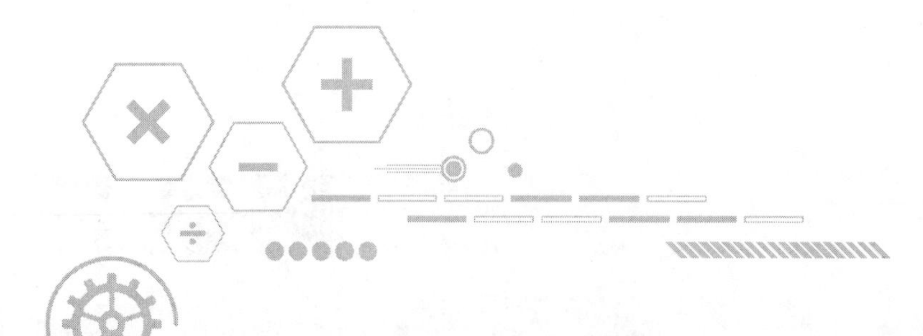

# 附录 G ctype.h 标准库常用函数

| 函 数 名 | 功 能 |
| --- | --- |
| int isalnum(int c); | 检查所传的字符是否是字母和数字 |
| int isalpha(int c) ; | 检查所传的字符是否是字母 |
| int iscntrl(int c) ; | 检查所传的字符是否是控制字符 |
| int isdigit(int c) ; | 检查所传的字符是否是十进制数字 |
| int isgraph(int c) ; | 检查所传的字符是否有图形表示法 |
| int islower(int c) ; | 检查所传的字符是否是小写字母 |
| int isprint(int c) ; | 检查所传的字符是否是可打印的 |
| int ispunct(int c) ; | 检查所传的字符是否是标点符号字符 |
| int isspace(int c) ; | 检查所传的字符是否是空白字符 |
| int isupper(int c) ; | 检查所传的字符是否是大写字母 |
| int isxdigit(int c) ; | 检查所传的字符是否是十六进制数字 |
| int tolower(int c) ; | 把大写字母转换为小写字母 |
| int toupper(int c) ; | 把小写字母转换为大写字母 |